简明自然科学向导丛书

数与形

主　编　崔玉泉

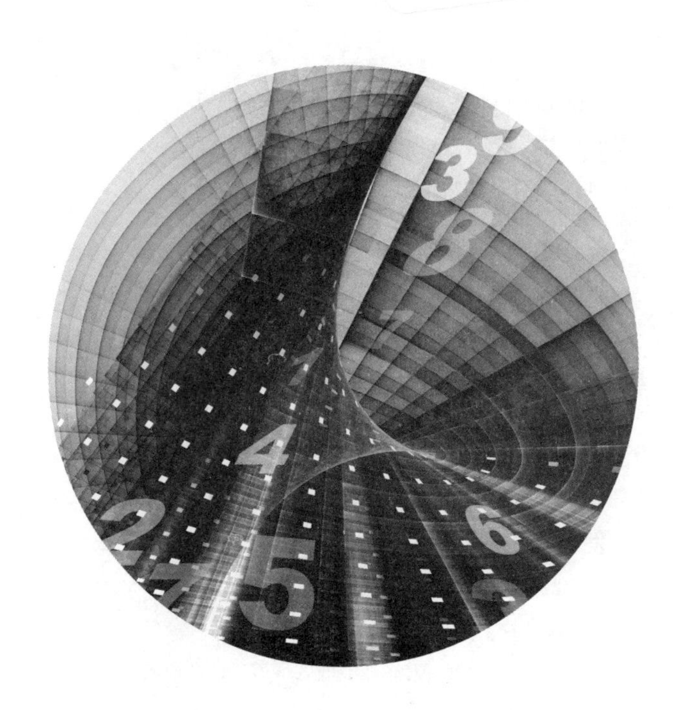

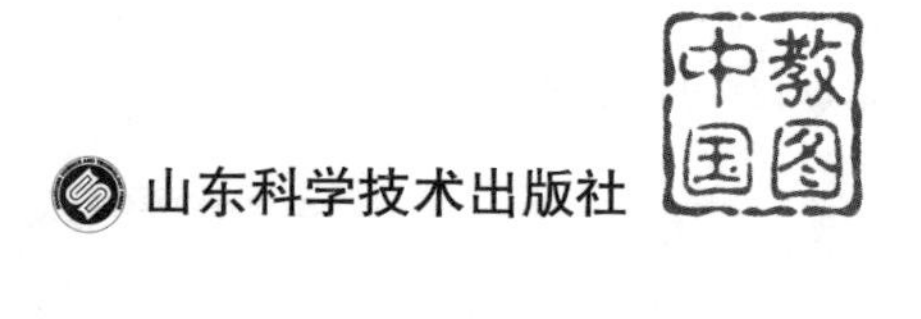

图书在版编目(CIP)数据

数与形/崔玉泉,包芳勋主编.—济南:山东科学技术出版社,2013.10(2020.10 重印)
(简明自然科学向导丛书)
ISBN 978-7-5331-7034-9

Ⅰ.①自… Ⅱ.①崔… ②包… Ⅲ.①初等数学—青年读物 ②初等数学—少年读物 Ⅳ.012-49

中国版本图书馆 CIP 数据核字(2013)第 205782 号

主　编　崔玉泉　包芳勋
编　者　许玉铭　高夫征　金　辉　刘君义
　　　　戎晓霞　史敬涛　孙庆华　马树萍
　　　　冯俊娥　杨　波　王　婷　殷代君
　　　　刘　波　赵益军

简明自然科学向导丛书

数 与 形

SHU YU XING

责任编辑:邱　蕾
装帧设计:魏　然

主管单位:山东出版传媒股份有限公司
出 版 者:山东科学技术出版社
地址:济南市市中区英雄山路 189 号
邮编:250002　电话:(0531)82098088
网址:www.lkj.com.cn
电子邮件:sdkj@sdcbcm.com
发 行 者:山东科学技术出版社
地址:济南市市中区英雄山路 189 号
邮编:250002　电话:(0531)82098071
印 刷 者:天津行知印刷有限公司
地址:天津市宝坻区牛道口镇产业园区一号路 1 号
邮编:301800　电话:(022)22453180

规格:小 16 开(170mm×230mm)
印张:15
版次:2013 年 10 月第 1 版　2020 年 10 月第 3 次印刷
定价:29.00 元

前言

华罗庚先生说过:“宇宙之大,粒子之微,火箭之速,化工之巧,地球之变,生物之谜,日用之繁,无处不用数学。”

数学是一门非常重要的科学。它区分于其他学科的明显特点在于它的抽象性、精确性以及应用的极端广泛性。随着新技术革命的兴起和发展,整个社会生活与数学的关系更密切了,社会科学化、科学数学化成为当代社会发展的趋势。

数学的发展大致可以分为四个不同的时期。第一个时期为数学的形成时期。在该时期,人类建立了最基本的数学概念,人类从数数开始逐渐建立了自然数的概念、简单的计算法,并认识了最简单的几何形式,逐步地形成了理论与证明之间的逻辑关系的“纯粹”数学。第二个时期为初等数学时期。这个时期的基本的、最简单的成果构成现在中学数学的主要内容。其主要分支有:算术、几何、代数、三角。第三个时期为变量数学的时期。由于在16世纪封建制度开始消亡,资本主义制度开始发展,大工业开始发展,这对数学提出了新的要求。这时,对运动的研究变成了自然科学的中心问题,社会实践的需求及各门学科本身的发展使自然科学转向对运动的研究,对各种变化过程和各种变化着的量之间的依赖关系的研究。作为变化着的量的一般性质和它们之间依赖关系的反映,在数学中产生了变量和函数的概念。第四个时期为现代数学。在该时期,数学发展的思想及结果主要表现在数学、力学、物理学及一些新技术领域中。如代数的发展,从开始关于数字的算术运算，到一般抽象的符号运算等。

本书共分为四部分。第一部分介绍了初等数学体系的形成与发展阶段。从中国古代数学、巴比伦数学、古代埃及数学、古希腊数学、古代印度数学、中世纪阿拉伯数学、欧洲中世纪数学等几个方面介绍初等数学体系的形成与发展阶段，第二部分为近现代数学的兴起与发展阶段。从分析学、几何学、代数学与数论、拓扑学、微分方程、计算数学及概率论等方面介绍近现代数学的兴起与发展状况。第三部分为数学的发展与应用。主要介绍了数理统计、运筹学、控制论、金融数学等几方面的发展情况。第四部分为数学名题与猜想。主要给出了历史数学问题、近代数学问题、千禧年数学难题等。

本书由山东数学会秘书处组织山东数学会的十几位会员联合编制而成。由于我们在编写经验、编写水平、组织材料等方面的欠缺，书中一定存在很多不足之处，恳请读者提出宝贵意见，以便我们修正。

编　者

目录

简明自然科学向导丛书 数与形

CONTENTS

二、近现代数学的兴起与发展阶段

三、数学的发展及应用

四、数学名题与数学猜想

一、初等数学体系的形成与发展阶段

中国古代数学

中国是世界文明古国之一。数学是中国古代科学中最重要的学科之一，其发展源远流长，成就辉煌。根据中国古代数学自身发展的特点，可划分为五个时期：① 中国古代数学的萌芽。② 中国古代数学体系的形成。③ 中国古代数学的稳定发展。④ 中国古代数学的繁荣。⑤ 中西方数学的融合。

中国古代数学的萌芽(先秦数学)

早在远古时代，我们的祖先在生产和生活的实践中就已经逐渐有了数量概念，并认识了各种简单的几何图形。仰韶文化时期出土的陶器上已刻有表示数字的符号。这表明在这一时期人们已经用文字符号取代结绳记事了。

商代中期的甲骨文中出现了十进制的记数法，出现的最大数字为三万。公元前 1 世纪的数学著作《周髀算经》中提到西周初期用“矩”测量高、深、广、远的方法，并给出了勾三、股四、弦五的特殊勾股形和勾股定理的一般叙述，以及大量的分数运算、环矩可以为圆等例子。西周贵族子弟已把“数”作为“六艺”之一，成为必修课程。

春秋战国时期使用十进位值制的筹算记数法已得到普遍的应用。任何数都是由九个纵排数字 𝍠 𝍡 𝍢 𝍣 𝍤 𝍥 𝍦 𝍧 𝍨 和九个横排数字 𝍩 𝍪 𝍫 𝍬 𝍭 𝍮 𝍯 𝍰 𝍱 按个、百、万等用纵筹，十、千等用横筹来表示，零用空位表示。约公元 4 世纪的《孙子算经》中描述道：“一纵十横，百立千僵，千十相望，百万相当……”，这就是说，每个数字的大小除由它本身所表示的数值决定外，还要看它在整个数中所处的位置。这种记数法优越性非常明显，对世界数学的发展是有划时代意义的，也对中国古代数学的发展起到了举足轻重的作用。而这个时期的测量数学不仅在生产上有了广泛应用，而且在数学上也有了很大发展。战国时期的百家争鸣也促进了数学的发展，一些学派总结和概括出与数学有关的一些抽象概念。如墨家给出了“点、线、面、圆”等的数学定义，还给出了“有穷”和“无穷”的定义。名家提出的命题“一尺之棰，日取其半，万世不竭”则包含了朴素的极限思想。这些数学定义和命题的讨论对中国古代数学理论的发展是很有意义的，可惜的是这些忠实抽象思维和逻辑严密性的新思想没有得到很好的继承和发展。

中国古代数学体系的形成(秦汉数学)

这一时期的数学与当时社会经济和文化的迅速发展是密切相关的。特别是东汉造纸术和雕版印刷术的发明对数学的发展起到了不可估量的作用。中国古代数学体系正是形成于这个时期，其主要标志是算术已成为一个专门的学科并有一大批数学书籍出现。但可惜的是这一时期的许多数学著作均已失传。1983 年 12 月在湖北江陵张家山出土一本西汉初年的竹简《算数书》，是一部比较完整的，也是目前可以见到的中国最早的数学专著，其中收有许多应用的数学问题。现有传本的公元前 1 世纪的著作《周髀算经》，从数学上讨论了盖天说宇宙模型。在数学上，其主要成就是分数运算和勾股定理及其在天文测量中的应用等。

成书于公元 1 世纪的数学著作《九章算术》的出现标志着中国古代数学体系的形成，它是战国、秦、汉封建社会创立并巩固时期数学发展的总结，就其数学成就而言，堪称是世界数学名著。该书采用按类分章的数学问题集的形式，共列九章，以算术和代数为主，几何问题也多偏重于量的计算，很少涉及图形的性质，注重应用，内容大多来源于生产和生活实践，缺乏理论阐述。就其特点来说，它形成了一个以筹算为中心、与古希腊数学完全不同的独立体系。这些特点的形成是与当时的社会发展与学术思想密切相关的。《九章算术》的主要成就：论述了世界上最早的系统分数理论，给出了今有术(西方称三率法)，开平方与开立方(包括二次方程数值解法)，盈不足术(西方称双设法），线性方程组解法，正负数运算的加减法则，勾股形解法（特别是勾股定理和求勾股数的方法）以及各种面积和体积公式等，其中方程组解法和正负数加减法则在世界数学发展史上遥遥领先。《九章算术》对中国古代数学发展的影响极其深远，它的一些成就如十进位值制、今有术、盈不足术等传到西方，促进了世界数学的发展。

中国古代数学的稳定发展（魏晋至隋唐时期）

魏晋南北朝时期是中国历史上的动荡时期，也是思想相对活跃的时期，长期的独尊儒学思想受到质疑，学术界思辨之风再起。数学上为一些重要结论寻求证明的论证趋势随之而起，这一时期，中国数学在理论上有了较大发展，其中赵爽与刘徽的工作被认为是中国古代数学理论体系的开端。赵爽是中国古代最早对数学定理和数学公式进行证明与推导的数学家之一。约公元3世纪初，他对《周髀算经》作了深入的研究，他在书中补充的“勾股圆方图及注”和“日高图及注”都是极有价值的数学文献。在“勾股圆方图及注”中他最早给出勾股定理的证明和解勾股形的5个公式；在“日高图及注”中，他用图形面积证明汉代普遍应用的重差公式。赵爽的工作是带有开创性的，在中国古代数学发展中占有重要地位。

刘徽与赵爽约为同时代人，他主张对一些数学名词特别是重要的数学概念给以严格的定义，认为对数学知识必须进行“析理”，才能使数学著作简明严密。他对《九章算术》注释不仅是对《九章算术》的方法、公式和定理进行一般的解释和推导，而且在论述的过程中有很多自己的创新，这也奠定了这位杰出的数学家在中国数学史上的不朽地位。刘徽在数学上最突出的成就是创立割圆术和建立体积理论。

南北朝时期中国长期处于战争和南北分裂的状态。但由于当时社会的需要，数学仍在继续发展。《孙子算经》《夏侯阳算经》（已失传）和《张丘建算经》就是这个时期的著作。虽然它们的体例模拟《九章算术》，但也有一些难题和解法超出《九章算术》的范围，并对后来数学的发展有着相当的影响，其中主要有一次同余式组解法和不定方程解法等。

这一时期，祖冲之和他的儿子祖暅的工作最具代表性，他们推进和发展了刘徽的数学思想和方法。根据史书的记载，祖冲之曾经注解《九章算术》，并与他的儿子祖暅共撰《缀术》六卷，这些著作均已失传。在《隋书·律历志》与李淳风注释的《九章算术》等零星记载中，他们在数学上的主要成就：① 求出了较为精确的圆周率。祖冲之算出了圆周率数值的上下限为3.141 592 6＜π＜3.141 592 7，并确定了圆周率分数形式的近似值，即约率22/7和密率355/113，比西方领先约一千年之久。② 提出了一条原理，现称之为“祖暅原理”，并推导出球体积公式。祖暅总结了刘徽的有关工作，提出“幂势既同则积不容异”的原理，这也是刘徽已经使用但没有明确提出的结论，这一结论在西方文献中称之为“卡瓦列里原理”。祖暅在这个原理和“出入相补原理”的基础上，解决了刘徽尚未解决的球体积公式。③ 发展了二次与三次方程的解法。将以往正系数的二次与三次方程解法发展为系数可正可负。

隋唐时期中国数学的发展主要表现在数学教育体制的建立和数学典籍的整理两个方面，二者紧密联系。隋文帝建国之后即设国子监，国子监设立“算学”，并“置博士、助教、学生等员”。这是中国封建教育中数学作为专科教育的开端。唐继隋制，仍以国子监作为教育行政机构、最高学术研究机构和最高学府，并扩大了规模，且在科举考试中开设“明算科”这一数学科目。为了满足“算学”教科书的需求，唐高宗亲自下诏由太史令李淳风负责对以前的十部数学著作进行注疏整理。公元656年编纂成功，成为算学馆的标准数学教科书，称《算经十书》。它们分别为《周髀算经》《九章算术》《孙子算经》《五曹算经》《张邱建算经》《夏侯阳算经》《海岛算经》《五经算术》《缀术》和《辑古算经》，由于《缀术》在唐宋之交失传，宋代的《算经十书》中的《缀术》由《数术记遗》来替补。隋唐时期数学教育制度的建立以及数学典籍的整理为宋元数学高峰的到来奠定了良好的基础。

中国古代数学的繁荣(宋元数学)

北宋王朝的建立结束了五代十国割据的局面，北宋的农业、手工业、商业空前繁荣兴盛，科学技术突飞猛进(火药、指南针、活字印刷术三大发明得到广泛应用)，为数学发展创造了良好的条件。这一时期涌现出一批著名的数学家和优秀数学著作，如贾宪(11世纪中期)的《黄帝九章算法细草》(已失传)，刘益(12世纪中期)的《议古根源》(已失传)，秦九韶的《数书九章》

(1247),李冶的《测圆海镜》(1248)和《益古演段》(1259),杨辉的《详解九章算法》(1261)、《日用算法》(1262)和《杨辉算法》(1274～1275),朱世杰的《算学启蒙》(1299)和《四元玉鉴》(1303)等,其中很多成就都达到了中国古典数学的高峰,也是世界文化的重要遗产。这里主要列举以下几点:① 高次方程数值解法。它的基础是贾宪的“增乘开方法”。据杨辉《九章算法纂类》中的记载,贾宪的高次开方法以其“开方作法本源”图为基础,此图现称为“贾宪三角”或“杨辉三角”,实际上是一张二项式系数表。② 高次方程数值解法。直到贾宪时中国数学家所处理的方程系数都是正数,12 世纪中叶,刘益把增乘开方法推广到数字高次方程(包括系数为负的情形)解法。但从现有记载来看,刘益的解法不具有一般性。高次方程数值解法领域的集大成者是南宋数学家秦九韶,他在其代表作《数书九章》中将增乘开方法推广到高次方程的一般情形,整个求解过程彻底实现了机械化的随乘随加过程。其演算程序与 19 世纪西方提出的鲁菲尼—霍纳算法基本一致。③ 一次同余式组解法。一次同余式起源于天文学中推算“上元积年”,《孙子算经》中曾给出具体例子的解法。秦九韶《数书九章》中的“大衍总数术”明确、系统地叙述了求解一次同余式组的一般方法。1876 年德国人马蒂生首先指出秦九韶的方法与高斯算法是一致的,因此有关一次同余式组求解的剩余定理常被称为“中国剩余定理”。④ 天元术与四元术。天元术和四元术是中国数学发展史上代数符号化的一个深刻尝试。用天元(相当于现在的未知数 x)作为未知数符号,列出高次方程的方法称为天元术。现存最早的天元术著作是李冶的《测圆海镜》。在李冶之后,天元术被朱世杰从一个未知数推广到二元、三元以及四元高次联立方程组,他用“天、地、人、物”来表示四个未知数,并用消元法求解方程组,这就是“四元术”。⑤ 内插法(招差术)与垛积术。内插法源于天文历法,东汉时刘洪在《乾象历》中使用了一次内插法,公元 600 年刘焯在《黄极历》中给出的二次内插公式,727 年曾一行在《大衍历》中又将二次内插法推广到自变量不等间距的情形。元代天文学家王恂、郭守敬等人在《授时历》中创用了三次内插法,朱世杰在《四元玉鉴》中最先得到一般高次内插公式。在中国,高阶等差级数求和(垛积术)的研究始于北宋的沈括,南宋的杨辉也得到了一些高阶等差级数的求和公式,但最系统、最普遍的结果却是由朱世杰得到的。在《四元玉鉴》和《算学启蒙》中,朱世杰把高阶等差级数求和问题与二项式系数表结合起来，得到了一系列重要的高阶等差级数的求和公式。垛积术与招差术可以互相推演，朱世杰指出了二者之间的关系，并利用三角垛公式写出了四次招差公式，他完全可以给出任意高次的招差公式。

中西方数学的融合(明清数学)

明代封建统治者大兴八股考试制度，砍掉了数学内容，在这种情况下，除珠算外，数学发展逐渐衰落。既有穿珠算盘，又有一套完善的算法和口诀的珠算在元代已经成熟，明初到明中叶的商品经济发展促进了珠算的普及，珠算著作也陆续出现，到程大位的著作《直指算法统宗》(1592)问世后，珠算理论已成系统。由于珠算流行，筹算几乎绝迹，建立在筹算基础上的传统数学也逐渐失传，数学出现了长期停滞的局面。

16世纪末以后，西方初等数学陆续传入中国，使中国数学研究出现一个中西融会贯通的局面。这一时期，部分西方数学著作被翻译或编译成中文，主要是几何学和三角学等方面的著作，对数也传入中国。在传入的数学中，影响最大的是《几何原本》。研究中西数学有心得的杰出代表是清初学者梅文鼎，他是集中西数学之大成者。他不仅对中国传统数学中的很多成就进行整理和研究，使濒于枯萎的明代数学出现了生机，而且在介绍西方数学中有校正、证明和补充，著有《梅氏丛书辑要》60卷。与梅文鼎同时代的数学家还有王锡阐和年希尧等人，其中年希尧的《视学》是中国第一部介绍西方透视学的著作。清康熙皇帝十分重视西方科学，他除了亲自学习天文数学外，还培养了一些人才并翻译了一些著作。其中由梅珏成负责编纂的《数理精蕴》53卷，不仅包含了传统数学和早期传入的西方数学，而且还收入了新传入的一些数学知识，是一部比较全面的初等数学百科全书，对当时数学研究具有一定的影响。之后，在中西数学研究方面，许多数学家如明安图、董祐诚、项名达、戴煦、李善兰等都在不同的方面取得了一些具有创造性的成果。

雍正即位(1723)以后，对外闭关自守，对内实行高压政策。在这种情况下，一般学者既不能接触西方数学，又不敢过问经世致用之学，因而埋头于究治古籍。随着《算经十书》与宋元数学著作的收集与注释，出现了一个研究传统数学的高潮。其中有创造性成果的数学家有焦循、汪莱、李锐、李善兰等。

鸦片战争以后，近代数学开始传入中国，中国数学便转入一个以学习西方数学为主的时期，直到19世纪末与20世纪初，近代数学研究才真正开始。首先是英国人在上海设立墨海书馆，介绍西方数学，后受“洋务运动”促进，同文馆内添设算学，上海江南制造局内添设翻译馆，由此开始第二次翻译引进的高潮。这一时期，中国数学工作者和外国人一起翻译了一批近代数学著作。其中较重要的有李善兰与伟烈亚力翻译的《几何原本》后9卷(1857)、《代数学》13卷(1859)、《代微积拾级》18卷(1859)；华蘅芳与英国人傅兰雅合译的《代数术》25卷（1872)、《微积溯源》8卷(1874)、《决疑数学》10卷(1880)等。其中《代微积拾级》是中国第一部微积分学译本，《代数学》是英国数学家A.德·摩根所著，是一部重要的符号代数学译本，《决疑数学》是第一部概率论译本。在这些译著中，创造了许多数学名词和术语，至今还在应用。

输入的近代数学需要一个消化吸收的过程，由于清末统治者极其腐败，加上帝国主义列强的掠夺，无暇顾及数学研究。直到1919年五四运动以后中国对近代数学的研究才真正开始。

中国古代数学的算法思想

中国古代的数学著作大都是以应用问题集的形式表述出来的，但数学著作的主体并不是应用问题，而是其中的“术”，即算法与公式。算法化和数值化是中国古代的一种极其深刻的数学思想，也是中国古代数学思想的最重要的特征之一。

中国古代数学著作大都以“问、答、术”或“问、答”组成每一个应用问题，问中一般给出具体数据，答中也得出具体数值，而且答其实就是把问中的具体数据代入由术给出的算法进行数值计算的结果，从《九章算术》到《四元玉鉴》一直保持着这一特色。其中有些“术”文未脱离例题的具体数字，是解答的演算细草，而大量的“术”文超脱了具体的数值计算，具有高度的抽象性、概括性和普适性，是一类问题的一般计算程序。如《九章算术》中的合分术，即分数加法法则为：“母互乘子，并以为实，母相乘为法，实如法而一。不满法者，以法命之。”这条计算程序对任何分数的加法都适用；开方术曰：“置积为实。借一算，步之，超一筹。议所得，以一乘所借一算为法，而以除。除已，倍法为定法。其复除，折法而下……”这是一条开方的一般计算程序。

传统数学中的术文没有推导和证明，因此，有人试图用悟性、非逻辑性来解释中国传统数学中术的来源，认为经验的积累和不完全归纳起了关键性的作用，这是不符合事实的。当然，悟性、经验的积累和不完全归纳是起了重要作用，但传统数学中的许多公式、算法相当复杂，它们决非仅靠悟性和经验或非逻辑思维所能得出的，得到这些公式、算法必定借助于某种程度的逻辑推导。我们所看到的数学著作，是数学研究的成果，没有反应数学研究的过程。

中国古代数学可以说是一种计算数学，其主要特点就是实用性和计算性，且当时的主要应用也是计算。中国传统数学的一些辉煌的具有世界历史意义的成就多是计算数学的成果，这些成就一般表现为算法的形式。中国古代数学的著述，基本上是以算法为主要内容，这种思想发展的结果使得中国古代数学产生了独特的发展方式，即几乎各种成果均与算法相联系。宋元时期，中国数学的算法化思想达到一个新的巅峰，在算法程序上迈向了一个新的高度，实现了一种数值化、机械化的计算步骤。

算法创造是数学进步的必要因素，17 世纪微积分的创立以及现在计算数学的迅猛发展已经充分说明了这一点，但缺乏演绎论证的算法倾向和缺乏算法创造的演绎倾向都难以升华为现代数学。数学的发展是演绎思想和算法思想的矛盾统一。

刘徽与《九章算术》

刘徽是我国古代杰出的数学家，其生平不详。根据《隋书》“律历志”记载可以知道刘徽是公元 3 世纪魏晋时期人。另据现有资料《宋书・礼志》“算学祀典”的记载推定，刘徽的籍贯是淄乡，今属山东省邹平县。

如果说赵爽的工作开辟了我国古代数学理论研究的道路，那么刘徽则沿着这条道路作出了更大的贡献，他为中国古代数学奠定了理论基础，建立起了一套完整的中算理论体系。当然，刘徽自己也有大量的独创成果。刘徽在数学上的主要工作，体现在他于公元 263 年撰写的著作《九章算术注》（以下简称《注》）中。

《九章算术》是中国古代流传下来最早也是最重要的数学著作,它几乎集中了当时全部数学知识。《九章算术》的成书标志着中国古代数学体系的形成,这是一个以算法为主要内容的应用数学体系,全书表述为应用问题集的形式,共有 246 个问题,按类型分为九章,且大都有实际应用意义。每一问题以"问、答、术"构成,其中"术"实际上是可用的算法。所谓九章就是方田、粟米、衰分、少广、商功、均输、盈不足和方程。

刘徽的《注》全面论述了《九章算术》所载的方法和公式,指出并纠正了其中的错误。我们将其主要贡献列举如下。

(1)《九章算术》中所用概念没有任何定义,这在数学中可靠性差,易产生误解。刘徽《注》中对所用若干数学概念作了相当严格的定义。如"合分术"的"齐同"概念,刘徽定义为"凡母互乘子谓之齐,群母相乘谓之同";"率"的概念,刘徽定义为"凡数相与者谓之率"。刘徽的定义严谨而又抽象。

(2) 算术与代数方面。刘徽扩充了数系并建立的数的运算理论。《九章算术》中使用了自然数、分数和正负有理数,数系的不完备性在开方运算中显现出来。当开不尽时,"开方术"指出:为不可开,当以面命之。刘徽注释时给出了一个不等式:

$a+\frac{r}{2a+1}<\sqrt{a^2+r}<a+\frac{r}{2a}$,这里 a 为 $N=a^2+r$ 方根的整数部分。

刘徽进一步研究,提出了用十进分数来无限逼近无理根。他在求得根的整数部分后,继续开方求"微数",并认为"退之弥下,其分弥细"。根据刘徽的思想,我们可以将整数的平方根表示为:

$$\sqrt{N}=a+\frac{a_1}{10}+\frac{a_2^2}{10^2}+\frac{a_3^3}{10^3}+\cdots$$

另外,由于解线性方程组的直除消元法十分繁琐,刘徽在《注》中创立了的互乘相消法,使得求解线性方程组简单易行。《九章算术》方程章中"五家共井"问题实际上是有六个未知数,但只能列出五个方程的不定方程组问题。《九章算术》并没有认识到它有无数多组解。刘徽已经认识到这是一个不定方程组,也是中国数学史上第一次提出不定方程组问题。

(3) 几何方面。刘徽创建了一套完整的几何理论,包括面积理论、体积理论和勾股比例理论等,其中"割圆术"和体积理论是刘徽数学成就中最为突出的部分。

割圆术的主要目的在于证明“半周乘半径得积步”这一圆面积公式，而割圆术的关键是用圆内接多边形来逼近圆。《注》中刘徽从圆内接正六边形出发，将边数逐次加倍，并计算出每次得到的正多边形的周长和面积，他说道：“割之弥细，所失弥少，割之又割，以至于不可割，则与圆周和体而无所失矣。”显然，刘徽的割圆术包含了无穷小分割思想。在春秋战国时期就已经出现了朴素的极限思想，但把极限思想运用于实践，即利用极限思想解决实际问题的典范却是刘徽。

刘徽的面积、体积理论建立在一条简单而又基本的原理之上，这就是他所谓的“出入相补原理”，即：一个几何图形（平面或立体的）被分割成若干部分，面积或体积的总和保持不变。利用这条原理，刘徽证明了许多平面图形的面积公式，对于立体图形，除“出入相补原理”外，刘徽还灵活地使用了极限方法和不可分量法。如对于球的体积，刘徽首先指出了《九章算术》中球体积公式的错误，并创造了一个新的立体图形，在一立方体内，作两个互相垂直的内切圆柱，其公共部分称为“牟合方盖”。立方体的内切球恰好包含在牟合方盖内并与它相切。用一个水平面截这些立体，则球体的截面为圆，牟合方盖的截面为正方形，刘徽证明了在每一高度上两截面之比为 $\pi:4$，因此球体积和牟合方盖的体积之比也应该等于 $\pi:4$。这里，刘徽实际上应用了西方所谓的卡瓦列里原理：等高的两立体，若其任意同高处的水平截面积成比例，则这两立体体积亦成同样的比例。可惜他没有将其总结成一般结论。然而，刘徽并没有得到牟合方盖的体积，他指出只要求出牟合方盖的体积，球体积就可以唾手而得。虽然最终没能推证出球体积公式，但刘徽为彻底解决球的体积提出了正确的途径。

另外，刘徽重视逻辑推理，同时又注意几何直观的作用，“析理以辞，解体用图”是刘徽注释《九章算术》的宗旨。经刘徽注释的《九章算术》对中国古代数学的发展影响深远，是东方数学的代表作。

祖暅原理

祖冲之是南北朝时期在数学上最有成就的数学家，也是中国古代最伟大的数学家之一。在数学方面，祖冲之著有《缀术》等，但可惜的是他的著作都已失传。据零散史料记载，祖冲之本人最引以为荣的两大数学成就就是圆周率的计算和球体积的推导。祖暅是祖冲之的儿子，也是祖冲之科学事业的继承人，在数学上也有很多的创造。

祖暅原理是祖冲之及其子共同创造的成果，载于李淳风为《九章算术》“开立圆术”所作的注中，题为“祖暅之开立圆术”。刘徽在《九章算术》“开立圆术”注中指出“球体积和牟合方盖的体积之比等于 $\pi:4$”。祖氏父子继承了刘徽的工作，从计算牟合方盖的体积入手推导球体积。根据李淳风的注文，祖暅取牟合方盖的八分之一，考虑它的外切立方体剖去它自身的剩余部分，将这块立体剖分成三个小立体，同时考虑一个以外切立方体上底面为底、以立方体的一边为垂直边的倒方锥。

祖暅利用勾股定理推证出：在同一高处三个小立体的截面积之和与方锥的截面积相等，也就是说，在同一高处，剩余部分立体的截面积和倒方锥的截面积相等。此时祖暅明确提出“幂势既同，则积不容异”的原理。这就是我们现在所谓的“祖暅原理”。倒方锥的体积为 $\frac{1}{3}r^3$，所以牟合方盖八分之一的体积为 $r^3-\frac{1}{3}r^3=\frac{2}{3}r^3$，整个牟合方盖的体积为 $\frac{16}{3}r^3$。利用刘徽已推出的结论，祖暅给出了正确的球体积公式：

$$V_{\text{球}}=\frac{\pi}{4}V_{\text{牟合方盖}}=\frac{4}{3}\pi r^3=\frac{1}{6}\pi D^3$$

祖暅原理意思是说：两个同高的立体，如果在任何等高处的截面积相等，则这两个立体体积相等。这一原理由 17 世纪的意大利数学家卡瓦列利重新提出，故在西方也称为“卡瓦列利原理”，它对微积分的创立产生了重要影响。

巴比伦数学

巴比伦数学也称美索不达米亚数学。亚洲西部的底格里斯河与幼发拉底河之间的地带通常叫做两河流域，它是人类早期文明的发祥地之一，这块地域古代叫做美索不达米亚。公元前 19 世纪，巴比伦王国在这里兴起。这一地域的文化成为美索不达米亚文化，因此，巴比伦数学更确切地说应该是美索不达米亚数学。

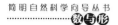

大多数文明普遍采用十进制，但美索不达米亚人却创造了一套以60进制为主的楔形文记数系统。美索不达米亚地域的居民用尖芦管在湿泥板上刻写楔形文字，然后将泥板晒干或烘干制成泥板文书。现在关于巴比伦的数学知识就来源于这些泥板。巴比伦人擅长计算，他们制定了各种数表，如乘法表、倒数表、平方表、立方表等，并利用这些数表进行算术运算，使得计算更加简捷。他们还创造了许多成熟的算法，如开方运算，给出了一种既简单又有效的开方程序，在约公元前1600年的一块泥板上载有$\sqrt{2}$的近似值1.414 215 5。

巴比伦人虽然没有使用现代的数学符号，几乎全是用文字记录，但从留下的泥板记载，他们已经由算术向代数过渡，积累了比较丰富的代数知识。许多泥板载有一次和二次方程问题，并且在对体积的研究中已经涉及三次方程。虽然对于二次方程巴比伦人只求正根，但他们解决二次方程的过程与现代用公式解方程的过程基本一致。

巴比伦人的几何是属于实用性质的，是与测量等实际问题相联系的。他们已经掌握长方形、三角形、梯形等简单平面图形和棱柱、平截头方锥等立体图形体积的计算公式。另外，在一块叫做“普林顿322”的泥板上记录了一些数表，经研究发现，其中有两组数是边长为整数的直角三角形的斜边和一条直角边，这说明该数表与整勾股数有关。同样是这一个数表的另一列数字相当于给出了一张从31°至45°间隔为1°的正割三角函数平方表，这可能是为了天文或工程计算的需要而设计的。

虽然巴比伦数学取得了很多成就，但仍处于数学知识的原始积累阶段，是一种解决各类具体问题的实用数学知识，并没有完成向理论数学的过渡。

古代埃及数学

肥沃的尼罗河谷是古代东方文明的发祥地，约公元前3200年左右，一个统一的埃及王朝在这里建立。尼罗河孕育了埃及灿烂的文化，古老的象形文字和雄伟的金字塔就是这种文明的象征。古代埃及人在长期的生产实践和与自然进行斗争的过程中，逐渐掌握了丰富的科学文化知识。

目前我们关于古埃及数学的了解主要依据用僧侣文写成的两部纸草

书，一部是 1858 年由英国人莱因德发现的，现藏伦敦大英博物馆的莱因德纸草书；另一部是 1893 年由俄国贵族戈列尼雪夫在埃及购得的，现藏莫斯科普希金精细艺术博物馆的莫斯科纸草书。这两部纸草书实际上都是各种类型的数学问题集，所记载的数学问题涉及算术、几何、代数等多个方面。

古埃及人用象形文字表示数字，书写的方式从右向左，数字的写法是十进位，但没有位值的概念。分数算术在古埃及数学中占有特别重要的地位，单位分数的广泛使用成为埃及数学一个重要而又有趣的特色。埃及人将所有的真分数都表示成一些单位分数的和。如：

$$\frac{7}{29}=\frac{1}{6}+\frac{1}{24}+\frac{1}{58}+\frac{1}{87}+\frac{1}{232}$$

至于埃及人为什么对单位分数情有独钟，至今仍是一个难解的谜。

古埃及人已经能够解决一些属于一次方程和最简单的二次方程的问题。他们称未知数为“堆”，解决问题的方法完全是算术的，也就是现在所谓的“假位法”。

古埃及人在几何学方面的成就是与尼罗河紧密相关的。据公元 5 世纪古希腊历史学家希罗多德记载，尼罗河水每年一次的定期泛滥淹没河流两岸的谷地，大水过后，法老们就要重新分配土地。长期积累起来的土地测量知识逐渐发展成几何学。两部纸草书中的几何问题大都与土地面积和谷堆体积的计算有关。古埃及人已经得到正方形、矩形、等腰梯形等简单平面图形的面积计算公式，他们在立体体积的计算上达到了较高的水平，已经能够计算立方体、平行六面体和圆柱体的体积，并给出了平截头方锥体积的正确计算公式。

古埃及人的数学知识已很丰富，且已经达到较高的水平，这是长期逐渐发展的结果，但他们的数学依然是实用数学，并没有命题证明的思想。

古代希腊数学

通常所说的古希腊，除现在的希腊半岛外，还包括爱琴海地域、马其顿与色雷斯地区、意大利半岛、小亚细亚以及非洲北部等地。希腊文明大约可以追溯到公元前 2800 年，一直延续到公元 600 年，公元前 6 世纪以后，由于经济和政治的进步，自然科学和数学得到高度迅速发展。所说的古希腊数学一般是指从公元前600年至公元600年间，上述地区的数学家们所创造的数学。

希腊人定居创业之后，他们勇于开拓的精神促使大批的希腊商人和学者游历埃及与美索不达米亚地区，并带回了从那里收集到的大量数学知识，在此基础上希腊人创建了具有初步逻辑结构的论证数学体系。

古希腊数学从时间上大致可以分为两个大的阶段，一是从公元前600年到公元前300年，称为古典时期的希腊数学；二是从公元前300年到公元600年，称为亚历山大时期的数学。

古典时期的希腊数学

古典时期的希腊数学是论证数学的开端，这一时期的数学和哲学是分不开的。希腊进入奴隶社会后，思想活跃，一些学者探讨各种科学问题，形成各种学派，正是这些学派的工作为希腊论证数学体系的形成奠定了坚实的基础。希腊最早的一个学派是以泰勒斯为代表的伊奥尼亚学派，诞生于伊奥尼亚地区的米利都城。泰勒斯是古希腊哲学家和数学家，他最重要的数学成就是开始引进演绎证明，这是划时代的伟大贡献。尽管直到现在也没有直接的证据说明泰勒斯证明了一些几何命题，但泰勒斯还是赢得了“第一位数学家和论证几何学鼻祖”的美誉。

希腊论证数学的另一位祖师是毕达哥拉斯。和泰勒斯一样，毕达哥拉斯也是一位扑朔迷离的传奇人物，他曾在现今意大利东南沿海的克洛托内城建立了一个集宗教、哲学、科学于一体的组织，现称为“毕达哥拉斯学派”。该学派把“万物皆数”(这里的“数”仅指整数，分数被看成整数之比)作为信条，讲授音乐、天文、几何与算术四大科。在数学方面，毕达哥拉斯学派成员主要研究比例论、多角形数、初等数论问题以及几何代数法等。如他们定义了“完全数”和“亲和数”等概念，给出了“三角形数”“长方形数”“五边形数”和“六边形数”等，这些多角形数实际上是一些高阶等差数列。“形数”体现了数与形的结合。毕达哥拉斯学派的比例论研究的出发点是任何量都可以表示成两个整数之比，由此他们认为任何量都是“可公度量”。毕达哥拉斯学派闻名于世的一项重要成果就是他们给出的毕达哥拉斯三元数组$\frac{m^2-1}{2}$，

$m, \frac{m^2+1}{2}$（m 为整数），它们分别表示直角三角形的两条直角边和斜边，与勾股定理密切相关，因此，勾股定理在西方也称为毕达哥拉斯定理。毕达哥拉斯学派的另一项杰出贡献就是不可公度量（无理数）的发现。

希腊波斯战争结束后，雅典成为希腊民主政治与经济文化的中心，许多学派应运而生，希腊数学也随之走向繁荣。这些学派大都以探讨哲学问题为主，但他们的研究活动极大地加强了希腊数学的理论化色彩。

以芝诺为代表的伊利亚学派提出了四个著名的悖论：两分法、阿吉里斯追龟、飞箭静止以及运动场问题，将无限性概念所遭遇的困难揭示无遗。其中前两个悖论是针对事物无限可分的观点，后两个则矛头直指不可分无穷小量的思想。虽然当时的希腊数学家尚不可能给出清晰的解释，但这些悖论成为希腊数学追求逻辑精确性的强大推动力。

另一个对希腊数学作出重要贡献的学派是以安提丰为代表的雅典的“智人学派”，也称“诡辩学派”。这个学派的数学研究中心是古希腊的三大几何问题：① 化圆为方，即作一个正方形，使其面积等于一已知圆。② 倍立方，即作一立方体，使其体积等于已知立方体的两倍。③ 三等分角，即分任意角为三等分。问题的难处在于作图工具只能用直尺和圆规。在研究化圆为方问题时，安提丰首先提出了用圆内接正多边形逼近圆面积的方法，称之为“穷竭法”。尽管安提丰利用它并没有解决化圆为方问题，但它对希腊数学的发展起到了重要作用。

继诡辩学派之后，活跃在雅典的一个重要学派是柏拉图学派，据说这个学派在学园的大门上写着“不懂几何者莫入”。这一学派培育了一批著名的数学家，柏拉图和梅内赫莫斯就是其中的两个代表人物，后来，著名数学家欧多克索斯率徒加入柏拉图学派，他们使得希腊数学中的演绎倾向有了实质性的进展。柏拉图自己没有取得很多具体的数学成果，但他的数学思想却对后世产生了很大的影响。他给出了许多几何定义，并坚持对数学知识作演绎整理。梅内赫莫斯则发现了圆锥曲线，并借助于圆锥曲线解决了倍立方问题。

亚里士多德是柏拉图的学生和同事，公元前 335 年，在雅典吕园创立了自己的学派，称为“吕园学派”。亚里士多德极大地发展和完善了柏拉图的思想，对许多定义作了更精确的讨论，并指出需要有未加定义的名词，深入研究了作为数学推理的出发点的基本原理，并将它们区分为公理和公设。他最伟大的成就是将前人使用的数学推理规律规范化和系统化，从而创立了独立的逻辑学。他是形式逻辑的奠基者，其逻辑思想为后来欧几里得将几何学整理在严密的逻辑体系之中开辟了道路。

亚历山大时期的数学

公元前 4 世纪，亚历山大帝国被瓜分成三个帝国，托勒密统治下的希腊定都亚历山大城。公元前 300 年左右，托勒密王开始在亚历山大城建造当时世界上最大的博物馆和图书馆，提倡学术，罗致人才，从此以后亚历山大成为希腊文化活动的中心。希腊数学开始进入亚历山大时期。这一时期的数学可以分为两个阶段，一是从公元前 338 年到公元前 30 年最后一个希腊国家托勒密王国灭亡的 300 余年，这是希腊数学的“黄金时代”；二是从公元前 30 年罗马人征服希腊各国到公元 6 世纪罗马帝国灭亡，这一时期是希腊数学的“衰落时期”。

从公元前 3 世纪开始，亚历山大城学者云集，出现了一大批优秀的数学家，其中最杰出的代表是欧几里得、阿基米德和阿波罗尼奥斯，他们的成就标志着古典希腊数学的巅峰。

欧几里得是希腊论证几何学的集大成者。他系统地总结古典希腊数学，用公理方法整理几何学，写成《几何原本》13 卷，其中包括平面几何、立体几何、比例理论、数论问题以及可公度与不可公度的概念等。《几何原本》是一部划时代的巨著，它构建了历史上第一个数学公理体系，成为西方科学的“圣经”，也是整个科学史上流传最广的著作之一，对以后的数学发展产生了极其深远的影响。

阿基米德一直被称为古代最伟大的数学家，其著述极为丰富，内容涉及数学、力学、天文学等多个领域。他的数学著作集中探讨与面积和体积计算相关的问题，他在数学上的最大功绩是建立抛物弓形等图形的精密求积法。其方法就是将需要求积的量分成许多微小单元，再借助于力学上的平衡原理，用另一组总和比较容易计算的微小单元来进行比较，从而达到求积的目的，这种方法通常称为“平衡法”。“平衡法”体现了近代积分法的基本思想。另外，阿基米德关于圆周率 π 的计算、螺线及其他曲线、球和圆柱的研究等，对 17 世纪的数学发展产生了重要影响。

亚历山大时期第三位杰出的数学家阿波罗尼奥斯在数学上的主要贡献是几何学。他的传世之作《圆锥曲线论》在前人工作的基础上创立了相当完美的圆锥曲线理论，提出了我们现在通用的抛物线、椭圆、双曲线三种形式的曲线，并发现了这三种曲线之间的许多依赖关系，包含了近代微分几何与射影几何学的萌芽思想。《圆锥曲线论》可以说是希腊论证几何的最高成就，同样对 17 世纪数学的发展有着巨大影响。

从公元前 30 年到公元 6 世纪，在务实的罗马民族统治之下的希腊几何学，已经失去前期的光辉，这一时期产生了与古典时期性质截然不同的数学。几何学研究集中于对计算长度、面积和体积有用的结果，由此却唤起了算术和代数的新生。而天文计算的需要促使了三角学的建立。这一时期的著名学者有海伦、托勒密、丢番图和帕波斯等。

海伦在其代表作《度量论》中主要讨论了各种几何图形的面积和体积计算，其中最著名的是以他的名字命名的根据三角形三边求三角形面积的海伦公式。

天文学家托勒密最富创造性的成就是建立三角学。在其天文学著作《天文学大成》中，托勒密总结了三角学知识，系统地讨论了平面三角学和球面三角学，他给出了现称"托勒密定理"的几何定理和许多球面三角定理。另外，他给出的弦表是历史上第一个有明确构造原理并流传于世的系统的三角函数表。托勒密在三角学方面的工作成为后来西方三角学的一个重要来源。

亚历山大后期希腊数学呈现一个新的特征，也就是突破了前期以几何学为中心的传统，算术和代数成为独立的学科。希腊人所谓的"算术"是指今天的数论。这方面的代表人物是数学家丢番图，他的代表作《算术》是一部完全脱离几何形式、用纯分析的途径处理数论与代数问题的经典著作，可以看做希腊算术与代数成就的最高标志。《算术》一书主要有三个方面的贡献，其中最著名的就是不定方程的求解，书中给出了高达 6 阶和多达 10 个未知数的不定方程和不定方程组，但最有名的不定方程是"将一个已知的平方数分为两个平方数"，用现代符号表示即为：已知平方数 z^2，求数 x 和 y，使得 $x^2+y^2=z^2$。17 世纪法国数学家费马在阅读《算术》时对该问题所作的一个边注，引出了后来举世瞩目的“费马大定理”。丢番图关于不定方程的解法虽然缺乏一般性，但他是第一个对不定方程问题作广泛、深入研究的数学家，因此我们现在常把求整系数不定方程整数解的问题称为“丢番图问题”或“丢番图分析”，而将不定方程称为“丢番图方程”。丢番图的另一个重要贡献是创立了一套缩写符号，这在古代是绝无仅有的。此外，丢番图所处理的数论问题对后世也有很大影响。但丢番图的《算术》也表现出希腊代数的一些弱点，虽然具有高度的技巧性，但方法上缺乏一般性。

帕波斯可以说是希腊最后一位重要的数学家。他唯一的传世之作《数学汇编》在历史上占有特殊的地位，不仅仅是因为它本身有许多新的成果，更重要的是它记述了大量前人的工作，很多古希腊数学的宝贵资料仅仅依靠《数学汇编》的记载才得以保存下来。

《数学汇编》被认为是古希腊数学的安魂曲。帕波斯之后，希腊数学日趋衰落。公元529年，东罗马皇帝封闭了所有的希腊学校，至此宣告了古希腊数学的终结。

无理数的发现——第一次数学危机

从某种意义上来讲，现代意义下的数学，也就是作为演绎系统的纯粹数学来源于古希腊毕达哥拉斯学派。这个学派兴旺的时期为公元前500年左右，他们将数作为世界万物的本原，研究数的目的并不是为了实际应用，而是想通过揭露数的奥秘来探索宇宙的永恒真理。认为数学的知识是可靠的、准确的，而且可以应用于现实的世界。数学的知识是由于纯粹的思维而获得的，并不需要观察、直觉及日常经验。

毕达哥拉斯学派有严密的教规，不但知识保密，而且所有发明创造都归于学派领袖。他们相信任何量都可以表示成两个整数之比，在几何上就是说：对于任何两条给定的线段，总能找到第三条线段，以它为单位将其他两条线段划分为整数段。希腊人称这样两条线段为“可公度量”。在数学上，毕达哥拉斯学派的一项重大发现是证明了勾股定理，他们知道满足直角三角形三边长的一般公式。然而，毕达哥拉斯学派后来发现：并非任意两条线段都是可公度的，存在不可公度线段。如一些直角三角形的三边比不能用整数来表达，也就是勾长或股长与弦长是不可公度的。这样一来，就否定了毕达哥拉斯学派的信条:宇宙间的一切现象都能归结为整数或整数之比。

当时人们对有理数的认识还很有限,对于无理数的概念更是一无所知。不可公度量的发现对毕达哥拉斯学派是一个致命的打击。相传学派成员希帕苏斯根据勾股定理发现正方形的对角线与其一边构成不可公度线段,当他说出他的发现后,恐慌不已的其他成员将他抛进了大海,由此招来杀身之祸(一说希帕苏斯因泄露不可公度量的秘密而遭此厄运)。不可公度量的出现深深地困扰着古希腊数学家,希腊数学第一次出现了逻辑困难,这一事件在数学发展史上被称为"第一次数学危机",它与后来出现的"悖论"一样,极大地促进了数学的向前发展。

这场危机直到公元前4世纪的欧多克斯提出新的比例理论,通过在几何学中引进不可公度量概念才暂时消除。两个几何线段,如果存在一个第三线段能同时量尽它们,就称这两个线段是可公度的,否则称为不可公度的。正方形的一边与对角线就不存在能同时量尽它们的第三线段,因此它们是不可公度的。很显然,只要承认不可公度量的存在使几何量不再受整数的限制,所谓的数学危机也就不复存在了。

第一次数学危机表明,几何学的某些真理与算术无关,几何量不能完全由整数及其比来表示。反之,数却可以由几何量表示出来。整数的尊崇地位受到挑战,古希腊的数学观点受到极大的冲击。于是,几何学开始在希腊数学中占有特殊地位。同时也反映出,直觉和经验不一定靠得住,而推理证明才是可靠的。从此希腊人开始从"自明的"公理出发,经过演绎推理,并由此建立几何学体系。这是数学思想上的一次革命,是第一次数学危机的自然产物。

实际上,由不可公度量(无理数)引发的数学危机一直延续到19世纪。1872年,德国数学家载德金从连续性的要求出发,用有理数的"分割"来定义无理数,并把实数理论建立在严格的科学基础上,从而结束了无理数被认为"无理"的时代,也结束了持续2 000多年的数学史上的第一次大危机。

古代印度数学

印度是文明古国之一,具有悠久的历史文化。随着摩亨佐·达罗、哈拉帕等古城遗址发掘、考证,印度文明可以追溯到约公元前3000年。公元前8世纪至公元前2世纪是印度数学的萌芽时期,从建筑遗址和某些出土文物、钱币、石刻铭文中可以发现一些原始的数学知识。

古代印度数学的发展和宗教以及天文学密切相关,数学著述大都是天文学著作中的某些篇章。印度数学最早有可考文字记载的是吠陀时代,其数学知识混杂在婆罗门教的经典《吠陀》之中。目前流传下来的《吠陀》中关于庙宇、祭坛的设计与测量部分《测绳的法规》(即《绳法经》),有一些几何内容和建筑中的代数计算问题,给出了正方形、直角三角形、矩形和梯形等直线形的作法以及化圆为方和化方为圆等。在这些几何问题中,古印度人广泛应用了勾股定理,并给出了精确到小数点后第六位的$\sqrt{2}$的近似值。由几何计算导致了一些一次和二次方程的求解问题,印度人用算术方法给出了求解公式。

由于各种原因,从公元前200年到公元3世纪,印度数学史出现一片空白,缺乏可靠的史料。所幸于1881年在今巴基斯坦西北部一座叫巴克利沙的村庄,发现了这一时期书写在白桦树皮上的手稿,称为"巴克利沙手稿"。手稿数学内容十分丰富,主要内容是算术和代数,还有少量的几何与测量问题等,给出了若干计算法则、例题及解答,包括分数、平方根、数列、收支与利润计算、比例算法、较复杂级数求和以及代数方程等。特别值得注意的是手稿中使用了一些数学符号,并出现了完整的十进制数码,其中用圆点表示零。表示零的点后来逐渐演变成圆圈,即现在通用的"0"。起源于印度的数码和记数法后来被阿拉伯人改进和使用,又流传到欧洲,最后演变成现在的印度一阿拉伯数字,这是印度算术的一大贡献。

公元5～16世纪,印度数学取得了长足发展,其成就在世界数学史上占有重要地位。这一时期出现了一大批优秀的数学家,如阿耶波多、婆罗摩笈多、马哈维拉和婆什迦罗等。

阿耶波多是"悉檀多"时期有确切生年的最早的印度数学家,他只有一部天文学著作《阿耶波多历数书》流世。在数学上,该书最突出之处在于对希腊三角学的改进和一次不定方程的求解。阿耶波多建立了丢番图方程求解的所谓"库塔卡"方法,这是他在数学上的最大贡献。

婆罗摩笈多是继阿耶波多之后印度又一位杰出的数学家,他的两部天文学著作《婆罗摩修正体系》和《肯德卡迪亚格》都含有大量的数学内容。婆罗摩笈多对负数已经有明确的认识，给出了正负数的乘除法则，把 0 作为一个数来处理，并完整地叙述了 0 的运算法则。他还给出二次方程的求根公式。在几何上，婆罗摩笈多明确地给出了勾股数的通解公式，得到了已知边长 a,b,c,d 的四边形的面积公式：

$$S=\sqrt{(p-a)(p-b)(p-c)(p-d)},p=(a+b+c+d)/2$$

事实上，该公式仅适用于圆内接四边形，但婆罗摩笈多并未认识到这一点。而婆罗摩笈多最突出的贡献是给出今天所谓“佩尔”方程 $Nx^2+1=y^2$ 正整数解的一种方法。

婆罗摩笈多去世之后的两个世纪，印度数学出现了沉寂，直到 9 世纪才重新呈现出繁荣景象。古印度的数学家都是天文学家，数学从属于天文学，数学知识常夹杂在天文著作之中，9 世纪以后这种情况发生了改变，数学有了自己的专著。

马哈维拉是书写数学专著的一位重要的印度数学家，他的《计算方法纲要》可以说是一部系统的纯粹数学著作。本书基本上是对以往数学知识的总结和推广，书中给出了一般性的组合数 C_n^r 公式和椭圆周长近似公式 $C=\sqrt{24b^2+16a^2}$（这里 a,b 分别为椭圆的长、短半轴）。

婆什迦罗是印度古代和中世纪最伟大的数学家和天文学家，他的两部数学著作《莉拉沃蒂》和《算法本源》代表了印度古代数学的最高水平。婆什迦罗对不定方程有特殊的兴趣，这方面的工作也是他对数学的最突出贡献之一，除圆满解决“库塔卡”问题外，他把婆罗摩笈多关于佩尔方程的特殊解法改造成一般性的解法。在解二次方程时，婆什迦罗认识并广泛使用了无理数，讨论了形如 $a+\sqrt{b}$和 $a+\sqrt{b}+\sqrt{c}+\sqrt{d}$的无理数的平方根。

印度屡受外族侵略，常被外族征服，因此印度天文、数学受外来文化影响较深。早期可能受到埃及、巴比伦的影响，随后受希腊天文数学影响，但也不能排除中国文化的渗透。无论如何，印度数学始终保持东方数学以计算为中心的实用化特征。

中世纪阿拉伯数学

阿拉伯数学并非单指阿拉伯国家的数学，而是指 8～15 世纪阿拉伯帝国统治下整个中亚和西亚地区的数学。在阿拉伯数学中，正统的阿拉伯人的数学著作只是其中的一小部分，而大部分的著作还是希腊人、波斯人、花拉子模人、叙利亚人、摩尔人以及犹太人等完成的。

一个通常的观点认为：阿拉伯人在数学上没有做了什么重要的推进，他们只是吸收了希腊和印度的数学，使之进入“冷冻阶段”，并最终为欧洲人所接受。这种观点不确切，是对阿拉伯人的数学成就过于贬低的评价。事实上，一方面，阿拉伯人翻译了大量的希腊和印度科学的经典著作，使得灿烂的古代文化遗产得以保存下来，这当然是阿拉伯人对于科学所做的不可磨灭的成绩。另一方面，在数学上，阿拉伯人并非缺乏独创精神的希腊数学的模仿者，他们在几何、三角、代数等领域都做出辉煌的成就，推动了数学的向前发展。

毫无疑问，如果没有8世纪下半叶的伊斯兰文化的突然觉醒，大量的古代科学和数学知识将已经失传，之后不同的时期，巴格达、科瓦尔多、布哈拉、花拉子模、撒马尔罕等诸多城市成为重要的科学中心。阿拉伯人通过各种途径组织收集了大量的希腊和印度的数学和天文学著作，并有大批的叙利亚、伊朗、美索不达米亚、印度等地的学者被延请或聚集在这些地方，其中不乏相当出色的翻译人员，他们把大量的各种文献译成阿拉伯文。在翻译过程中，对许多文献重新进行了校订、考证、勘误、增补和注释。其中有欧几里得、阿基米德、阿波罗尼奥斯、托勒密和丢番图等希腊著名学者的数学和天文学著作，还有印度数学家和天文学家的著作等。这些阿拉伯译本成为后来欧洲人了解古希腊数学的主要来源。因此，阿拉伯人在对于希腊和印度的科学和数学知识的保存上是功不可没的。

在代数学方面，花拉子米是对欧洲数学影响最大的中世纪阿拉伯数学家。他的代表作《还原与对消的科学》（也称《代数学》）12世纪被译成拉丁文后，一直被作为标准课本使用了数百年，在欧洲产生了巨大影响，引导了16世纪意大利代数方程求解方面的突破。书中对一次、二次方程进行了详细的分类，给出了一般代数解法和几何证明，并引进了移项、合并同类项等代数运算，我们现在所使用的“代数学”一词即来源于花拉子米的“al-jabr”（意为还原，即移项）。花拉子米的另一部著作《印度计算法》也是数学史上很有价值的数学著作，它系统地介绍了印度数码和十进制记数法以及相应的计算方法，我们现在所说的术语“算法”（Algorithm）即来源于花拉子米的拉丁译名“Algoritmi”。

另一位对代数方程求解作出突出贡献的，是11世纪最著名、最富有成就的数学家、天文学家和诗人奥马·海雅姆。他在代数学方面的代表作《还原与对消问题的论证》(简称《代数学》)，给出了开平方、开立方算法，但最杰出的贡献是用圆锥曲线解三次方程。书中将所有次数不高于三次的方程依项数和系数分为简单方程和复杂方程两大类25种，对于所有三次方程，奥马实际上给出了可能有正根的一般三次方程的几何解法，这在代数方程理论的历史上是具有开创性的工作，也是代数方程理论和几何学密切联系的又一个很好的例子。分析阿拉伯学者关于代数方程求解的工作，可以看到两条不同的发展路线：一是以花拉子米为主要代表，明确给出解的代数表述或算法，同时为之提供以出入相补原理为基础的几何证明；另一则是以奥马为主要代表，以二次曲线相交的几何方法为基础寻求代数方程的解。这两条不同的路线有着不同的思想来源，并产生不同的历史影响。以花拉子米为代表的路线，本质上属于中国与印度的传统，体现了东方数学的特色：以构造算法为主，以出入相补型的几何证明为辅。这条路线对文艺复兴时期的数学家的代数方程研究有着不容忽视的影响。

阿拉伯学者阿尔·图斯在奥马工作的基础上进一步讨论了三次方程。阿尔·图斯给出了方程的(正)根和方程系数之间的精确关系，从而由定性的讨论上升到定量的论述，充实、发展了中世纪的奥马的三次方程的几何理论。奥马的思想建立在几何的基础上，通过几何图形的巧妙构造，寻找方程根的几何表示。阿尔·图斯则超越了这一传统的框架，讨论中引入了函数概念，尽管几何方法仍然是其讨论过程中的主要方法，但函数的思想却贯穿始终，几何方法不过是他表现其思想的方式、手段。

12世纪的阿拉伯数学家萨马瓦尔建立了开高次方的数值方法，即西方所谓鲁菲尼－霍纳算法，阿尔·图斯则发展了这种数值方法，给出了二次和三次方程的数值解法。另外，凯拉吉、萨马瓦尔等则首次较为系统地论述了代数多项式理论和二项式定理等。

几何学方面，阿拉伯学者阿尔·哈岑、奥马·海雅姆、纳西尔丁等对欧几里得第五公设的证明做了较早的尝试，诱发了后世欧洲学者在这方面的兴趣，对非欧几何的诞生有一定影响。另外，阿尔·卡西利用圆内接和外切正多边形将圆周率推算到17位准确数字。

三角学方面，阿拉伯学者引入了几种新的三角函数，如阿布·瓦法首先将正切、余切作为一个独立的函数，而不是正弦和余弦的比值，首次引入正割和余割，建立了若干三角函数关系式，并给出了许多三角公式的证明。阿尔·巴塔尼发现了球面三角余弦定理：$\cos A=\cos B\cdot\cos C+\sin B\cdot\sin C\cdot\sin A$。

另外，阿拉伯人还编制了大量的三角函数表。而纳西尔丁的《论完全四边形》则是一部脱离天文学的系统的三角学专著。书中系统地阐述了平面三角学，明确给出正弦定理，讨论了球面完全四边形，对球面三角形进行了分类并指出球面直角三角形的边角关系，引入极三角形的概念以解斜三角形，明确了球面三角和平面三角的区别。纳西尔丁的《论完全四边形》使得三角学开始脱离天文学而成为独立的学科。可惜的是纳西尔丁的工作直到15世纪才为欧洲人所知。数学史家苏特曾感慨地说："假如15世纪的欧洲三角学者早知道他们的研究，不知还有没有插足的余地?"

花拉子米与《代数学》

花拉子米是中世纪阿拉伯杰出的数学家和天文学家。流传下来的花拉子米的传记材料很少，一般认为他出生于花拉子模。花拉子米是拜火教徒的后裔，早年在家乡接受初等教育，后到中亚细亚古城默夫继续深造，并到过阿富汗和印度等地游学，不久成为远近闻名的科学家。公元813年，花拉子米应邀到阿拔斯王朝的首都巴格达工作。830年，阿拔斯王朝的国王马蒙创办了著名的"智慧馆"(自公元前3世纪亚历山大博物馆之后最重要的学术机构)，花拉子米是智慧馆学术工作的主要领导人之一。马蒙去世后，花拉子米仍留在巴格达工作，直至去世。花拉子米生活和工作的时期，是阿拉伯帝国政治局势日渐安定、经济发展、文化生活繁荣昌盛的时期。

花拉子米科学研究的范围十分广泛，包括数学、天文学、历史学和地理学等许多领域。他一生撰写了许多重要的科学著作，在数学上，花拉子米著有《代数学》和《印度的计算术》两部著作，它们对阿拉伯和欧洲数学的发展都起到非常广泛、重要的影响。他在天文学、地理学和历史学等方面也有重要贡献，他的《地球景象书》《历史书》等多部天文学著作都为这些学科的发展起到一定作用。

《还原与对消的科学》(简称《代数学》)是花拉子米的代表作，书中对一次、二次方程进行了详细的分类，花拉子米依方程系数和常数项的正负，将二次方程分为5种类型，即："平方"等于"根"，$ax^2=bx$；"平方"等于"数"，

$ax^2=c$;“平方”和“根”等于“数”,$ax^2+bx=c$;“平方”和“数”等于“根”,$ax^2+c=bx$;“根”和“数”等于“平方”,$ax^2=bx+c$。

其中 a,b,c 均为正数,并就每一种情形给出了具体的代数解法,如统一为一般情形 $x^2+px+q=0$,花拉子米的解法即相当于给出了求根公式

$$x=-\frac{p}{2}\pm\sqrt{\left(\frac{p}{2}\right)^2-q}$$

每一问题求出正根 x 后,花拉子米明确指出二次方程可能有两个正根,也可能有负根,讨论了方程的判别式条件,但他不取负根和零根。花拉子米不但给出了二次方程的代数解法,而且还提供了代数方法的几何解释,其几何方法与中国的“出入相补”原理极为相似。另外,《代数学》的第二和第三部分列举大量的实例讲述了实用测量术和遗产计算问题。据数学史家 S. 甘兹的考察,花拉子米并非希腊数学的信徒。当时巴格达的“智慧馆”里聚集着各地来的大批学者(从事科学研究或希腊与印度科学著作的翻译、整理工作),其中一部分人翻译、推崇和接纳希腊的演绎体系,并体现于他们的著作之中;以花拉子米为代表的另一部分学者,则反对希腊数学近乎纯粹逻辑演绎的介入,主张以几何证明为辅的算法体系,提倡数学与实际的结合。花拉子米的《代数学》明显地表现出这种倾向,相反全书自始至终没有提及欧几里得的《几何原本》,这绝非偶然。

花拉子米的《代数学》用十分简单的例题讲述了解一次和二次方程的一般方法,为人们提供了规范的方程术语“移项”“合并同类项”等,他的做法实质上已经把代数学作为一门关于解方程的科学来研究。《代数学》在 12 世纪传入欧洲,之后的几个世纪,它成为欧洲人的标准课本,其内容、思想和方法相当广泛地影响过历代数学家。如中世纪著名的数学家斐波那契、15 世纪著名数学家帕乔利等都深受《代数学》的影响。该书引导了 16 世纪意大利代数方程求解方面的突破。事实上,在中世纪和文艺复兴时期,凡是在代数学方面有过贡献的欧洲学者,他们的工作都不同程度地受到花拉子米的影响。《代数学》以其逻辑严密、系统性强、通俗易懂和联系实际紧密等特点被奉为代数教科书的鼻祖。

中世纪欧洲数学

公元 5~11 世纪,是欧洲历史上的黑暗时期,封建宗教基督教占绝对统

治地位。教会宣扬天启真理,导致了理性的压抑,欧洲文明处于凝滞状态。整个黑暗时期,欧洲的数学水平十分低下,毫无成就可言,而由于宗教教育的需要,出现的一些算术和几何教材,也仅是从希腊著作的片断中编译的初级读物。

直到12世纪,新的思潮才开始影响欧洲,也促进了数学的发展。欧洲人通过贸易和旅游,同地中海地区和近东的阿拉伯人以及拜占庭人发生了接触。十字军东征,使欧洲人进入阿拉伯领地。与阿拉伯人的接触激发了他们学习科学文化的热情,阿拉伯科学文化大量输入欧洲,从此,欧洲人从阿拉伯人和拜占庭人那里了解到希腊以及东方古典学术。由此开始了欧洲数学的第一次复兴和大翻译运动,最终导致了文艺复兴时期欧洲数学的高涨。

12世纪的欧洲是数学史上的大翻译时期,这一时期著名的翻译家有英国的阿德拉特、罗伯特,意大利的普拉托、杰拉德等,他们将希腊学者欧几里得、阿基米德、海伦、西奥多休斯、托勒密、亚里士多德等,以及阿拉伯学者花拉子米、奥马·海雅姆等的著作翻译成拉丁文,这些工作为文艺复兴时期科学的发展创造了优良的条件。

欧洲数学复苏的第一位有影响的数学家是意大利的斐波那契,他的著作《算盘书》是欧洲中世纪最杰出的数学著作之一。书中系统介绍了印度—阿拉伯数码,给出了整数和分数算法、开方法、二次和三次方程以及一些不定方程的解法,所载"兔子问题"导致了著名的斐波那契数列:1,1,2,3,5,8,12,21,…斐波那契的另两部著作《实用几何》和《平方数书》专门讨论几何学和二次不定方程,也是中世纪欧洲很有影响的著述。

法国学者奥雷斯姆是14世纪欧洲最伟大的数学家,他在著作中第一次使用了分数指数,提出用坐标表示点的位置和温度的变化,可以说是函数概念和函数图示法的萌芽,对后来笛卡儿创立解析几何起到了启发作用。

12世纪之后,欧洲各地出现了许多大学。13世纪上半叶,巴黎、牛津、剑桥、帕多瓦等地的一些大学里数学教育开始兴起,这些大学成为后世数学发展的重要基地。

斐波那契与《算盘书》

意大利学者斐波那契是欧洲数学复苏时期的第一位有影响的数学家。他出生于比萨,早年随父经商,师从阿拉伯人学习算学,掌握了印度—阿拉伯数码这一新的记数体系，后又游历埃及、叙利亚、希腊、西西里、法国等国家。斐波那契熟悉了不同国家地区在商业上的算术体系，经过比较后发现，印度一阿拉伯数码最为方便。1200 年左右，他回到比萨，潜心写作，1202 年完成名著《算盘书》，后又完成《几何实用》(1220)《精华》(1225)和《通信录》以及《平方数书》(1225)等著作。这些著作内容不仅涉及使用印度一阿拉伯数码的计算以及在所有商业领域的应用，而且还包含他所学到的许多代数和几何知识。

在斐波那契的著作中，《算盘书》流传最为广泛，影响最大，它是欧洲中世纪最重要的数学著作，被学校作为教材使用达 200 年之久。这里的"算盘"并非单指一种计算工具，而是借用算盘来代替算术。全书共 15 章，从内容上可分为四部分。第一部分(1～7 章)斐波那契首先介绍了印度一阿拉伯数码，随后通过大量的示例给出了整数四则运算的方法，最后引入许多符号表示分数，并介绍了分数的运算方法，其中包含许多乘法表、素数表等。第二部分(8～11 章)是商业用的计算问题。这部分详细地介绍了如何将心得记数制度和运算法则应用到商业问题中，所涉及商业问题包括物价、利润、利息、工资、货物交换、度量以及货币换算等。第三部分(12～13 章)内容丰富，论题广泛，包括许多有趣而又较难的问题。如"蓄水池问题""猎狗和野兔问题""买马问题"等。值得注意的是其中有一问题与中国数学著作《孙子算经》中的"百鸡问题"相同，属不定分析问题。而最著名的还是 1228 年修订版中增加的"兔子问题"，即：假定一对大兔子一个月生一对小兔子，一对小兔子一个月之后成为一对中兔子，而一对中兔子一个月之后变成一对大兔子并生下一对小兔子。开始只有一对大兔子，问一年后共有多少对兔子？这个问题的解答导致了著名的斐波那契数列：1，1，2，3，5，8，13，21，34，…其特征是每一项均为前两项之和。斐波那契数列有许多重要性质，特别是它可与黄金分割联系起来，在数论、优选法等多方面有重要应用。第四部分(14～15 章)主要讨论开方的数值方法、二次和三次方程以及不定方程问题。

可以看出斐波那契这部很有名的著作主要是一些来源于古代中国、印度和希腊等的数学问题的汇集。尽管书中斐波那契自己的创造性成果很少，但在当时科学水平十分低下的欧洲，这部著作却具有划时代的意义。

二、近现代数学的兴起与发展阶段

分析学

函数概念的演变

函数是数学中最基本、最重要的概念之一，是物质世界中量与量之间依赖关系的一种数学概括。

设 D 是一个非空实数集，f 是某一对应规则，如果对每一个 $x \in D$，f 唯一地确定出一个相对应的实数 $f(x)$，则称 f 为定义于 D 上的一个函数。D 称为定义域，数 $f(x)$ 称为函数在 x 的函数值，全体函数值的集合 $M=\{f(x) \mid x \in D\}=f(D)$ 称为函数的值域。规则 f 在 D 上定义的函数通常记为 $f: D \to M$，也简记为 f。函数 $f: D \to M$ 是从集 D 到集 M 的映射。

函数记号 $f: D \to M$ 准确地表现了函数概念的内涵，但为简便起见，目前科学著作中常记为 $f(x)(x \in D)$。若把变量的含义引入函数概念，即给定一函数 $f: D \to 0$，令 x 是一个以 D 为变域的变量，y 是一个以 M 为变域的变量，则变量 y 通过 f 表现出对变量 x 的一种依赖关系，函数 f 是这种依赖关系的一种数学表达。它丰富了人们对函数这个抽象数学概念的直觉联系，也体现了函数概念的历史发展。

事实上，函数概念的出现与解析几何的产生有着密切联系。14 世纪法国数学家奥雷姆的工作已经包含函数概念与函数图示法的萌芽，他已经在平面上建立了点与点之间的对应关系。1637 年，法国数学家、解析几何的创始人笛卡儿在其著述《几何学》中，把变量引入数学，他已经注意到一个变量对于另一个变量的依赖关系，且这种关系可以用包含这两个变量的方程式表示出来。笛卡儿的工作已经孕育了函数思想，但他当时并未意识到需要提炼一般的函数概念。

最早将“函数”(Function)作为术语用于数学的是德国数学家莱布尼茨，他在1673年的手稿中使用这个词表示某种依赖关系。1718年，瑞士数学家约翰·伯努利首次使用变量定义函数：“一个变量的函数是指由这个变量和常量以任意方式组成的一种量。”意思是凡变量 x 和常量构成的式子都叫做 x 的函数，强调函数要用公式来表示。直到18世纪中叶，瑞士数学家欧拉才给出了更普遍、更具有广泛意义的函数定义，它不再强调函数的解析表达式。到18世纪末，虽然函数概念的表述尚欠完善，但变量、依赖关系等这些函数的基本要素都已经出现。

1837年德国数学家狄利克雷进一步拓展了函数概念，指出：对于在某区间上的每一个确定的值，y 都有一个或多个确定的值，那么 y 叫做 x 的函数。狄利克雷的函数定义避免了以往函数定义中所有的关于依赖关系的描述，简明精确。至此，函数概念、函数的本质定义已经形成。另外，他还给出了现在著名的“狄利克雷函数”：

$$y=\begin{cases}1, x\text{ 为有理数}, \\ 0, x\text{ 为无理数}\end{cases}$$

函数概念的一大突破是在德国数学家康托尔的集合论创立之后，数学家们开始用“集合”和“对应”的概念给出了近代函数定义，并通过集合概念，把函数的对应关系、定义域及值域进一步具体化。19世纪后期至20世纪，随着函数种类的增多，函数概念仍然不断变化，出现了序偶、泛函及算子等新概念。

极限思想的历史发展

极限是分析数学中最基本的概念之一，用来描述变量在一定的变化过程中的终极状态。在古代希腊、中国和印度数学家的著作中，已不乏用朴素的极限思想，即无穷小过程计算特别形状的面积、体积和曲线长的例子。如在中国，公元前5世纪，战国时期名家的代表作《庄子·天下篇》中记载了惠施的一段话：“一尺之棰，日取其半，万世不竭”，是我国较早出现的极限思想。但把极限思想运用于实践，即利用极限思想解决实际问题的典范却是魏晋时期的数学家刘徽。他的“割圆术”开创了圆周率研究的新纪元。刘徽首先考虑圆内接正六边形面积 S_6，接着是正十二边形面积 S_{12}，然后依次加倍边数，则正多边形面积愈来愈接近圆面积。用他的话说，就是“割之弥细，所失弥少。割之又割，以至于不可割，则与圆合体，而无所失矣”。按照这种思想，他从圆的内接正六边形面积一直算到内接正 192 边形面积，得到圆周率 π 的近似值 3.14。大约两个世纪之后，南北朝时期的著名科学家祖冲之、祖暅父子推进和发展了刘徽的数学思想，算出了圆周率 π 介于3.141 592 6 与 3.141 592 7 之间，这是我国古代最伟大的成就之一。刘徽与祖氏父子的工作包含了深刻的极限思想。

欧洲古希腊时期也有极限思想，并用极限方法解决了许多实际问题。较为重要的是安提芬的“穷竭法”。他在研究化圆为方问题时，提出用圆内接正多边形的面积穷竭圆面积，从而求出圆面积。但他的方法当时并没有被数学家们所接受。后来，安提芬的穷竭法在欧多克索斯那里得到补充和完善。之后，阿基米德借助于穷竭法解决了一系列几何图形的面积、体积计算问题。

随着微积分学的诞生，极限概念的作用越来越凸显出来，但最初提出的极限概念是模糊不清的。如牛顿称变量的无穷小增量为“瞬”，有时令它为零，有时又令它非零；莱布尼茨也曾试图用和无穷小量成比例的有限量的差分来代替无穷小量，但是他也没有找到从有限量过渡到无穷小量的桥梁。因此，有人称牛顿和莱布尼茨的极限思想为神秘的极限思想，引起 18 世纪许多人对微积分的攻击，由此还导致了数学史上的第二次危机。

多方面的批评和攻击没有使数学家们放弃微积分，相反却激起了数学家们为建立微积分的严格基础而努力，从而也掀起了微积分乃至整个分析的严格化运动。19 世纪初，数学家们在严格化基础上重建微积分的努力开始取得成效。1817 年，捷克数学家波尔查诺在其《纯粹分析证明》中给出了序列收敛条件的正确表述，但他的工作并没有引起人们的重视。1821 年，法国数学家柯西在其分析方面最具代表性的著作之一《分析教程》中定义极限为：“当同一变量逐次所取的值无限趋向于一个固定的值，最终使它的值与该定值的差可以随意小，那么这个定值就称为所有其他值的极限”，其中“无限趋向于”“可以随意小”等语言只是极限概念直觉的、定性的描述，缺乏定

量的分析。而真正将极限概念定量化的是德国数学家魏尔斯特拉斯，他给出了我们现在所使用的极限概念的定义：如果给定任何一个正数 ε，都存在一个正数 δ，使得对于区间 $|x-x_0|<\delta$ 内的所有的 x 都有 $|f(x)-f(x_0)|<\varepsilon$，则 $f(x)$ 在 $x=x_0$ 处连续。如果上述叙述中，用 L 代替 $f(x_0)$，则说 $f(x)$ 在 $x=x_0$ 处有极限 L。这就是今天极限论中的"$\varepsilon-\delta$"方法。

后来，极限概念被推广到多元函数和复变量函数，尽管极限过程复杂，但保持了极限的固有特征。随着数学理论的不断发展，数学家们发现，有些变量的极限过程比较特殊，很难用 $\varepsilon-\delta$ 语言叙述，因此有必要建立更广义的极限理论。前苏联数学家沙图诺夫斯基、美国数学家穆尔、斯密斯给出了一种极限定义，这种广义的极限概念在现代拓扑学和分析数学中起到了重要作用。

对数理论的创立

16 世纪上半叶，由于科学成果在工程技术上的应用以及实践的需要，欧洲人把实用的算术计算放在了数学的首位。地理探险、海洋贸易、新天文学、银行业务以及商务活动等，都对计算技术的改进提出了前所未有的要求。适应这些需求，计算技术最大的改进就是对数的发明和应用。

对数的思想，可以追溯到 15 世纪数学家对等差数列和等比数列所作的比较。1484 年，法国数学家许凯在研究等比数列的性质时已经认识到：乘法能转化成加法进行运算。1544 年，德国数学家斯蒂菲尔在其《综合算术》中发现了几何级数与其指数构成的算术级数之间的对应关系，并将数列中的项叫做指数。

对数的发明是由苏格兰数学家纳皮尔完成的。纳皮尔生于英格兰爱丁堡附近的一个贵族家庭，业余研究数学。他的对数思想约开始于 1594 年，当时的动机是寻求一种球面三角计算的简便方法，以便于天文学计算。1614 年，纳皮尔在其题为《奇妙的对数定理说明书》的著述中阐明了他的对数方法。

纳皮尔所发明的对数，在形式上与现代数学中的对数理论并不完全一样。在那个时代，指数概念尚未形成，因此纳皮尔的对数并不是通过指数引出的，而是通过研究直线运动得出对数概念的。对数的实用价值很快被纳皮尔的朋友、英国数学家布里格斯认识，他与纳皮尔合作，决定采用1的对数为0，10的对数为1等，这才演变为现在的常用对数。1624年，布里格斯出版了他最重要的著作《对数算术》，书中详细介绍了求对数的方法，并编制了1～2 000以及90 000～100 000的14位常用对数表。

实际上，1600年，瑞士仪器工匠比尔吉也独立地发明了对数方法以简化天文计算，但他的发明直到1620年才得到发表。

对数的发明大大减轻了计算工作量，对整个科学的发展起了重要作用。法国数学家、天文学家拉普拉斯曾赞誉道"对数的发明以其节省劳动力而延长了天文学家的寿命"，恩格斯在他的著作《自然辩证法》中，把笛卡儿的坐标、纳皮尔的对数、牛顿和莱布尼茨的微积分共同称为17世纪的三大数学发明。

微积分的诞生

微积分的思想萌芽，特别是积分学，部分可以追溯到古代。中国数学家刘徽的"割圆术"、祖冲之父子的"祖氏原理"、古希腊安提芬的"穷竭法"以及阿基米德的"平衡法"等，都包含着极限和积分概念的萌芽。与积分学相比，微分学研究的例子相对少多了。刺激微分学发展的主要科学问题是求曲线的切线、求瞬时变化率以及求函数的极大值、极小值等问题。阿基米德、阿波罗尼奥斯等均曾作过尝试，但他们都是基于静态的观点。古代与中世纪的中国学者在天文历法研究中也曾涉及天体运动的不均匀性及有关的极大值、极小值问题，但多以惯用的数值手段(即有限差分计算)来处理，从而回避了连续变化率。

微积分思想真正的迅速发展与成熟是在16世纪以后。1400年至1600年的欧洲文艺复兴，使得整个欧洲全面觉醒。一方面，社会生产力迅速提高，科学和技术得到迅猛发展；另一方面，社会需求的急剧增长也为科学研究提出了大量的问题。这一时期，对运动与变化的研究已变成自然科学的中心问题，以常量为主要研究对象的古典数学已不能满足要求，科学家们开始由以常量为主要研究对象的研究转移到以变量为主要研究对象的研究上来，自然科学开始迈入综合与突破的阶段。

微积分的创立首先是为了处理17世纪一系列主要的科学问题。有四种主要类型的科学问题:① 已知物体移动的距离表为时间的函数公式,求物体在任意时刻的速度和加速度,使瞬时变化率问题的研究成为当务之急。② 望远镜的光程设计使得求曲线的切线问题变得不可回避。③ 确定炮弹的最大射程以及求行星离开太阳的最远和最近距离等涉及的函数极大值、极小值问题也亟待解决。④ 求行星沿轨道运动的路程、行星矢径扫过的面积以及物体重心与引力等,又使面积、体积、曲线长、重心和引力等微积分基本问题的计算被重新研究。在17世纪上半叶,几乎所有的科学大师都致力于寻求解决这些问题的数学工具。这里我们只简单介绍在微积分酝酿阶段最具代表性的几位科学大师的工作。

德国天文学家、数学家开普勒在1615年发表的《测量酒桶的新立体几何》中,论述了其利用无限小元求旋转体体积的积分法。他的无限小元法的要旨是用无数个同维无限小元素之和来确定曲边形的面积和旋转体的体积,如他认为球的体积是无数个顶点在球心、底面在球上的小圆锥的体积的和。

意大利数学家卡瓦列里在其著作《用新方法推进的连续的不可分量的几何学》(1635)中系统地发展了不可分量法。他认为点运动形成线,线运动形成面,体则是由无穷多个平行平面组成的,并分别把这些元素叫做线、面和体的不可分量。他建立了一条关于这些不可分量的一般原理(后称卡瓦列里原理,即我国的祖暅原理):如果在等高处的横截面有相同的面积,两个有同高的立体有相同的体积。利用这个原理他解决了开普勒的旋转体体积的问题。

英国数学家巴罗在1669年出版的著作《几何讲义》中,利用微分三角形(也称特征三角形)求出了曲线的斜率。他的方法实质是把切线看做割线的极限位置,并利用忽略高阶无限小来取极限。巴罗是牛顿的老师,英国剑桥大学的第一任“卢卡斯数学教授”,也是英国皇家学会的首批会员。当他发现并认识到牛顿的杰出才能时,便于1669年辞去卢卡斯教授的职位,举荐当时才27岁的牛顿来担任。巴罗让贤已成为科学史上的佳话。

笛卡儿和费马是将坐标方法引进微分学问题研究的前锋。笛卡儿在《几何学》中提出的求切线的“圆法”以及费马手稿中给出的求极大值与极小值的方法,实质上都是代数的方法。代数方法对推动微积分的早期发展起了很大的作用，牛顿就是以笛卡儿的圆法为起点而踏上微积分的研究道路的。

沃利斯是在牛顿和莱布尼茨之前，将分析方法引入微积分贡献最突出的数学家。在其著作《无穷算术》中，他利用算术不可分量方法获得了一系列重要结果，其中就有将卡瓦列里的幂函数积分公式推广到分数幂情形，以及计算四分之一圆的面积等。

17 世纪上半叶一系列先驱性的工作沿着不同的方向向微积分的大门逼近，但所有这些努力还不足以标志着微积分作为一门独立科学的诞生。前驱者对于求解各类微积分问题确实作出了宝贵的贡献，但他们的方法仍缺乏足够的一般性。虽然有人注意到这些问题之间的某些联系，但没有人将这些联系作为一般规律明确提出来，作为微积分基本特征的积分和微分的互逆关系也没有引起足够的重视。因此，在更高的高度将以往个别的贡献和分散的努力综合为统一的理论，成为 17 世纪中叶数学家面临的艰巨任务。

牛顿出生于英格兰伍尔索普村的一个农民家庭。1661 年牛顿进入剑桥大学三一学院，受教于巴罗。对牛顿的数学思想影响最深的要数笛卡儿的《几何学》和沃利斯的《无穷算术》，正是这两部著作引导牛顿走上了创立微积分之路。

1666 年，牛顿将其前两年的研究成果整理成一篇总结性论文《流数简论》，这是历史上第一篇系统的微积分文献。在简论中，牛顿以运动学为背景提出了微积分的基本问题，发明了“正流数术”（微分）；从确定面积的变化率入手，通过反微分计算面积，又建立了“反流数术”；将面积计算与求切线问题的互逆关系作为一般规律明确地揭示出来，将其作为微积分普遍算法的基础论述了“微积分基本定理”。“微积分基本定理”也称为牛顿—莱布尼茨定理，牛顿和莱布尼茨各自独立地发现了这一定理。该定理用我们现代的语言叙述就是：

设函数 $f(x)$在区间$[a,b]$连续，对$[a,b]$内任何 x，令

$$\int_a^x f(t)\mathrm{d}t=g(x),$$

则 $g'(x)=f(x)$。如果 $F(x)$是 $f(x)$的一个原函数，则

$$\int_a^b f(x)\mathrm{d}x=F(b)-F(a)。$$

微积分基本定理是微积分中最重要的定理之一，它建立了微分和积分之间的联系，指出微分和积分互为逆运算。这样，牛顿就以正、反流数术即微分和积分，将自古以来求解无穷小问题的各种方法和特殊技巧有机地统一起来。正是在这种意义下，我们说牛顿创立了微积分。

《流数简论》标志着微积分的诞生，但它有许多不成熟的地方。1667 年，牛顿回到剑桥，并未发表他的《流数简论》。在以后 20 余年的时间里，牛顿始终不渝地努力改进、完善自己的微积分学说，先后完成三篇微积分论文：《运用无穷多项方程的分析学》(简称《分析学》，1669)《流数法与无穷级数》(简称《流数法》，1671)和《曲线求积术》(1691)，它们反映了牛顿微积分学说的发展过程。牛顿最成熟的微积分著述《曲线求积术》，对于微积分的基础在观念上发生了新的变革，提出了"首末比方法"，相当于求函数自变量与因变量变化之比的极限，它成为极限方法的先导。

牛顿对于发表自己的科学著作持非常谨慎的态度。1687 年，牛顿出版了他的力学巨著《自然哲学的数学原理》，这部著作中包含他的微积分学说，也是牛顿微积分学说的最早的公开表述，因此该巨著成为数学史上划时代的著作。

莱布尼茨出生于德国莱比锡一个教授家庭，青少年时期受到良好的教育。1672 年至 1676 年，莱布尼茨作为梅因茨选帝侯的大使在巴黎工作。这四年成为莱布尼茨科学生涯的最宝贵时间，微积分的创立等许多重大的成就都是在这一时期完成或奠定了基础。

在巴黎期间，莱布尼茨结识了荷兰数学家、物理学家惠更斯，在惠更斯的影响下，开始更深入地研究数学，研究笛卡儿和帕斯卡等人的著作。与牛顿的切入点不同，莱布尼茨创立微积分首先是出于几何问题的思考，尤其是特征三角形的研究。特征三角形在帕斯卡和巴罗等人的著作中都曾出现过。1684 年，莱布尼茨整理并概括自己 1673 年以来微积分研究的成果，在《教师学报》上发表了第一篇微分学论文《一种求极大值与极小值以及求切线的新方法》(简称《新方法》)，它包含了微分记号 dx，dy 以及函数和、差、积、商、乘幂与方根的微分法则，还包含了微分法在求极值、拐点以及光学等方面的广泛应用。1686 年，莱布尼茨又发表了他的第一篇积分学论文，初步论述了积分或求积问题与微分或切线问题的互逆关系，包含积分符号 $\int$，并给出了摆线方程：

$$y=\sqrt{2x-x^2}+\int\frac{\mathrm{d}x}{\sqrt{2x-x^2}}$$

莱布尼茨对微积分学基础的解释和牛顿一样，也是含混不清的，有时他的 $\mathrm{d}x$，$\mathrm{d}y$ 是有穷量，有时又是小于任何指定的非零量。

微积分学创立以后，由于运算的完整性和应用的广泛性，微积分学成了研究自然科学的有力工具。恩格斯曾高度评价建立微积分这一巨大的科学成就："在一切理论成就中，未必再有什么像 17 世纪下半叶微积分的发明那样被看做人类精神的最高胜利了。"

函数的连续性

连续函数是非常重要的一类函数，也是函数的一种重要性态。自然界中的许多变量都是连续变化着的，即在很短的时间内，它们的变化都是很微小的，如气温的变化、动植物的生长等，都可以看做是随着时间 t 连续变化的。这种现象反映在函数关系上，就是函数的连续性。对函数曲线来说，就是从起点到终点都不间断。

现在一般教科书中使用的连续函数的定义为：设函数 $f(x)$ 在 $x=x_0$ 附近（包括 x_0 本身）有定义，如果 $\lim\limits_{x\to x_0}f(x)=f(x_0)$，亦即对于给定的任何一个正数 ε，都存在一个正数 δ，使得对于区间 $|x-x_0|<\delta$ 内的所有 x 都有 $|f(x)-f(x_0)|<\varepsilon$ 成立，则说 $f(x)$ 在 $x=x_0$ 处连续。若将上述极限中的 $x\to x_0$ 改为 $x\to x_0+0$ 或 $x\to x_0-0$，则称 $f(x)$ 在 $x=x_0$ 处右连续或左连续。根据组成连续函数的几个要素，又可以把函数的不连续点分为第一类不连续点和第二类不连续点。

连续函数特别是闭区间上的连续函数具有许多很好的性质，如闭区间上的连续函数具有有界性、最值性、介值性、一致连续性等。一元连续函数的定义和性质都可以推广到多元函数的情形，并且连续函数的定义也可以推广到复变量的复函数以及一般抽象的拓扑空间的情形。

实际上，直到 18 世纪后期，数学家们一直把函数的连续性理解为函数具有统一的解析表达式。19 世纪，随着函数概念的不断明确和扩展，数学家们开始进一步研究函数的性质。1817 年，捷克数学家波尔查诺在其发表的著作《纯粹分析的证明》中，第一次明确指出连续概念的基础存在于极限概念之中，给出了连续性的恰当定义并证明了多项式函数是连续的。自微积分创立以来，一直有一个普遍持有的错误观念就是认为凡是连续函数都是可微的，就连数学家柯西也不例外。波尔查诺在其1834年的《函数论》中以几何形式给出了一个处处连续而处处不可微的函数例子，首次指出了连续性与可微性是不同的数学概念，他的工作标志着应用极限理论的开端。然而，他的工作大部分湮没无闻，没有引起当时数学家们的重视。

1821年，法国数学家柯西在其《分析教程》中给出了函数连续性的定义，但他使用“无限减小”“无穷小增量”等语言，只是函数连续性概念的直觉的、定性的描述，缺乏定量的分析。连续函数的真正严格定义是由德国数学家魏尔斯特拉斯在其1861年的讲稿《微分学》中提出的。现在使用的连续函数的定义就是由魏尔斯特拉斯的定义简化而来的。

微分中值定理

微分中值定理揭示了函数与其导数之间的内在联系，是利用导数所具有的性质(局部性质)来推断函数本身的性质(整体性质)，在微积分理论中具有极其重要的作用。微分中值定理一般包括下面几个定理：罗尔中值定理、拉格朗日中值定理、柯西中值定理以及泰勒定理。

微分中值定理的产生并不是按照我们现在微积分教材中所给出的顺序得来的。微积分创立以后，由于运算的完整性和应用的广泛性，使微积分学成了研究自然科学的有力工具。从17世纪末到18世纪，大批的数学家从事微积分的研究工作，从而使得微积分得到了进一步深入发展。1691年，法国数学家罗尔在关于代数方程解法的著述《任意次方程的一个解法的证明》中，给出了现在以他的名字命名的定理——罗尔中值定理，即：如果函数在x的两个值，比如说a和b处等于0，那么在a和b之间的某个x值上，函数的导数等于零。但他没有给出证明。这个结论经后人加以整理，成为我们现在微积分教材中的形式。

18世纪初，英国数学家泰勒试图搞清牛顿—莱布尼茨的微积分思想，1712年，他在给老师梅钦的信中，发展了格列高里—牛顿内插公式，给出了等价于现在形式$f(x+h)=f(x)+hf'(x)+\frac{h^2}{2!}f''(x)+\cdots$的泰勒级数，并在

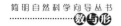

1715 年的著作《增量法及其逆》中重新叙述、证明了这一结论。但他的证明是不严格的。泰勒的这个结论就是我们现在所称的泰勒定理。

微分学中最重要的中值定理——拉格朗日中值定理的产生在泰勒定理之后。拉格朗日在对微积分的研究中提出把微积分归结为代数，他特别提倡使用幂级数为微积分提供严密的论证。1797 年，他在研究泰勒级数时得到了现在所称的拉格朗日中值定理：若函数 $f(x)$ 在闭区间 $[a,b]$ 上连续，在开区间 (a,b) 内可微，则至少存在一点 $\zeta\in(a,b)$，使得 $f(b)-f(a)=f'(\zeta)(b-a)$ $(a<\zeta<b)$，并利用这个定理来推导泰勒定理。1823 年，法国数学家柯西在其著作《无穷小分析教程概论》中定义导数时也利用了这个定理，他称之为平均值定理，形式为

$$\Delta f(x)=f(x+\Delta x)-f(x)=f'(x+\theta\cdot\lambda\Delta x)\cdot\Delta x \quad (0<\theta<1)$$

后人把柯西的这个定理推广到更一般的情形，即现在微积分教材中的柯西中值定理：设函数 $f(x)$，$g(x)$ 在闭区间 $[a,b]$ 上连续，在开区间 (a,b) 内可导，且 $g'(x)\neq 0$，则至少存在一点 $\zeta\in(a,b)$，使得 $\frac{f(b)-f(a)}{g(b)-g(a)}=\frac{f'(\zeta)}{g'(\zeta)}$ 成立。

分析严格化

微积分学创立以后，由于运算的完整性和应用的广泛性，使微积分学成了研究自然科学的有力工具。但微积分学中的许多概念都没有精确的定义，特别是对微积分的基础——无穷小概念的解释不明确，在运算中时而为零，时而非零，出现了逻辑上的困境。正因为如此，这一学说从一开始就受到多方面的怀疑和批评。由此引起了所谓数学发展史上的第二次“危机”。

多方面的批评和攻击没有使数学家们放弃微积分，相反却掀起了微积分乃至整个分析的严格化运动。18 世纪，欧陆数学家们力图以代数化的途径来克服微积分基础的困难，这方面的主要代表人物是达朗贝尔、欧拉和拉格朗日。达朗贝尔定性地给出了极限的定义，并将它作为微积分的基础，他认为微分运算“仅仅在于从代数上确定我们已通过线段来表达的比的极限”；欧拉提出了关于无限小的不同阶的理论；拉格朗日也承认微积分可以在极限理论的基础上建立起来，但他主张用泰勒级数来定义导数，并由此给出我

们现在所谓的拉格朗日中值定理。欧拉和拉格朗日在分析中引入了形式化观点，而达朗贝尔的极限观点则为微积分的严格化提供了合理内核。

微积分的严格化工作经过近一个世纪的尝试，到19世纪初已开始见成效。首先是捷克数学家波尔查诺于1817年发表论文《纯粹分析证明》，其中包含了函数连续性、导数等概念的合适定义、有界实数集的确界存在性定理、序列收敛的条件以及连续函数中值定理的证明等内容。然而，波尔查诺的工作没有引起数学家们的注意。

19世纪分析的严密性真正有影响的先驱则是伟大的法国数学家柯西。柯西关于分析基础的最具代表性的著作是他的《分析教程》(1821)《无穷小计算教程》(1823)以及《微分计算教程》(1829)，它们以分析的严格化为目标，对微积分的一系列基本概念给出了明确的定义，在此基础上，柯西严格地表述并证明了微积分基本定理、中值定理等一系列重要定理，定义了级数的收敛性，研究了级数收敛的条件等，他的许多定义和论述已经非常接近于微积分的现代形式。柯西的工作在一定程度上澄清了微积分基础问题上长期存在的混乱，向分析的全面严格化迈出了关键的一步。

柯西的研究结果一开始就引起了科学界的很大轰动，就连柯西自己也认为他已经把分析的严格化进行到底了。然而，柯西的理论只能说是"比较严格"，不久人们便发现柯西的理论实际上也存在漏洞。另外，微积分计算是在实数领域中进行的，但直到19世纪中叶，实数仍没有明确的定义，对实数系仍缺乏充分的理解，而在微积分的计算中，数学家们却依靠了假设：任何无理数都能用有理数来任意逼近。当时，还有一个普遍持有的错误观念就是认为凡是连续函数都是可微的。基于此，柯西时代就不可能真正为微积分奠定牢固的基础。所有这些问题都摆在当时的数学家们面前。

另一位为微积分的严密性作出卓越贡献的是德国数学家魏尔斯特拉斯。他定量地给出了极限概念的定义：如果给定任何一个正数ε，都存在一个正数δ，使得对于区间$|x-x_0|<\delta$内的所有x，都有$|f(x)-f(x_0)|<\varepsilon$，则$f(x)$在$x=x_0$处连续。如果上述叙述中，用$L$代替$f(x_0)$，则说$f(x)$在$x=x_0$处有极限$L$。这就是今天极限论中的"$\varepsilon-\delta$"方法。魏尔斯特拉斯用他创造的$\varepsilon-\delta$语言重新定义了微积分中的一系列重要概念，并构造了一个处处不可微的连续函数，以改变一直认为"凡连续函数都是可微的"的错误观念。

他所构造的函数为

$$f(x)=\sum_{n=0}^{\infty}a^n\cos(b^n\pi x)\quad (0<a<1,ab>1+\frac{3}{2}\pi,b\text{ 为奇数})$$

特别地，他引进一致收敛性概念消除了以往微积分中不断出现的各种异议和混乱。另外，魏尔斯特拉斯认为实数是全部分析的本源，要使分析严格化，就首先要使实数系本身严格化。而实数又可按照严密的推理归结为整数(有理数)。因此，分析的所有概念便可由整数导出。这就是魏尔斯特拉斯所倡导的“分析算术化”纲领。基于魏尔斯特拉斯在分析严格化方面的贡献，在数学史上，他获得了“现代分析之父”的称号。

1857 年，魏尔斯特拉斯在课堂上给出了第一个严格的实数定义，但他没有发表。1872 年，戴德金、康托尔几乎同时发表了他们的实数理论，并用各自的实数定义严格证明了实数系的完备性。这标志着由魏尔斯特拉斯倡导的分析算术化运动大致宣告完成。

变分法的诞生

变分法是 18 世纪产生的数学分支，是研究泛函极值的方法，其核心问题就是求泛函的极值函数和相应的极值。它起源于“最速降线”和其他一些类似的问题。所谓的“最速降线”问题，就是：求从定点 A 到不在它垂直下方的点 B 的一条曲线，使一质点在重力作用下沿这条曲线从 A 下滑至 B 所用时间最短。这一问题最早是约翰·伯努利于 1696 年 6 月在《教师学报》上提出来向其他数学家挑战的。问题提出后半年没有回音，1697 年元旦他发表公告，再次向“全世界最有才能的数学家”挑战。牛顿利用晚饭后的时间给出了这一问题的正确解答，即摆线(或称旋轮线)，随后并写成短文匿名发表在《哲学会刊》上。莱布尼茨、罗比达和伯努利兄弟几乎同时得到了正确答案，他们的解法都发表在 1697 年 5 月的《教师学报》上。最速降线问题用现代符号表示，即求函数 $y=f(x)$，使表示质点从 $A(x_1,y_1)$ 到 $B(x_2,y_2)$ 下降时间的积分 $F=\frac{1}{\sqrt{2g}}\int_{x_1}^{x_2}\sqrt{\frac{1+[f'(x)]^2}{f(x)-a}}\mathrm{d}x$ 取最小值，其中 g 为重力加速度，$a=f(x_1)-\frac{v_1}{2g^2}$为常数。

牛顿与伯努利等人的上述工作与同时期出现的等周问题、测地线问题等，标志着一门新数学分支——变分法的诞生。

变分法处理的是与通常函数有本质区别的变量 $J(y)=\int_{x_1}^{x_2} f(y,y',x)\mathrm{d}x$ 的极大或极小值问题。1744 年，欧拉在其著作《求某种具有极大或极小性质的曲线的技巧》中，给出了一般的处理方法，奠定了变分法的独立基础。他将取极值问题看做通常极值的极限情形，从而导出了使 J 达到极值的函数 y 所必须满足的必要条件，即二阶常微分方程

$$f_y-f_{y'x}-f_{y'y}y'-f_{y'y'}y''=0$$

该方程现称为“欧拉方程”，它是变分法的基本方程。1760 年，拉哥朗日的《论确定不定积分式的极大和极小值的一个新方法》在纯分析的基础上建立了变分法。他第一次成功地处理了端点变动的极值曲线问题和重积分情形，研究了被积函数中含有高阶导数的变分问题。

19 世纪，起源于动力学的“最小作用原理”刺激了变分法的进一步发展。1834 年，英国数学家哈密顿把变分法应用于动力学，提出了著名的“哈密顿原理”。根据这一原理，各种动力学定律都可以从一个变分式推出，从而进一步推动了变分法的发展。1837 年，德国数学家雅可比建立了取得极值的充分条件。之后，魏尔斯特拉斯引出了弱变分和强变分的研究；1900 年希尔伯特简化了魏尔斯特拉斯的工作，提出了不变积分理论。

20 世纪以来，物理、几何以及分析等领域的变分问题，不仅要研究变分问题的极值点，而且还要研究其临界点，由此产生了变分法的莫尔斯理论。

复数

复数是指形如 $x+y\mathrm{i}$ 的数，其中 x，y 均为实数，分别称为实部和虚部。复数概念的发展并不像现在教科书所描述的那样，在实数的逻辑基础建立之后才出现复数。

1545 年，此时的欧洲人尚未完全理解负数、无理数，然而又面临一个新的“怪物”的挑战。意大利米兰学者卡尔达诺在其著作《大术》一书中公布了三次方程的一般解法，被后人称之为“卡当公式”。在讨论是否可能把 10 分成两部分，使它们的乘积等于 40 时，他把答案写成 $(5+\sqrt{-15})(5-\sqrt{-15})=40$。他是第一个把负数的平方根写到公式中的数学家。但他认为这个式

子是没有意义的、想象的、虚无缥缈的。

笛卡儿也抛弃复根，给出了“虚数”(imaginary number)这个名词。数系中发现一颗新星——虚数，于是引起了数学界的一片困惑，很多数学家都不承认虚数。1702 年，德国数学家莱布尼茨说：“虚数是神灵遁迹的精微而奇异的隐蔽所，它大概是存在和虚妄两界中的两栖物。”

直到 18 世纪，数学家们对复数才稍稍建立了一些信心。因为不管什么地方，在数学的推理过程中用了复数，结果都被证明是正确的。1730 年，法国数学家棣莫弗发现了我们现在所称的棣莫弗公式：

$$(\cos\theta+\sqrt{-1}\sin\theta)^n=\cos n\theta+\sqrt{-1}\sin n\theta$$

1747 年，法国数学家达朗贝尔指出：如果按照多项式的四则运算规则对虚数进行运算，那么它的结果总是 $a+\sqrt{-1}b$ 的形式。欧拉也于 1748 年给出了著名的欧拉公式 $e^{i\theta}=\cos x+i\sin x$，并在其《微分公式》(1777 年)一文中第一次用 i 表示 -1 的平方根，首创了用符号 i 作为虚数的单位。

虚数并不是想象出来的，它是确实存在的。1797 年，挪威学者韦塞尔写了一篇题为《关于方向的分析表示》的论文，试图利用向量来表示复数，遗憾的是这篇文章的重大价值没有得到学术界的重视。直到 1799 年，高斯给出“代数基本定理”的证明，才使复数的地位得到进一步的巩固。

1806 年，高斯公布了虚数的图象表示法，即所有实数能用一条数轴表示，同样，虚数也能用一个平面上的点来表示。在直角坐标系中，横轴上取对应实数 a 的点 A，纵轴上取对应实数 b 的点 B，过这两点平行于坐标轴的直线的交点 C 就表示复数 $a+ib$。像这样由各点都对应复数的平面叫做复平面，又称高斯平面。1831 年，高斯用实数组 (a,b) 代表复数 $a+ib$，并建立了复数的某些运算，使得复数的某些运算也像实数一样代数化，把数轴上的点与实数一一对应，扩展为平面上的点与复数一一对应。高斯不仅把复数看做平面上的点，而且还看做是一种向量，并利用复数与向量之间的一一对应关系，阐述了复数的几何加法与乘法。至此，复数理论才比较完整和系统地建立起来。

在澄清复数概念的过程中，爱尔兰数学家哈密顿的工作是非常重要的。哈密顿所关心的是算术的逻辑，并不满足于几何直观。他指出：复数 $a+ib$ 不是 $2+3$ 意义上的一个真正的和，bi 不能加到 a 上去，复数 $a+ib$ 只不过是实数的有序数对(a,b)，并给出了有序数对的四则运算，同时，这些运算满足结合律、交换率和分配率。在这种观点下，复数被逻辑地建立在实数的基础上。

经过许多数学家长期不懈的努力，深刻探讨并发展了复数理论，才使得在数学领域游荡了200年的幽灵——虚数揭去了神秘的面纱，显现出它的本来面目，原来虚数不虚。虚数成为数系大家庭中一员，从而实数集才扩充到了复数集。

随着科学和技术的进步，复数理论已越来越显出它的重要性。它不但对于数学本身的发展有着极其重要的意义，而且为证明机翼上升力的基本定理起到了重要作用，并在解决堤坝渗水的问题中显示了其威力，也为建立巨大水电站提供了重要的理论依据。

复变函数论的创立

复变函数论是研究复变数的函数的性质及应用的一门学科，它是分析学的一个重要分支。18世纪，达朗贝尔和欧拉等数学家在他们的工作中已经大量使用复数和复变量，并由此发现了复函数的一些重要性质。复分析真正成为现代分析的一个研究领域，主要是19世纪通过柯西、黎曼和魏尔斯特拉斯等人的工作建立和发展起来的。

1825年，柯西出版的小册子《关于积分限为虚数的定积分的报告》可以看做是复分析发展史上的一个里程碑，书中建立了我们现在所称的柯西积分定理。柯西的叙述为：如果$f(z)$对于$x_0<x<X$和$y_0<y<Y$是有穷的并且是连续的，$z=x+\mathrm{i}y$，并设$x=\Psi(t)$，$y=\Psi(t)$，这里t取实值，则积分$\int_{x_0+\mathrm{i}y_0}^{X+\mathrm{i}Y} f(z)\mathrm{d}z$的值与函数$\Psi(t)$，$\varphi(t)$的形式无关，也就是说与积分路径无关。

柯西用变分法证明了这条定理。1826年他在一篇论文中首次引入术语"留数"（或"残数"），并认为留数演算已成为"一种类似于微积分的新型计算方法"，可以应用于大量问题。其后他又发表了一系列关于复变函数的论文，得到了复变函数的许多重要结果。他给出了m阶极点处的留数公式，先后得到关于矩形、圆和一般平面区域的留数定理$\int f(z)\mathrm{d}z=2\pi\mathrm{i}Ef(z)$，其中

E表示“提取留数”，即求 $f(z)$在区域内所有极点处留数之和。1846 年，柯西又在两篇论文中将积分定理和留数定理分别推广到任意闭曲线的情形。但直到 1850 年，柯西本人才认识到他的工作的重要性。

几乎同时，黎曼以题为《单复变函数的一般理论的基础》(1851)的论文获得哥廷根大学博士学位，这是复变函数论的一篇基本论文，其中最主要的特征是它的几何观点，这里黎曼引入了一个全新的几何概念，即黎曼曲面，开辟了多值函数研究的方向。建立的保形映射的基本定理，奠定了复变函数几何理论的基础。这篇论文不仅包含了现代复变函数论主要部分的萌芽，而且开启了拓扑学的系统研究，并为黎曼自己的微分几何研究铺平了道路。

当柯西在由解析式表示的函数的导数和积分的基础上建立函数论的同时，魏尔斯特拉斯却为复变函数开辟了一条新的研究途径，他在幂级数的基础上建立起解析函数的理论，并建立起解析开拓的方法。庞加莱曾写道，魏尔斯特拉斯使“整个解析函数论成为幂级数理论的一系列推论，因而它就被建立在牢靠的算术基础上”。后来，柯西、黎曼和魏尔斯特拉斯的思想被融合在一起，三种传统得到统一。

20 世纪，单复变函数论由于拓扑方法等新工具的引入取得了长足的进展，并由单变量推广到多变量的情形。20 世纪下半叶，由于综合运用拓扑学、微分几何、偏微分方程论以及抽象代数等领域的概念与方法，多复变函数论的研究取得了重大突破。1953 年，中国数学家华罗庚建立了多个复变数典型域上的调和分析理论，并揭示了其与微分几何、群表示论、微分方程以及群上调和分析等领域的深刻联系，形成了中国数学家在多复变函数论研究方面的特色。

总之，复变函数的主要研究对象是解析函数，包括单值函数、多值函数以及几何理论三大部分。复变函数论已经以它完美的理论与精湛的技巧成为数学的一个重要组成部分。

实变函数论

实变函数论是 19 世纪末 20 世纪初形成的一个数学分支，它是微积分的深入和发展，是研究一般实变函数的理论。它的产生最初是为了搞清 19 世纪一系列奇怪的发现。19 世纪后期，分析的严格化迫使许多数学家认真考虑所谓的“病态函数”，特别是不连续函数和不可微函数，如魏尔斯特拉斯“病态函数”、连续函数级数之和不连续、可积函数序列的极限函数不可积、函数的有限导数不黎曼可积以及狄利克雷函数等，并研究这样一个问题：积分的概念可以怎样推广到更广泛的函数类。

1902 年，法国数学家勒贝格在其论文《积分、长度与面积》中利用以集合论为基础的“测度”概念建立了所谓的“勒贝格积分”，使一些原先在黎曼意义下不可积的函数按勒贝格的意义变得可积。测度论是勒贝格的老师波莱尔最先创立的，勒贝格对其做了改进并应用于新的积分。他的积分关键在于把区间长度的概念推广到远比区间复杂的一类点集上，使它们都有“长度”，且满足可列可加性。即任何一列(有限或无限个)有长度的点集$\{A_n\}$，如果彼此互不相交，则它们的和集也必有“长度”，且和集的长度等于每个A_n的长度之和，这个长度就称为勒贝格测度。在此基础上，勒贝格定义了可测函数以及函数的可积性等概念。如勒贝格积分的定义为：设函数$y=f(x)$是定义在可测集E上的有界可测函数，A，B分别为$f(x)$在E上的下、上确界。将区间$[A,B]$分成n个子区间$[y_0,y_1]$，$[y_1,y_2]$，…，$[y_{n-1},y_n]$，其中$y_0=A$，$y_1=B$，对每个这样的分割作勒贝格积分和：$S=\sum_{i=0}^{n} y_i m(e_i)$，其中$m(e_i)$表示满足$y_i \leqslant f(x) < y_{i+1}$的所有点$x$的集合$e_i$的测度。当$\max|y_{i+1}-y_i|\to 0$时，勒贝格积分和$S$的极限就定义为勒贝格积分，并且勒贝格证明了这个极限一定存在。勒贝格积分使得一些在黎曼意义下不可积的函数在勒贝格意义下变得可积。他在著述《积分与原函数的研究》中证明了有界函数黎曼可积的充要条件是其不连续点构成一个零测度集，从根本上解决了黎曼可积性问题。

在勒贝格积分的基础上进一步推广导数等其他微积分基本概念，并重建微积分基本定理等微积分的基本事实，从而形成了一门新的数学分支——实变函数论。勒贝格的积分理论也像康托尔的集合论等其他新生事物一样，很长时间一直遭到许多反对。现在勒贝格积分已经得到普遍承认，并且以它为核心发展起来的实变函数论已经成为数学的一个重要分支，渗透到数学的许多领域，有着广泛而深刻的应用。

实变函数论是普通微积分的推广，它使微积分的适用范围大大扩展，引起数学分析的深刻变化。现在，不只是数学家将其作为其他一些数学分支研究的工具，工程师、物理学家也普遍使用抽象积分理论来处理他们无法回避的病态函数。作为分水岭，人们往往把勒贝格以前的分析学称为经典分析，而把由勒贝格积分引出的实变函数论为基础而开拓出来的分析学称为现代分析。

泛函分析

泛函分析是研究拓扑线性空间到拓扑线性空间之间满足各种拓扑和代数条件的映射的分支学科。它是20世纪30年代形成的，是从变分法、微分方程、积分方程、函数论以及量子物理等的研究中发展起来的，它运用几何学、代数学的观点和方法研究分析学的课题，可看做无限维的分析学。泛函分析一词是由法国数学家莱维引进的。

泛函分析的最初来源主要有两个方面，即变分法和积分方程。数学中许多领域处理的都是作用在函数上的变换或算子，如变分法的典型问题求积分 $J(y)=\int_{x_1}^{x_2} f(y,y',x)\mathrm{d}x$ 的极值，$J(y)$就可以看做是“函数的函数”，也就是所谓的“泛函”(阿达马首先使用了这个术语)。泛函的抽象理论是19世纪末20世纪初由意大利数学家伏尔泰拉和法国数学家阿达马在变分法的研究中开始的。另一方面，瑞典数学家弗雷德霍姆于1900年创造了一种优美的方法来研究积分方程：

$$f(x)=\varphi(x)+\lambda\int_a^b K(x,y)\varphi(y)\mathrm{d}y$$

他的方法揭示了积分方程与线性方程组之间的相似性，可将积分方程看成线性代数方程组的极限情形。弗雷德霍姆的工作引起了20世纪领头数学家希尔伯特的兴趣，在1904～1910年发表了6篇有关的文章，他在实连续积分核 $K(x,y)$是对称的条件下，获得了比弗雷德霍姆更深入的结果，通过严密的极限过程将有限线性代数方程组的结果有效地类比推广到积分方程。在此基础上，希尔伯特引入了实无限欧几里得空间 l^2，定义了 l^2 上的内积运算，研究了 l^2 空间的若干性质，这就是后来所说的“希尔伯特空间”，也是历史上第一个具体的无穷维空间。希尔伯特等人的工作同时也表明了用代数方法研究分析中的某些课题是很成功的。

1906年,法国数学家弗雷歇首先提出了以具体的函数类为主要背景的抽象度量空间(或称距离空间),并研究了度量空间的紧性、完备性和可分性等泛函分析的基本概念,在将普通的微积分演算推广到函数空间方面做了大量先驱性工作,因此,弗雷歇是20世纪抽象泛函分析理论的奠基人之一。1908年,希尔伯特的学生施密特引入了复l^2的希尔伯特空间中的几何概念,他在论文中使用了复l^2、内积和范数符号,给出了正交、闭集以及向量子空间等的定义,并证明在闭向量子空间上投影的存在性。

1907年,匈牙利数学家里斯和德国数学家费舍尔利用新积分工具相互独立地证明了里斯—费舍尔定理,即建立了平方可积函数空间L^2与l^2的同构。

抽象空间理论与泛函分析在20世纪上半叶的巨大发展则是由波兰数学家巴拿赫推进的。1922年,他提出了比希尔伯特空间更一般的赋范空间——巴拿赫空间,利用范数代替内积定义距离及收敛性,极大地拓展了泛函分析的疆域。巴拿赫还建立了巴拿赫空间上的线性算子理论,证明了一批泛函分析基础的重要定理。巴拿赫无疑也是现代泛函分析的奠基人。后来,奥地利数学家哈恩第一次引入赋泛线性空间的对偶空间。

泛函分析有力地推动了其他分析分支的发展,使整个分析领域的面貌发生了巨大变化。它在微分方程、概率论、函数论、连续介质力学、量子物理、计算数学、控制论、最优化理论等学科中都有重要的应用,是建立群上调和分析理论的基本工具,也是研究无限个自由度物理系统的重要而自然的工具之一。同时,它也形成了自己的许多重要分支,如算子谱理论、巴拿赫代数、拓扑线性空间理论、广义函数论等。今天,泛函分析、抽象代数与拓扑学被认为是现代数学的三大基础学科,泛函分析的观点和方法也已经渗入到不少工程技术性的学科之中,成为近代分析的基础之一。

函数逼近论

函数逼近论是函数论的一个重要组成部分,它所涉及的基本问题是函数的近似表示问题。在数学的理论研究和实际应用中经常遇到这样一类问题,即在选定的一类函数中寻找某个函数g,使它是已知函数f在一定意义下的近似表示，并求出用 g 表示 f 所产生的误差。这就是所谓的函数逼近问题。

利用插值法构造多项式由来已久。17 世纪末英国数学家格列高里和牛顿建立的著名的插值公式，就是用多项式来逼近已知函数，在此基础上发展起来的泰勒多项式也是一种插值多项式。从 18 世纪到 19 世纪初，在绘图学、测地学以及机械设计等方面的世纪问题中，欧拉、拉普拉斯、傅立叶、彭赛列等数学家都考虑过一些个别的具体函数的最佳逼近问题，但当时他们没有形成深刻的概念和统一的方法。

函数逼近论现代发展的奠基者是俄国数学家切比雪夫，他的函数逼近论思想来源于机器设计。他的题为《涉及平行四边形的机械原理》的论文提出了最佳逼近概念，研究了逼近函数类是 n 次多项式时最佳逼近元的性质，建立了判断多项式为最佳逼近元的特征定理即具有切比雪夫交错组的多项式就是最佳逼近多项式，给出了与零偏差最小的多项式，即我们现在所称的切比雪夫多项式。在随后的一系列论文中，切比雪夫还研究了二次逼近以及用三角函数和有理函数逼近连续函数等问题，并取得了累累硕果。

1885 年，魏尔斯特拉斯证明了用多项式一致逼近连续函数的著名定理，这条定理原则上肯定了任何连续函数都可以用多项式以预先给定的任何精确程度在函数的定义区间上一致地逼近表示，但没有指出这种多项式如何选取。魏尔斯特拉斯和切比雪夫的工作奠定了函数逼近论现代发展的基础。

20 世纪以来，函数逼近论得到了蓬勃发展，在许多方面都取得了很大进展。一批杰出的数学家，如伯恩斯坦、E. 杰克森、瓦莱普桑、勒贝格、科尔莫哥洛夫、克列因、E. B. 沃罗诺夫斯卡娅、П. П. 科罗夫金等，都在不同的方面作出了突出贡献。

现在，函数逼近论已成为函数理论中最活跃的分支之一。科学技术的蓬勃发展和快速电子计算机的广泛使用，极大地推动了函数逼近论的发展。现代数学的许多分支，如拓扑学、泛函分析、代数学、计算数学、概率统计、数理方程等，都与函数逼近论有着各种各样的联系。函数逼近论已发展成与许多数学分支相互交叉、密切联系实际并具有一定综合特色的分支学科。

傅立叶分析

傅立叶分析又称调和分析，是18世纪以后分析学中逐渐形成的一个重要分支，主要研究函数的傅立叶级数、傅立叶变换及其性质。

18世纪中叶以后，欧拉、达朗贝尔以及拉格朗日等人在研究天文学、物理学中的问题时，相继得到了某些函数的三角级数表示。到了19世纪，法国数学家傅立叶由于当时工业上处理金属的需要，从事热流动的研究。1807年，他向巴黎科学院递交了一篇关于热传导的论文，该文推导出热传导方程，并指出如何求解。在求解方程时他发现解函数可以由三角函数构成的级数形式表示，从而提出任一周期函数都可以展成三角函数的无穷级数的结论。他的这种思想虽然缺乏严格的论证，但对近代数学、物理以及工程技术都产生了深远的影响，成为傅立叶分析的起源。

傅立叶分析从诞生之日起，就围绕着函数 f 的傅立叶级数是否收敛于 f 自身这一中心问题进行研究。但当时傅立叶提出函数可用傅立叶级数表示时，并没有给出严格的数学论证。德国数学家狄利克雷在其发表的题为“三角级数的收敛性”一文中，第一个给出了函数 $f(x)$ 的傅立叶级数收敛于它自身的充分条件，这就是我们现在分析教材中所称的狄利克雷—若当判别法。之后，数学家黎曼对傅立叶级数作了深入研究，他在1854年的论文《用三角级数来表示函数》中，第一次明确地引进了现在称之为黎曼积分的概念，并研究其性质，这使得积分这个分析学中的重要概念有了坚实的理论基础。文中他给出了周期为 2π 的有界可积函数 $f(x)$ 的傅立叶系数的一个重要性质，即我们现在分析教材中关于傅立叶系数的黎曼引理，以及傅立叶级数的局部性定理。

在函数项级数一致收敛性概念建立之后，傅立叶级数的收敛性问题进一步引起人们的重视。1870年，德国数学家海涅指出，“有界函数可以唯一地表示为三角级数”这一结论通常采用的论证方法是不完备的，因为傅立叶级数未必一致收敛，从而无法保证逐项积分的合理性。之后，康托尔进一步研究了函数用三角级数表示是否唯一的问题，对这一问题的研究最终导致了康托尔集合论的创立。

20世纪初，勒贝格所建立的勒贝格积分和勒贝格测度概念对傅立叶分析的研究产生了深刻影响。1904年，匈牙利数学家费耶尔提出的所谓费耶尔求和法成功地用傅立叶级数表达连续函数，这是傅立叶级数理论的一个重要进展。其后，各种求和法相继产生。与此同时，傅立叶级数几乎处处收敛的问题受到人们的重视，特别是围绕着卢津猜想，出现了一些精美的工作。

20世纪前半叶，复变函数论方法成为研究傅立叶级数的一个重要工具，通过傅立叶级数来刻画函数类已经成为傅立叶分析的重要课题。20世纪中叶以来，傅立叶分析的研究领域进一步扩展，逐渐向多维和抽象空间推广。傅立叶分析既具有数学理论的完美性，又有数学应用的广泛性。它除了对数学理论的发展有重要作用外，在许多应用领域，如信号分析、图像处理、计算机识别、数据处理、边缘检测、音乐合成等方面都有很好的应用。它是纯粹数学与应用数学殊途同归的一个光辉范例。由于傅立叶分析是吸取各学科的方法理论发展起来的一门学科，所以它同时又对各门学科具有广泛的方法工具意义。

非标准分析

非标准分析是1960年美国数学家鲁滨逊开创的一门新兴的数学学科。

在17世纪下半叶微积分的初创时期，人们就开始注意这门学科的基础问题。牛顿、莱布尼茨创立的微积分学用了无穷小量的概念，特别是莱布尼茨的追随者，在一阶和高阶无穷小的基础上发展了微积分理论。但因对其解释含糊不清，出现了贝克莱悖论，导致数学史上的“第二次数学危机”。19世纪，柯西、魏尔斯特拉斯等人引入极限论、实数论，使微积分理论严格化，从而避免了贝克莱悖论，圆满解决了第二次数学危机。然而与此同时，极限方法代替了无穷小量方法，无穷小量作为“消失了的量的幽魂”被排斥在数学殿堂之外。

1960年，美国数理逻辑学家鲁滨逊指出：现代数理逻辑的概念和方法为“无穷小”“无穷大”作为“数”进入微积分提供了合适的框架。他用模型论的方法证明了实数结构可以扩张为包含无穷小和无穷大数的结构，并在这种扩张实数结构上展开经典数学分析，从而创立了非标准分析。1966年，鲁宾逊出版了专著《非标准分析》，使莱布尼茨倡导但长期备受争议的无穷小量堂而皇之地重返数坛，成为逻辑上站得住脚的数学中的一员，被认为是“复活了的无穷小”。

接着 W. 卢森堡用超幂方法构造了非标准模型，后又构造了多饱和模型。此后，非标准分析得到迅速发展，现在已成功地应用到许多方面，如点集、拓扑学、测度论、函数空间、概率论、微分方程、代数数论、流体力学、量子力学、理论物理和数理经济等。非标准分析对于解决某些学科中出现的一些困难问题是十分有效的，如中国数学家用非标准分析方法给出了解决广义函数乘法问题的一个富有成效的方法。另外，非标准分析为具有众多的小额贸易的商业市场提供了一个很好的模型。

几何学

欧几里得几何学

简称欧氏几何，是主要以欧几里得平行公理为基础的几何学。它的创始人是古代希腊的伟大数学家欧几里得。

公元前 7 世纪左右，埃及的几何知识由希腊的自然哲学者泰勒斯传入希腊。希腊学者不仅发现了许多新的几何问题，而且开始把逻辑学的思想方法引进几何学，对几何问题进行了逻辑推理和证明，促进了几何学的发展。希腊的毕达哥拉斯学派研究了许多问题，如三角形的内角和、五种正多面体、黄金分割等，发现了比例中项定理、毕达哥拉斯定理。雅典学派的希波克拉底、柏拉图、欧多克索斯等人对几何学的发展也都有很大的贡献，他们曾提出著名的希腊几何三大问题：任意角的三等分问题、立方倍积问题、化圆为方问题。希波柯拉底曾对一些几何定理作出证明，从而为几何的逻辑结构打下初步基础。柏拉图把逻辑思想引进几何学，使几何系统逐渐严格化。欧多克索斯的比例论和穷竭法则是近代微积分思想的渊源。

希腊人把积累的几何知识同逻辑思想结合起来，为几何的系统化、公理化以及欧几里得《几何原本》的出现奠定了基础。欧几里得是希腊亚历山大学派的创始人，他按照逻辑系统把几何命题整理起来，完成了数学史上的光辉著作《几何原本》。这本书在问世以后的两千多年中，一直被用作教科书。

《几何原本》被认为是学习几何知识和培养逻辑思维能力的典范教材，而且世界上大多数国家都有它的译本。中国最早的译本是明代徐光启译出的，人们熟知的“几何”一词就是由他第一个使用的。《几何原本》除了有它的数学教育意义之外，还有它的数学方法论的意义。欧几里得从一些定义、公理和公设出发，运用演绎推理的方法，从已得到的命题逻辑地推出后面的命题，从而展开《几何原本》的全部几何内容。从当时的人类文化水平来看，这是一种相当严谨的几何逻辑结构。欧几里得的这种逻辑地建立几何的尝试，最终成为现代公理方法的源流。

《几何原本》全书共13卷，除其中第5、7、8、9和第10卷是讲述比例和算术理论外，其余各卷都是讲述几何内容的。第1卷内容有平行线、三角形、平行四边形的定理，第2卷主要是毕达哥拉斯定理及其应用，第3卷讲述关于圆的定理，第4卷讨论圆的内接与外切多边形定理，第6卷内容是相似理论，最后3卷是立体几何的全部内容。

正如欧几里得所描述，《几何原本》是一个数学知识的逻辑体系，其结构是由定义、公设、公理、定理组成的演绎推理系统。在第1卷开始，他首先提出了23个定义，其中的前6个是：① 点没有大小。② 线有长度没有宽度。③ 线的界是点。④ 直线上的点是同样放置的。⑤ 面只有长度和宽度。⑥ 面的界是线。在这些定义之后有5个公设：① 从任一点到另一点可以引直线。② 有限直线可以无限延长。③ 以任意点为圆心可用任意半径作圆。④ 所有直角都相等。⑤ 如果两条直线与另一条直线相交，所成的同侧内角的和小于两直角，那么这两条直线在这一侧必相交。5个公理：① 等于同一个量的量相等。② 等量加等量，其和相等。③ 等量减等量，其差相等。④ 可重合的图形全等。⑤ 全体大于部分。在这些公理后面，欧几里得便证明各个命题，每个命题都要以公设、公理或它前面的命题作为证明的根据，按逻辑的相关性把它排列成命题1，2，3，…这些命题实际上就是人们所说的“定理”。

欧几里得的《几何原本》，虽然在历史上受到很高的评价，但若用现在的科学水平来衡量，它的几何逻辑结构在严谨性上却存在很多的缺陷：一方面，很多基本的定义不够严格；另一方面，它的公设和公理不够用，导致在某些定理的证明中不得不借助直观，或引用一些未经严格证明的事实。尤其重要的是，很多学者都注意到《几何原本》中的第五公设比较复杂，看起来更像一个定理，由此产生了从其他公设和定理推出这条公设的思想。从古希腊时代开始，数学家们就一直没有放弃对这一问题的研究。直到19世纪，高斯、罗巴切夫斯基、波尔约和黎曼等人发现了非欧几何，人们才真正认识到第五公设的地位和作用。

19世纪末，德国数学家希尔伯特发表了著名的《几何基础》，最终完整地建立了欧几里得几何的公理体系，这就是所谓的希尔伯特公理体系。希尔伯特的五组公理分别为结合公理、顺序公理、合同公理、平行公理和连续公理。希尔伯特首先抽象地把几何基本对象叫做点、直线、平面，作为不定义的元素。然后，用五组公理来确定基本几何对象的性质，并以这五组公理为推理基础，逻辑地推出欧几里得几何的所有定理，从而使欧几里得几何成为一个逻辑结构非常完善而严谨的几何体系。

非欧几里得几何

不同于欧几里得几何学的几何体系，简称为非欧几何，一般是指罗巴切夫斯基几何（双曲几何）和黎曼的椭圆几何。它们与欧氏几何最主要的区别在于公理体系中采用了不同的平行公理。

从古希腊时代到公元1800年间，许多数学家都尝试用欧几里得几何中的其他公理来证明欧几里得的平行公理，但是结果都归于失败。19世纪，德国数学家高斯、俄国数学家罗巴切夫斯基、匈牙利数学家波尔约等人各自独立地认识到这种证明是不可能的。也就是说，平行公理是独立于其他公理的，并且可以用不同的“平行公理”来替代它。高斯关于非欧几何的信件和笔记在他生前一直没有公开发表，只是在他1885年去世后出版时才引起人们的注意。罗巴切夫斯基和波尔约分别在1830年前后发表了他们关于非欧几何的理论。在这种几何里，罗巴切夫斯基平行公理替代了欧几里得平行公理，即在一个平面上，过已知直线外一点至少有两条直线与该直线不相交。由此可演绎出一系列全无矛盾的结论，并且可以得出三角形的内角和小于两直角。罗氏几何中有许多不同于欧氏几何的定理。例如，共面不相交的两直线被第三条直线所截同位角不必一定相等；同一直线的垂线和斜线不一定相交；若两三角形的三个内角对应相等，则它们全等；通过不共线三点不一定能作圆；三角形三条高线不一定相交于一点，等等。

继罗氏几何后，德国数学家黎曼在1854年又提出了既不是欧氏几何也不是罗氏几何的新的非欧几何。这种几何采用如下公理替代欧几里得平行公理：同一平面上的任何两直线一定相交。同时，还对欧氏几何的其他公理做了部分改动。在这种几何里，三角形的内角和大于两直角。人们把这种几何称为椭圆几何。

对非欧几何的承认是在其创造者死后才获得的。当罗巴切夫斯基一开始公布他的新几何学的理论时，许多人群起而攻之，说新几何是“荒唐的笑话”，是“对有学问的数学家的嘲笑”等。罗氏终其一生的努力也未能使人们接受他所提出的新的几何体系。直到1866年，意大利数学家贝尔特拉米在他出版的《非欧几何解释的尝试》中，证明了非欧平面几何可以局部地在欧氏空间中实现。1871年，德国数学家克莱因认识到从射影几何中可以推导度量几何，并建立了非欧几何模型。这样，非欧几何的相容性问题就归结为欧氏几何的相容性问题，由此非欧几何得到了普遍的承认。

非欧几何的创立，打破了欧氏几何一统天下的局面，从根本上改变了人们对几何学观念的认识。1872年，克莱因从变换群的观点对各种几何进行了分类，提出了著名的埃尔朗根纲领。另外，非欧几何的创立对于物理学在20世纪关于时间和空间的物理观念的改革也起了重要的作用。非欧几何首先提出了弯曲空间，为更广泛的黎曼几何的产生创造了前提，黎曼几何后来又成为爱因斯坦广义相对论的数学工具。按照广义相对论的观点，宇宙结构的几何学不是欧几里得几何，而是接近于非欧几何学。因此，许多人采用了非欧几何学作为宇宙的几何模型。

解析几何

解析几何是数学中最基本的学科之一，也是科学技术中最基本的数学工具。它的产生和发展曾在数学的发展过程中起着重要的作用。

很早以前，古希腊数学家对圆锥曲线曾做过较系统的研究，可说是解析几何的萌芽。17世纪初，生产的发展和科学技术的进步给数学不断提出新问题，要求数学从运动变化的观点加以研究和解决，如变速运动中如何解决速度、路程和时间变化的问题，抛物体的运动规律问题等。只用初等数学的方法是无能为力的，因此要求突破研究常量数学的范围和方法，提供用以描述和研究物体运动变化过程所需要的新的数学工具，即变量数学。法国数学家笛卡儿和费马首先认识到解析几何学产生的必要和可能。其中笛卡儿是解析几何的主要创建者。他认为数学绝不仅仅是为了锻炼人们的思考能力，更主要是为了说明自然现象和规律，因此必须给说明静止状态的数学以新的发展。他于1637年发表了一篇著作《科学中正确利用理性和追求真理的方法论》，在附录《几何学》中，较全面地叙述了解析几何的基本思想和观点，并创造了一种方法，即引进坐标，首先建立了点与数组的一一对应关系，进而将曲线看做是动点的轨迹，用变量所适合的方程来表示。费马也提出：凡含有两个未知数的方程，总能确定一个轨迹，并根据方程描绘出曲线。

综上所述，不难看出，解析几何的基本内涵和方法是通过坐标的建立，将点（几何的基本元素）和数（代数的基本研究对象）对应起来，然后在这个基础上，建立起曲线或曲面与方程的对应。如果已知动点的某种运动规律，即可建立动点的轨迹方程；有了变量所适合的某个方程，就可作出它所表示的几何图形，并根据方程讨论一些几何性质。这样就将几何与代数紧密结合起来，并利用代数方法来解决几何问题。事实说明，这种方法已经成为研究和解决某些运动变化问题的有力工具。由于变量数学的引进大大推进了微积分学的发展，使整个数学学科有了重大进步。因此，解析几何的产生，可以说是数学发展史上的一次飞跃。另外，牛顿、欧拉、拉格朗日等人对解析几何的发展也曾作出过重要贡献。

从解析几何的产生到现在，经过了很长的一段发展历程。现在一般所讲的还是属于经典解析几何的范畴，所用的方法除上面讲到的坐标法外，还引入了向量法，通过向量的运算来讨论曲线和曲面的一些几何性质，这给某些问题的讨论带来很大方便，但因研究方法的限制，所研究的内容还是有较大的局限性。一般仅限于二维空间的曲线和三维空间里的曲线和曲面，曲线多作为两曲面的交线，对这些曲线和曲面的研究也多限于一些较简单的性质。而现代解析几何的研究方法是多样的，研究内容也非常广泛。作为经典解析几何推广的数学分支代数几何，已成为利用抽象代数的方法对代数族进行研究的一门学科。

二次曲线和曲面

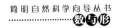

二次曲线也称为圆锥曲线，是直圆锥被一平面所截而得的曲线。当截面不通过圆锥的顶点时，曲线可能是圆、椭圆、双曲线、抛物线。当截面通过圆锥顶点时，曲线缩为一点、一直线或两相交直线。在截面上取适当的坐标系，可得这些曲线的方程是二元二次方程

$$ax^2+2bxy+cy^2+2dx+2ey+f=0$$

如果圆锥曲线不是圆，则在圆锥曲线所在的平面上存在一个顶点和一条定直线，使得圆锥曲线上任何点到该定点和定直线的距离的比为常数，这个定点称为圆锥曲线的焦点，定直线称为圆锥曲线的准线。圆锥曲线上任一点到焦点与到准线的距离的比与该点在圆锥曲线上的位置无关，反映了圆锥曲线本身的性质，称为圆锥曲线的离心率，记为 e。椭圆的离心率 $e<1$，双曲线的离心率$e>1$，抛物线的离心率 $e=1$。研究发现，椭圆和双曲线都有两对焦点和准线，而抛物线只有一对焦点和准线。并且，椭圆上任何一点到两个焦点的距离之和为常数，双曲线上任何一点到两个焦点的距离之差为常数。

如果适当选取坐标系，即可得到椭圆的标准方程为$\frac{x^2}{a^2}+\frac{y^2}{b^2}=1(a>b)$，这时椭圆的焦点为 $F_1(c,0)$，$F_2(-c,0)$，其中 $c=\sqrt{a^2-b^2}$，准线为 $l_1：x=\frac{a^2}{c}$，$l_2：x=-\frac{a^2}{c}$，离心率 $e=\frac{c}{a}$。

在三维欧氏空间中，坐标 x,y,z 之间的二次方程 $ax^2+by^2+cz^2+2fyz+2gzx+2hxy+2ux+2vy+2wz+d=0$（系数为实数，且二次项系数不全为零）所表示的曲面称为二次曲面。一般来说，直线与二次曲面相交于两点。如果相交于三个点以上，那么此直线全部在曲面上。这时，称此直线为曲面的母线。如果二次曲面被平面所截，其截线是二次曲线。二次曲面的方程可以写为 $F(x,y,z)\equiv ax^2+by^2+cz^2+2fyz+2gzx+2hxy+2ux+2vy+2wz+d=0$。曲面上适合$\frac{\partial F}{\partial x}=\frac{\partial F}{\partial y}=\frac{\partial F}{\partial z}=0$ 的点称为奇异点或奇点，其他的点称为正常点。过曲面的正常点所作的切线构成一个平面，称为曲面在该点的切面。通过该点且与切面垂直的直线称为曲面在该点的法线。

若选取适当坐标系，则二次曲面的方程可化为以下形式之一。

椭圆面：$\frac{x^2}{a^2}+\frac{y^2}{b^2}+\frac{z^2}{c^2}=1$；

单叶双曲面：$\frac{x^2}{a^2}+\frac{y^2}{b^2}-\frac{z^2}{c^2}=1$；

双叶双曲面：$\frac{x^2}{a^2}+\frac{y^2}{b^2}-\frac{z^2}{c^2}=-1$；

椭圆柱面：$\frac{x^2}{a^2}+\frac{y^2}{b^2}=1$；

双曲柱面：$\frac{x^2}{a^2}-\frac{y^2}{b^2}=1$；

平行平面：$\frac{x^2}{a^2}=1$；

椭圆抛物面：$2z=\frac{x^2}{a^2}+\frac{y^2}{b^2}$；

双曲抛物面：$2z=\frac{x^2}{a^2}-\frac{y^2}{b^2}$；

抛物柱面：$2z=\frac{x^2}{a^2}$；

二阶柱面：$Ax^2+By^2+Cz^2=0(ABC\neq 0)$。

给定二次曲线的某些系数的一个函数，经过坐标变换后，方程的系数一般有所改变，若该函数的值总不变，则把该函数称为二次曲面的不变量。

三角学

以研究平面三角形和球面三角形的边和角的关系为基础，达到测量上的应用为目的一门学科。同时，三角学还研究三角函数的性质以及它们的应用。

古代埃及人已掌握某些三角学知识，三角学主要是适应测量上的需要而产生的，如建筑金字塔，整理尼罗河泛滥后的耕地，以及通商、航海、观测天象的需要。希腊的自然哲学家泰勒斯的相似理论可以认为是三角学的萌芽，但历史上都认为希腊的天文学家喜帕恰斯是三角学的创始者。他著有三角学 12 卷，并做成弦表。

印度人曾从天文、测量的角度研究过三角学。在公元 6 世纪，由阿耶波多第一也曾做成正弦表。中国唐代瞿昙悉旺达在他所编的《开元占经》中曾介绍了印度的正弦表。

德国的雷格蒙塔努斯曾研究过天文与三角学。在他的《论三角》一书中，有仿照印度人的正弦表做成的非常精密的正弦、余弦表。他对天文、航海、测量方面都有很大的贡献。

16世纪，法国著名数学家韦达的《应用于三角形的数学法则》，是他对三角法研究的第一本书，其中包括他对解直角三角形、斜三角形的贡献。17世纪，法国数学家棣莫弗也研究过三角问题，他曾发现有名的棣莫弗定理：

$$(\cos\alpha+\mathrm{i}\sin\alpha)^n=\cos n\alpha+\mathrm{i}\sin n\alpha$$

17世纪后半期到18世纪，牛顿和丹尼尔·伯努利曾发现各种三角级数，如

$$\sin nA=n\sin A+\frac{(1-n^2)^2}{3!}\sin^3 A+\cdots$$

$$\cos nA=\cos^n A-\frac{n(n-1)}{2!}\cos^{n-2}A\sin^2 A+\cdots$$

直到近代，才由欧拉在三角学中引进了现在使用的三角符号，并将三角法作为解析几何的一部分。欧拉在他的研究中发现了下面的公式：$\cos\alpha=\frac{\mathrm{e}^{\mathrm{i}\alpha}+\mathrm{e}^{-\mathrm{i}\alpha}}{2}$，$\sin\alpha=\frac{\mathrm{e}^{\mathrm{i}\alpha}-\mathrm{e}^{-\mathrm{i}\alpha}}{2\mathrm{i}}$。

三角函数

在直角坐标系中，记以原点O为顶点、射线Ox为始边、OP为终边的角为θ。设点P的坐标为(x,y)，距离$|OP|=r$，于是可得到6个比值$\frac{y}{r}$，$\frac{x}{r}$，$\frac{y}{x}$，$\frac{x}{y}$，$\frac{r}{x}$，$\frac{r}{y}$，它们都是θ的函数，分别叫做角θ的正弦、余弦、正切、余切、正割、余割，并用下面的记号来表示：$\sin\theta$，$\cos\theta$，$\tan\theta$，$\cot\theta$，$\sec\theta$，$\operatorname{cosec}\theta$。另外，在中国古书中，常把$1-\cos\theta$、$1-\sin\theta$分别叫做正矢、余矢，并用下面的记号表示：$\operatorname{vers}\theta$、$\operatorname{covers}\theta$。

因为一个角θ加上2π的整数倍后与θ有相同的终边，因此有$\sin(\theta+2k\pi)=\sin\theta$，$\cos(\theta+2k\pi)=\cos\theta$等，这说明三角函数是以$2\pi$为周期的周期函数。

三角函数的基本公式有：$\sin(A+B)=\sin A\cos B+\cos A\sin B$，$\cos(A+B)=\cos A\cos B+\sin A\sin B$，利用它们可以导出差角公式、倍角公式、半角公式、和差化积公式、积化和差公式等。

如果 θ 表示一个角的弧度数，对于 θ 的任意值，$\sin\theta$，$\cos\theta$ 可用下面的无穷级数来表示：$\sin\theta=\theta-\frac{\theta^3}{3!}+\frac{\theta^5}{5!}-\cdots$ 和 $\cos\theta=1-\frac{\theta^2}{2!}+\frac{\theta^4}{4!}-\cdots$ 于是，求某个角的正弦值和余弦值，可以按这些无穷级数来计算，并且可以精确到任意小数位。

设平面三角形的三个内角分别为 A，B，C，它们的对边分别为 a，b，c，则有

正弦定理：$\frac{a}{\sin A}=\frac{b}{\sin B}=\frac{c}{\sin C}=R$（$R$ 为外接圆半径）

余弦定理：$a^2=b^2+c^2-2bc\cdot\cos A$

若设球面三角形的三个内角为 A、B、C，它们的对边分别为 α、β、γ，则有

正弦定理：$\frac{\sin\alpha}{\sin A}=\frac{\sin\beta}{\sin B}=\frac{\sin\gamma}{\sin C}$

余弦定理：$\cos\alpha=\cos\beta\cos\gamma+\sin\beta\sin\gamma\cos A$，$\cos A=-\cos B\cos C+\sin B\sin C\cos\alpha$。

利用这些公式，可以在已知三角形的某些元素时求出其他未知元素。

反三角函数

函数 $y=\sin x\left(x\in\left[-\frac{\pi}{2},\frac{\pi}{2}\right]\right)$ 的反函数称为反正弦函数，记为 $y=\arcsin x$；函数 $y=\cos x(x\in[0,\pi])$ 的反函数称为反余弦函数，记为 $y=\arccos x$；函数 $y=\tan x(x\in(-\frac{\pi}{2},\frac{\pi}{2}))$ 的反函数称为反正切函数，记为 $y=\arctan x$；函数 $y=\cot x(x\in(0,\pi))$ 的反函数称为反余切函数，记为 $y=\operatorname{arccot} x$。

若一个方程含有三角函数，并且三角函数的自变量中含有未知数，则称为三角方程。满足三角方程的未知数的一个实数值称为三角方程的一个解。要解一个三角方程，我们一般把它化为一些最简三角方程再进行求解。

仿射几何学

仿射几何学是研究图形在仿射变换下不变性质的几何学。设 V 是一个 n 维向量空间，A 是一个集合，其中的元素称为点。若对 A 中每两个点 P 和 Q，都有 V 中唯一的一个向量$\overrightarrow{PQ}$与之相对应，并且这种对应还满足：① $\overrightarrow{PP}=\mathbf{0}$。② 任给点 P 和 V 中的向量 $\boldsymbol{a}$，都有唯一的点 Q 使得$\overrightarrow{PQ}=\boldsymbol{a}$。③ 对 A 中任意三点 P,Q,M，有$\overrightarrow{PM}=\overrightarrow{PQ}+\overrightarrow{QM}$，则称 A 为一个 n 维仿射平面。当 $n=2$ 时，称为仿射平面。

在仿射空间中取定一点 O，那么任意一点 P 就唯一的与 V 中的向量$\overrightarrow{OP}$对应，$\overrightarrow{OP}$称为点 P 关于 O 的位置向量。点 O 也常称为原点。因此取定原点后，仿射空间 A 就与向量空间 V 建立双方一一的对应。由此，可以建立起仿射空间中的仿射坐标系。

仿射空间中最重要的变换是仿射变换，它的特征是将共线的三点变为共线的三点。给定仿射坐标系后，仿射变换有明确的代数表示。仿射变换的全体构成一个变换群，称为仿射变换群。仿射变换下重要的不变性质和不变量有共线性、平行性、平行线段的长度比等。

射影几何学

基于绘图学和建筑学的需要，古希腊几何学家已经开始研究透视法，也就是投影和截影。早在公元前 200 年左右，阿波罗尼奥斯就曾把二次曲线作为正圆锥面的截线来研究。在公元 4 世纪帕普斯的著作中，出现了帕普斯定理。

17 世纪初，开普勒最早引入了无穷远点的概念，稍后德扎格引进了交比、调和比以及相对于二次曲线的极点和极线等概念，证明了交比经过透视不变的性质。在他的影响下，帕斯卡也研究了有关射影几何的问题，并发表了他的著名定理。这些定理概括性强，只涉及关联性质而不涉及度量性质，体现出射影几何与欧氏几何的不同之处。当然，他们在定理的证明中使用了长度的概念，而不是用严格的射影方法。事实上，他们自己也没有意识到自己的研究方向会导致产生一个新的几何体系——射影几何。他们所采用的主要方法是综合法，但随着解析几何和微积分的创立，综合法让位于解析法，射影几何的研究也中断了。

射影几何的主要奠基人是 19 世纪的彭赛列，他是画法几何的创始人蒙日的学生。1822 年，彭赛列发表了射影几何的第一部系统著作，他是认识到射影几何是一个新的数学分支的第一位数学家。他通过几何方法引进无穷远虚圆点，研究了配极对应并用它来确立对偶原理。稍后，施泰纳研究了利用简单图形产生较复杂图形的方法，其中线素二次曲线就是由他引进的。为了摆脱坐标系对度量概念的依赖，施陶特通过几何作图来建立直线上的点坐标系，进而使交比不依赖于长度概念。

另一方面，有些数学家尝试用解析法来研究射影几何，并取得了很多重要的成果。麦比乌斯创建了一种齐次坐标系，他把变换分为全等、相似、仿射、直射等类型，给出了线束中四条线交比的度量公式等。后来，吕普克又引进了另一种齐次坐标系，得到了平面上无穷远线的方程、无穷远圆点的坐标。另外，他还引进了线坐标概念，很自然地从代数观点得到了对偶原理。

在 19 世纪的前半叶的几何研究中，综合法和分析法的争论异常激烈。有些数学家完全否定综合法，认为它没有前途；而另一些几何学家，如沙勒、施图迪、施泰纳等，则坚持用综合法而排斥分析法；还有一些人，如彭赛列，虽然承认综合法的局限性，在研究中难免借助于代数，但在著作中总是用综合法进行论证。这些人的努力使综合射影几何形成一个优美的体系，而且用综合法也确实形象鲜明，有些问题的论证直接而简洁。1882 年，帕施建立了第一个严格的射影几何演绎体系。

微分几何学

微分几何学是以分析方法来研究空间的几何性质的学科。古典的局部微分几何是研究三维欧氏空间 E_3 中的曲线和曲面在一点邻近的性质，它的发展与分析学的发展有着不可分割的联系。微分几何起源于 17 世纪发现微积分之时，函数与函数的导数的概念实质上等同于曲线与曲线的切线的斜率，函数的积分在几何上则可解释为曲线下的面积。当时，平面曲线、空间曲线及曲面的几何也可作为微积分的应用来了解。1736 年，瑞士数学家欧拉首先引进了平面曲线的内在坐标这一概念，即以曲线弧长这一几何量作为曲线上点的坐标，从而开始了曲线的内在几何的研究。欧拉将曲率描述为曲线的切线方向和一固定方向的交角相对于弧长的变化率。在曲面论方面,他有很多重要的贡献,如引进曲面上的法曲率、总曲率、关于法曲率的欧拉公式及球面映射等。测地线是平面上的直线在曲面上的推广,欧拉和约翰·伯努利及丹尼尔·伯努利一起最早把测地线描述为某些微分方程的解。1736 年,欧拉证明了在无外力作用之下,一个质点如约束在一曲面上运动,则它必定是沿测地线进行运动。另外,值得指出的是法国数学家蒙日及其学派对曲面论的建立也有很大的贡献。蒙日在 1807 年出版的书《分析学在几何中的应用》,是关于曲线和曲面理论的第一部独立的著作,从书中可以看出他对微分方程的兴趣。在这些数学家的研究中,可以看到力学、物理学与天文学以及技术与工业的日益增长的要求是促使微分几何发展的关键因素。

1847 年,弗雷内得出了曲线的基本微分方程,亦即通称的弗雷内公式。后来,达布创造了空间曲线的活动标架概念,完整地建立起曲线理论。

黎曼几何学

1854 年,黎曼在哥廷根大学发表了题为《论作为几何基础的假设》的就职演讲,标志着黎曼几何的诞生。他首先认识到几何学中所研究的对象是一种“多重广延量”,其中的点可以用 n 个实数作为坐标来描述,即现代的微分流形的原始形式,为用抽象空间来描述自然现象打下了基础。更进一步,他认为通常所说的几何学只是在当时已知的测量范围之内的几何学,如果超出了这个范围或者是到更细层次的范围里面,空间是否还是欧几里得空间,则是一个需要验证的问题,需要靠物理学发展的结果来决定。他认为这种空间上的几何学应该是基于无限邻近点之间的距离。黎曼认为,在欧几里得几何学中,邻近点的距离平方是 $\mathrm{d}s^2=\mathrm{d}x_1^2+\mathrm{d}x_2^2+\mathrm{d}x_3^2$,而在一般的曲线坐标下,则应为 $\mathrm{d}s^2=\sum_{i,j=1}^{3}g_{ij}(x)\mathrm{d}x_i\mathrm{d}x_j(x)$,这里 g_{ij} 是一组特殊的函数。当 g_{ij} 构成正定对称矩阵时,便得到黎曼几何学。

黎曼认识到,距离只是加到流形上的一个结构,因此,在同一流形上可以有很多的黎曼度量,从而摆脱了经典微分几何曲面论中局限于诱导度量的束缚。这是一个杰出的贡献。

其后，克里斯托尔、里奇等人又进一步发展了微分几何，特别是里奇发展了张量分析的方法，这在广义相对论中起到了基本的作用。1915 年，爱因斯坦创立了广义相对论，使黎曼几何在物理学中发挥了重大的作用，并反过来对黎曼几何的发展产生了巨大的影响。20 世纪 20～30 年代，嘉当开创并发展了外微分形式与活动标架法，建立起李群与黎曼几何之间的联系，为黎曼几何的进一步发展奠定了重要基础。半个多世纪以来，黎曼几何的研究已经从局部发展到整体，产生了许多深刻而重要的结果。

微分流形

微分流形是一类重要的拓扑空间。它除了具有通常的拓扑结构外，还添上了微分结构。微分几何学的研究是建立在微分流形上的。三维欧氏空间 R^3 中的曲面是二维的微分流形，但微分流形的概念远比这广泛得多，非但维数不限于二维，而且流形也不必作为 n 欧氏空间 R^n 中的广义曲面来定义。此外，一般微分流形也不一定有距离的概念。

具体说来，设 M 是一个豪斯多夫拓扑空间，U 是 M 中的开集，h 是 U 到 n 维欧氏空间 R^n 的开集（常取为单位球内部或立方体内部等等）上的一个同胚映射，则 (U,h) 称为一个坐标图，U 称为其中点的一个坐标邻域。设 M 为开集系 (U_α) 所覆盖，即 $M=\bigcup U_\alpha$，则 (U_α,h_α) 的集合称为 M 的一个坐标图册。如果 M 的坐标图册中任何两个坐标图都是 C^k 相关的，则称 M 有 C^k 微分结构，又称 M 为 n 维的 C^k 微分流形。C^k 相关是指流形 M 上同一点的不同坐标图之间的变换关系是 C^k 可微分的（$k=0,1,\cdots,\infty$ 或 ω），通常以记号 C^ω 表示解析函数。当 $k=0$ 时，M 是拓扑流形；当 $k>0$ 时，M 就是微分流形；$k=\omega$ 时，M 是解析流形。C^∞ 流形又常称为光滑流形。

同一拓扑流形可以具有本质上不同的 C^∞ 微分结构，米尔诺对七维球面首先发现这一事实，他证明了七维球面上可以有多种微分结构。近年来，弗里德曼等人又发现，四维欧氏空间中也有多种微分结构，这与 $n(\neq 4)$ 维欧氏空间只有唯一的微分结构有着重大区别。

微分流形上可以定义可微函数、切向量、切向量场、各种张量场等对象，从而在它上面建立分析学。

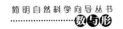

广义相对论的产生及其对几何学的影响

黎曼几何的建立对近代物理学产生了巨大的影响。黎曼对引力论很有兴趣，曾对牛顿的引力论发生怀疑。牛顿的引力是一种超距作用，而黎曼认为引力作用应通过接触来传递，但他没有把黎曼几何用于引力论。50年后，爱因斯坦创立了新的引力理论——广义相对论，黎曼几何及其运算方法成为广义相对论有效的数学工具。反过来，广义相对论的产生对微分几何的影响也是令人震惊的。当时，黎曼几何成为研究的中心课题，斯考顿、列维—奇维塔、嘉当、艾森哈特等人关于黎曼几何的权威著作几乎都出现在1924～1926年。爱因斯坦在狭义相对论中把时间和空间作为相关的量一起考虑，构成了一个四重广延量，这显示了时空概念的一个根本变化。这时，时空中两点(x_i)，$(x_i+\mathrm{d}x_i)$($i=1,2,3,4$)的距离由非正定的二次形式$\mathrm{d}s^2=(\mathrm{d}x_1)^2+(\mathrm{d}x_2)^2+(\mathrm{d}x_3)^2-(\mathrm{d}x_4)^2$所描述，其中$x_4=ct$，$c$是光速，$t$是时间。这种具体形式实质上就是闵科夫斯基空间，简称四维时空，它是洛伦茨流形中的一个特例。

广义相对论采用的是洛伦茨流形，这时$\mathrm{d}s^2$是非正定的，它的特点是在任何一点的小邻域中和闵科夫斯基时空性质相近似。引力论的基本问题是要说明质点在引力作用下的运动轨线问题，在广义相对论中运动轨线为流形上类时的测地线，类时意味着质点的速度低于光速，测地线是变分$\delta\int \mathrm{d}s=0$所得微分方程的解。

爱因斯坦的引力场方程是一个关于g_{ij}的二阶偏微分方程$R_{ij}-\frac{R}{2}g_{ij}=T_{ij}$，式中$R_{ij}$称为里奇张量，是由$g_{ij}$的一阶和二阶导数构成的，$T_{ij}$是描述物质分布的能量动量张量。特别地，真空中的引力场方程由$R_{ij}=0$所描述。

爱因斯坦的广义相对论的思想来自物理学的研究，其数学模型为洛伦茨流形。但值得注意的是，从欧几里得几何学到黎曼几何学经历了两千多年的时间，而从闵科夫斯基时空到洛伦茨流形只经过了十年的时间，这主要是因为黎曼几何学的张量分析已为此做了一切数学上的准备。

数论与代数学

数论

数论是研究数的规律,特别是研究整数性质的数学分支。它与几何学一样,既是最古老的数学分支,又是始终活跃着的数学研究领域。从方法上讲,可分成初等数论、解析数论与代数数论。

自然数分成 1 、素数和复合数。刻画自然数的基本规律,早在公元前 4 世纪就为欧几里得所证明,即每个复合数都可以唯一地表示成素数的乘积。这又称为算术基本定理。素数分布是数论最早研究的课题之一,欧几里得证明过素数有无穷多。他还给出求两个自然数的最大公约数的算法,即所谓欧几里得算法。大约在公元前 250 年,埃拉托斯特尼发明一种筛法,可求出不超过某个自然数 N 的全部素数。后来的素数表都是根据这一方法略加改变而得出来的。

不定方程的求解问题是数论研究的重要课题。大约在公元 250 年,丢番图研究过这种方程,故又称丢番图方程。最简单的不定方程为一次方程 $ax+by=1$,此处 a,b 为整数且互素,即$(a,b)=1$。借助于欧几里得算法,可以求出它的解。如果整数 a,b 用正整数 m 除后,有相同的余数,就称 a 与 b 关于模 m 同余,记为 $a\equiv b(\mathrm{mod}m)$。以 x 为变数的同余方程 $ax\equiv c(\mathrm{mod}m)(x=1,2,\cdots,m)$,等价于求解一次不定方程 $ax+my=c$,此处 $0<x\leqslant m$。同余方程即某些不定方程。中国古代即有关于不定方程的研究记载,如 5 世纪的《张丘建算经》中的“百鸡问题”及《孙子算经》中的“物不知其数”都属于一次不定方程问题。又如公元前 1100 年商高曾给出方程 $x^2+y^2=z^2$ 的一组解,$x=3,y=4,z=5$。不定方程式论虽有长久的发展,但圆满解决的问题并不多。

研究将整数表为某种整数之和的问题,这一数论分支称为堆垒数论。例如,研究将整数表为正整数的 k 次方幂之和的种种问题,都属于华林问题范畴。又如,每一不小于 4 的偶数恒可以表示为两个素数之和,就是尚未解决的哥德巴赫猜想。

定义于自然数集上的函数，称为数论函数。例如，欧拉函数$\varphi(n)$，表示不超过n且与n互素的整数个数；$\sigma_\lambda(n)$表示n的因子的λ次方幂之和，特别地，$\sigma_0(n)=d(n)$表示n的因子个数；$r(n)$表示不定方程$n=x^2+y^2$的解的个数等等。

研究数论函数的性质，是数论的一个重要课题。例如，$\sum_{n=1}^{x} r(n)$与$\sum_{n=1}^{x} d(n)$可以分别用圆$\xi^2+\xi\eta^2\leqslant x$与区域$\xi\eta\leqslant x, \xi\geqslant 1, \eta\leqslant 1$的面积来做渐近计算，这种渐近计算的误差估计就是著名的高斯圆问题与狄利克雷除数问题。它们的误差皆不超过$O(x^{\frac{1}{4}+\varepsilon})$的猜想，也是一个未解决的难题，此处$\varepsilon$为任意正数。

有理逼近的研究与丢番图方程的研究是密切相关的，故又称为丢番图逼近。研究实数的种种有理逼近问题，也是数论研究的一个重要课题。

数的几何学是用几何方法研究某些数论问题的一个数论分支。特别是种种丢番图逼近问题。如可以证明平面上以原点为对称中心的凸域，若其面积大于4，则必含有一个非原点的整点（闵科夫斯基定理）。由此可以立即推出上述狄利克雷关于实数的有理逼近定理。

整数系数的代数方程的根，称为代数数，其他的复数则称为超越数。超越数也是数论较早研究的课题。例如，用初等方法可以证明e与π是超越数，运用复变函数论还可以证明$2^{\sqrt{2}}$、i^{i}等都是超越数，但欧拉常数与e+π是否为超越数，都是迄今尚未解决的难题。

一般说来，用算术推导方法来论证数论命题的分支称为初等数论。而解析数论则是把一个算术问题化为一个分析问题，然后用分析的成果与方法来处理，从而导出算术的结果。当然，得到的常常是渐近性质的结果。如果在推导过程中，不用到单复变函数论中的柯西定理或同样深度的分析工具，仅仅只用到普通的数列求极限等等，则称为解析数论的初等方法。

解析数论开始于欧拉的一些研究，其中之一为关于素数有无穷多的证明。命$\pi(x)$表示不超过x的素数个数，则素数有无穷多，可以表示为$\pi(x)\to\infty$。关于$\pi(x)$的研究是素数论的中心问题。首先是切比雪夫用初等方法证明了$a\leqslant\lim\limits_{x\to\infty}\frac{\pi(x)}{x/\log x}\leqslant 1\leqslant\lim\limits_{x\to\infty}\frac{\pi(x)}{x/\log x}\leqslant\frac{6}{5}a$，此处$a=0.921\ 29$，尽管$a$的

数值不断地被以后的数学家所改进，但并不能够证明素数定理，即$\frac{\pi(x)}{x/\log x}$的极限为1。

黎曼首先确定了$\pi(x)$与他所引进的复变函数$\zeta(s)$($s=\sigma+\mathrm{i}t$)之间的联系，并给出了著名的黎曼猜想：在带状区域$0\leqslant\sigma\leqslant 1$中，$\zeta(s)$的零点都位于直线$\sigma=1/2$上面。这一猜想是一个纯分析问题，但它与$\pi(x)$有密切关系，可以证明它等价于$\pi(x)$的极为精密的表达公式：$\pi(x)=\mathrm{li}x+O(\sqrt{x}\log x)$，此处$\mathrm{li}x\int_2^x\frac{\mathrm{d}t}{\log x}$，黎曼猜想离解决还相差很远。到目前为止，关于$\pi(x)$最精密的估计是维诺格拉多夫与科罗博夫证明得到的$\pi(x)=\mathrm{li}x+O(x\exp(-(\log x)^{0.6-\varepsilon}))$，此处$\varepsilon$为任意正数。这是从$\zeta(x)$的零点分布的结果中推导出来的。

有一系列重要的数论问题，特别是与素数有关的问题的完满解决都关联着黎曼猜想及类似猜想的解决。例如，相邻素数之差$p_{n+1}-p_n$的估计问题，此处p_n表示第n个素数。

20世纪20年代，哈代与李特尔伍德发明了圆法，从而将很多著名的数论问题(如哥德巴赫问题与华林问题)都化为纯分析问题，即劣弧上指数和$S(\alpha)$与$T(\alpha)$的估计问题。而对这种和的研究最初是高斯开始的，他研究了形如$S(n,q)=\sum_{x=0}^{q-1}\mathrm{e}^{2\pi\mathrm{i}nx^2/q}$的指数和，此处$(n,q)=1$，并证明了$S(n,q)\leqslant\sqrt{q}$。我国数学家华罗庚将$x^2$推广到一般的整系数多项式$f(x)=a_kx^k+\cdots+a_1x$，其中$(a_k,\cdots,a_1,q)=1$，对于$S(q,f(x))=\sum_{x=0}^{q-1}\mathrm{e}^{2\pi\mathrm{i}f(x)/q}$，华罗庚证明了$|S(q,f(x))|=O(q^{1-\frac{1}{k}})$，其中$1-\frac{1}{k}$是最佳可能。特别当$q=p$为素数时，由韦伊证明的有限域上类似的黎曼猜想可以推出$|S(p,f(x))|\leqslant k\sqrt{p}$。韦伊证明了类似的黎曼猜想是基于他对代数几何学的深刻研究。这一结果最近已由斯捷潘诺夫、施密特和邦别里用分析方法加以证明。用代数几何学的积累，德利涅更证明了高维代数函数体上的类似黎曼猜想，由此可得到多重完整三角和的精确估计。当$f(x)$的系数为实数，这种广泛的指数和的研究是外尔开始的，所以又称这种和为外尔和。维诺格拉多夫创立了新的估计

外尔和的精密方法,还创立了估计以素数为变量的指数和的方法。关于哥德巴赫猜想,他用圆法证明了每个充分大的奇数都是三个素数之和;关于华林问题他证明了当 $s\geqslant s_0\sim 2k\log k$ 时,每个充分大的整数都是 s 个正整数的 k 次方幂之和。将华林问题与哥德巴赫问题结合起来,可以研究将整数 n 表为 n 的问题,此处 $f(x)$ 为给定的 k 次整值多项式,$p_i(1\leqslant i\leqslant s)$ 为素数。华罗庚对这一问题进行了系统的研究,除个别结果外,关于华林问题的结果都可以推广到这个问题。

另一个研究哥德巴赫猜想的方法是埃拉托斯特尼筛法的改进,这一方法的研究是布龙开始的。用这一方法,目前所得到的最佳结果是陈景润证明的,即每个充分大的偶数都是一个素数及一个不超过 2 个素数的乘积之和。

由 $\pi(x)$ 的研究可以看出,不同深度的方法得出了不同深度的结果。还可以举整数分拆问题为例。命 $p(n)$ 表示将 n 分拆为整数和的方法数。用简单的算术方法可以得出 $p(n)$ 最粗略的估计,$2^{[\sqrt{n}]}\leqslant p(n)<n^{3[\sqrt{n}]}\ (n>1)$。用初等的分析方法可以证明 $\log p(n)\sim\pi\sqrt{\frac{2}{3}n^{1/2}}$。用所谓的陶伯型定理就可以得出 $p(n)$ 的渐近表达式。利用模形式论的结果及解析数论方法还可以求出 $p(n)$ 的展开式。在逐步求精的方法中,容易看出各种不同方法之精度。

另一方面,虽然有的问题已经由分析方法所解决,但是寻求一个算术的解决方法或较初等的分析解决方法仍是很重要的事。例如,寻求素数定理的初等分析证明,即不依赖于 $\zeta(s)$ 零点分布成果的证明,是素数论中历时很久的问题之一。这一证明是由赛尔伯格与爱尔特希得到的。又如,特艾德曼用盖尔丰德—贝克方法基本解决了卡塔朗猜想,即方程 $x^m=y^n+1$ 的整数解适合于 $|x^m|<c$,此处 c 是一个绝对常数。在此之前,柯召曾用初等方法证明,方程 $x^2=y^n+1$ 只有整数解 $x=\pm 3, y=2, n=3$。

正因为数论问题很具体与特殊,所以在数论中发展起来的各种方法常常是很有用的。例如,指数和的估计方法与筛法在理论物理学、概率统计和组合数学中,都有重要的应用。

首项系数为 1 的整系数方程的根,称为代数整数。例如,普通整数,$\sqrt{2}$,i,$\frac{1+\sqrt{5}}{2}$ 等都是代数整数。代数数论就是研究代数整数集合。代数整数集合是比普通整数集合更广泛的集合。

在研究代数数论时，首先要引入代数数域的概念。所谓数域即加、减、乘、除运算自封的某复数的集合。例如有理数的全体 Q 构成一个域。Q 添加一个代数数 α，即得代数数域 $Q(\alpha)$。$Q(\alpha)$ 中的代数整数的全体 $\mathbf{R}$，关于加、减、乘（除法除外）自封，构成一个环。算术基本定理对于一般代数整数是不成立的。例如，对于任何正整数 n 皆有 $2=2^{1/2}2^{1/4}\cdots2^{1/2n}2^{1/2n}$。这建议人们仅考虑一个代数数域。即使如此，算术基本定理也可能不成立。例如，对于域 $Q(\sqrt{-5})$，有 $6=2\cdot3=(1+\sqrt{-5})(1-\sqrt{-5})$。在引入“理想数”概念之后，就可得唯一因子分解定理。所谓理想数是 R 的子集 A，关于加、减自封，且 R 的元素乘以 A 的元素仍属于 A。例如，R 的一个元素 x 生成的集合 x^R 即为一个理想数，这种理想数称为主理想数。可以定义理想数之间的乘法及素理想数，并可以证明算术基本定理对于理想数是成立的。

还可以定义分数理想，即理想中含有非代数整数之元素。这些理想构成一个群。它关于主理想构成的子群的商群叫做类群。闵科夫斯基证明了类群是有限群。类群的元素个数称为代数数域的类数。类数为 1 的代数数域中，代数整数有唯一因子分解定理。一般代数数域的类数是很难具体算出来的。对于虚二次域$Q(\sqrt{-m})$，斯塔尔克与 贝克证明了只有当 $m=1,2,3,7,11,19,43,67$ 与 163 时，$Q(\sqrt{-m})$的类数为 1，高斯曾经猜测有无穷多个实二次域有类数 1，这是尚未解决的难题。

研究两个代数数域 F 与 L，此处 L 为 F 的代数扩张。有一种代数数域特别重要，即 L 关于 F 的维数等于 F 的类数，而且 F 的任何理想在 L 中都是主理想，则 L 称为 F 的类域。类域论的研究是代数数论的一个重要课题。

代数数论的重要，不仅在于它是为弄清普通整数的某些规律所不可缺少的，而且在于它的成果几乎可以用到每一个数学领域中去。

近 30 年来，电子数字计算器的产生与发展给科学技术带来了无比巨大而深刻的变革。这使数论有了非常广阔的直接应用途径。众所周知，无论什么问题必须离散化之后才能在计算器上进行数值计算，所以离散数学日益显得重要，而离散数学的基础之一就是数论。例如，近 20 年发展起来的高维数值积分的数论网格法的研究中，数论的成果曾被广泛运用。一致分布理论、指数和估计、经典代数数论都被用到，甚至丢番图逼近论中施密特关于代数数的联立有理逼近定理也被用到，在华罗庚、王元的《高维数值积分的数论网格法》一书中有详尽的论述。在编码和数字信号处理问题中，数论也有很重要的应用。随着科学的发展，数论除其在纯粹数学中的基础性质外，已日益展现出直接应用的途径。

数论在中国古代有着悠久的研究历史。数论的研究也是中国近代数学最早开拓的数学研究领域之一。杨武之首先将近代数论引入中国。华罗庚、柯召、闵嗣鹤等是这一领域的研究在中国的创始人，特别是华罗庚在解析数论方面的卓越成就，在国际上有广泛深入的影响，在他的领导下，培养出一批优秀的中国数论学家。

代数数论

代数数论是数论的一个重要分支。它以代数整数或者代数数域为研究对象，不少整数问题的解决要借助于或者归结为代数整数的研究。因此，代数数论也是整数研究的一个自然的发展。代数数论的发展也推动了代数学的发展。

代数数论主要起源于费马大定理的研究。法国数学家费马在学习与翻译丢番图的《算术》一书时，在书边上写下了著名的“大定理”，即方程 $x^n+y^n=z^n(n>2)$没有 $xyz\neq 0$ 的整数解。他说他已得到了这个结果的证明，由于地方太小而未写下。可是直到现在，三百多年来经过许多数学家的努力，这个“大定理”还没有能够得到证明。

容易看出，这个结果的证明，可以归结到 $n=4$ 以及 n 为奇素数的情形。费马本人给出了 $n=4$ 的证明，欧拉与勒让德证明了$n=3$的情形，狄利克雷证明了 $n=5$ 的情形。虽然对于许多奇素数，人们已经证明了这个结果，但始终没有得到一个一般的证明。

库默尔是努力证明费马大定理的数学家之一。他利用 n 次本原单位根 $\zeta=e^{2\pi i/n}$，把方程 $x^n+y^n=z^n$ 写成 $x^n=(z-y)(z-\zeta y)\cdots(z-\zeta^{n-1}y)$，他认为在分圆域 $Q(\zeta)$中，“整数”也像普通整数一样，可以唯一地分解成素数的乘积。在这个前提下，库默尔给出费马大定理的证明。不久，他发现自己的假定是错误的，即在分圆域中，“整数”分解成素数的乘积不具有唯一性。这个发现使库默尔引入“理想数”的概念，他随之证明了每个“理想数”可以唯一地分解成素因子的乘积，因而就建立了分圆域上的数论。戴德金把库默尔的工作系统化并推广到一般的代数数域，为代数数论奠定了基础。

高斯关于二元二次型的深入研究也引起了二次数域算术的研究。

有理数域 Q 上的有限扩张 K 称为有限次的代数数域，K 对 Q 的次数 $n=[K:Q]$，就是指 K 作为 Q 上线性空间的维数。K 中每个元素都是一个次数不超过 n 的有理系数多项式

$$a_0x^n+a_1x^{n-1}+\cdots+a_n \quad (1)$$

的根。因为乘非零整数后，多项式的根不变，所以不妨假定(1)是整系数多项式。如果 K 中元素 a 使一个首项系数为1(即 $a_0=1$)的整系数多项式(1)为零，那么 a 就称为一代数整数。K 中全体代数整数组成一个具有单位元素的交换整环 O_K。对于环 O_K 中的理想 A 、B 定义乘法：

$$AB=\left\{\sum_{i=1}^{s}a_ib_i \mid a_i\in A,b_i\in B\right\}$$

即由 A 、B 中元素之积的有限和组成的集合，显然，AB 也是 O_K 的理想。一个理想 P 称为素理想，就是指有 $\alpha\beta\in P$ 必有 $\alpha\in P$ 或 $\beta\in P$。可以证明，在代数整数环 O_K 中，每个非零理想 A 都可以唯一地分解成素理想的乘积，即 $A=P_1P_2\cdots P_t$，其中 $P_i(i=1,2,\cdots,t)$是素理想。在通常的整数环 Z 中，每个理想都是由一非负整数的倍数所组成的。因此，非零理想与正整数是一一对应的。由此可见，关于理想分解的定理正是通常整数的因子分解定理的一个推广。

O_K 的全体非零理想组成一乘法半群，O_K 就是这个乘法半群的单位元素。为了方便，引入分式理想的概念。如果 K 的一个子集合 A 是一个有限生成的 O_K 模，那么 A 就称为一分式理想。显然，理想全是分式理想。由 K 中任一元素 α 的整数倍 $r\alpha(r\in O_K)$组成的集合也是分式理想，它们称为主分式理想。对于分式理想可以同样地定义乘法。可以证明，K 中全体非零的分式理想在乘法下成一群，而且每个分式理想 A 都可以唯一地表示成素理想方幂的乘积 $A=P_1^{s_1}\cdots P_t^{s_t}$，$s_i\in\mathbf{Z}$，$i=1,2,\cdots,t$。这个群称为 K 的理想群，记为 I_K。

环 O_K 中可逆元素称为单位。全体单位组成一乘法群，记为 U_K。显然，K 中非零元素 α 生成的主理想$(\alpha)=O_K$ 的充分必要条件是 $\alpha\in U_K$。下面的

正合列是基本的：

$$1 \longrightarrow U_K \longrightarrow K^* \xrightarrow{\varphi} I_K \longrightarrow C_K \longrightarrow 1 \qquad (2)$$

其中 K^* 表示 K 中全体非零元素组成的乘法群，而 φ 把 K^* 中元素映象到它生成的主理想，$C_K = I_K/\varphi(K^*)$。C_k 称为 K 的理想类群，其元素是理想类。按定义，I_k 中两个理想A、B属于同一类，当且仅当存在 $\alpha \in K^*$，使得 $A = \alpha B$ 。代数数论中一个基本的事实是：C_K 为一有限阿贝尔群，$h_K = |C_K|$ 称为 K 的类数。当 $h_K = 1$，即每个理想都是主理想，O_K 为一主理想环，从而因子分解唯一性定理成立。在一定意义上，理想类群 C_K 与类数 h_K 反映了代数数域 K 在算术上的复杂性。直到现在，类群结构的研究与类数的计算，始终是代数数论中的重要问题之一。即使是二次域类数的计算也是很困难的，近年来一个值得注意的进展是贝克和斯塔尔克各自独立地于 1966 年和 1967 年确定出类数是 1 的全部虚二次域 $Q(\sqrt{-d})$，它们分别是 $d=1,2,3,7,11,19,43,67,163$ 等 9 个。

正合列(2)的另一端是单位群 U_K，它的结构已被狄利克雷完全决定。他证明了 $U_K = H_K \times V_K$，式中 H_K 为 K 中全部单位根组成的有限群，V_K 是一秩为 $r_1 + r_2 - 1$ 的自由阿贝尔群，r_1 为 K 到实数域 R 同构的个数，$2r_2$ 为 K 到复数域 C 同构(非实的)个数。V_K 的一组基称为基本单位组。具体算出基本单位组是代数数论中又一个重要的问题。基本单位组与类数有密切的联系。

整数环中一个素数 p 在 O_K 中生成一个理想 pO_K，一般的，它不一定是 O_K 中的素理想。研究素数 p 在 O_K 中的素理想分解的规律，是代数数论中一个中心问题。

19 世纪末，德国希尔伯特在编写《数论报告》后，洞察到数域的类群与其阿贝尔扩张间的关系，猜想到著名的“希尔伯特类域论”(1898)，这是二次和高次互反律的自然推广。希尔伯特关于类域论的猜想直到 1930 年才被完全证明。1908 年，韦伯引入了广义理想类群，做了类似于希尔伯特的猜想，称为(一般的)类域论。1920 年，高木贞治证明了一般类域的存在，但广义理想类群与伽罗瓦群的同构是由计算群的阶得到，此二群的同构对应还不清楚。1927 年，阿廷证明了此二群的同构对应由弗罗贝尼乌斯映射给出，从而完成了类域论。关于类域的具体构造，目前仅对数域为虚二次域(及其推广 CM

一域)的情形有系统的办法,主要用到椭圆曲线的理论。

目前,代数数论发展迅速,研究范围和手段已大为扩展,与代数、函数论、代数几何等有很多交融。例如费马大定理在1994年最终被证明,就用到了椭圆曲线、模形式等理论。

代数方程

代数方程又称多项式方程。多项式理论的发展与多项式方程(代数方程)的研究有密切联系。一个未知量的高次方程的一般形式为

$$a_nx^n+a_{n-1}x^{n-1}+\cdots+a_1x+a_0=0$$

令 $f(x)=a_nx^n+a_{n-1}x^{n-1}+\cdots+a_1x+a_0$,于是上面方程的根即多项式 $f(x)$ 的根。

在20世纪以前,解方程一直是代数学的一个中心问题。远在公元以前,文明古国的学者对于某些特殊二次方程的解法,已经有所研究。到16世纪上半叶,三次方程的一般解法才由意大利数学家费罗、塔塔利亚和卡尔达诺得到,而四次方程的求根公式则由卡尔达诺的学生费拉里给出,三次、四次方程的一般求根公式都最早记载于卡尔达诺的著作《大术》中。

一个代数方程的解,如果可以由这个方程的系数经过有限次加减乘除以及开整数次方等运算表示出来,就称为这个方程的根式解。一次、二次、三次、四次代数方程都有根式解,而五次和五次以上的代数方程就没有根式解(见伽罗瓦理论)。

根据多项式的根与一次因式的关系以及关于复系数和实系数多项式的因式分解定理,有以下结论:

每个复系数 n 次方程恰有 n 个复根(重根按重数计算)。

如果虚数 α 是实系数方程 $f(x)=0$ 的一个根,那么 $\bar{\alpha}$(α 的共轭数)也是这个方程的根,并且它们的重数也是相同的。

有理系数高次方程的求解,可归结为整系数方程的求解问题。如果有理数 r/s 是整系数方程(1)的一个有理根,其中 r 和 s 是互素的整数,那么 r 一定是 a_0 的因子,s 一定是 a_n 的因子。特别地,若 $f(x)$ 的首项系数为1,则它的有理根都是整根,而且是常数项的因子。

代数基本定理

关于多项式根的定理，即一个次数不小于 1 的复系数多项式 $f(x)$ 在复数域内有一根。由此推出，一个 $n(\geqslant 1)$ 次复系数多项式 $f(x)$ 在复数域内恰有 n 个根(重根按重数计算)。这条定理形式上是代数的，但是它的证明却离不开复数域的解析性质。高斯于 1799 年首先给出这个定理的一个证明。

20 世纪以前，代数研究的对象，如矩阵、二次型和各种超复数系都是建立在实数域或复数域之上的，当时代数基本定理起着核心的作用。20 世纪以来，随着代数学的进一步发展，抽象代数结构，如群、环、模、域相继出现，于是代数基本定理逐渐失去了它原有的地位。

代替代数基本定理的是根的存在定理：设 F 是任一域。$f(x)$ 是多项式环 $F[x]$ 中任一个不可约多项式，则存在 F 的一个扩域 K，使得 $f(x)$ 在 K 内有一根。由此得到分裂域的存在定理：对于任一域 F 和任一 $n(n\geqslant 1)$ 次多项式 $f(x)\in F[x]$，则存在 F 的一个代数扩域 E 使得 $f(x)$ 在 E 内完全分解 $f(x)=(x-\alpha_1)(x-\alpha_2)\cdots(x-\alpha_n)$，而且 E 可由添加 $\alpha_1,\alpha_2,\cdots,\alpha_n$ 到 F 上而得到。更进一步，最后可得到 F 上代数闭包的存在定理：F 上存在一个代数扩张 Ω 使得 $\Omega[x]$ 内每个次数不小于 1 的多项式在 Ω 内完全分解。Ω 称为 F 上的代数闭包，而且 F 上任何两个代数闭包是 F 同构的，因而在同构意义下 Ω 由 F 唯一决定。本身是一个代数闭域。复数域就是一个代数闭域。现在 Ω 正起着复数域在历史上所起过的作用。

代数拓扑学

拓扑学中主要依赖代数工具来解决问题的一个分支。同调与同伦的理论是代数拓扑学的两大支柱(见同调论、同伦论)。

在同调理论研究领域里，自庞加莱首先建立可剖分空间的同调之后，人们试图对于不一定可剖分为复形的一般拓扑空间建立同调理论。后来出现了好几种关于一般空间的同调论。为了达到统一与简化的目的，艾伦伯格与斯廷罗德在 20 世纪 40 年代中期倡导用公理法来引进同调群。有了这种观点，不仅仅使人们对古典的同调论看得更清楚，同时也为广义同调论的兴起创造了条件。

广义同调论满足除开维数公理之外的所有艾伦伯格－斯廷罗德同调论公理。具有各自几何背景的各种广义同调论的出现大大开拓了代数拓扑的领域，提高了用代数方法解决几何问题的能力。广义同调的表示定理表明可以在同伦概念的基础上来建立同调论。目前，重要的广义同调论有 K 上同调、协边上同调、MU 上同调、BP 上同调等。

不论同伦或同调，从几何向代数的过渡总是由函子来实现的。范畴与函子的理论，首先由代数拓扑的需要而产生，现在已在许多数学分支有广泛的应用。无论同伦或同调，都是对每个拓扑空间 X 对应了一个群 $F(X)$，对每一个连续映射 $f:X\to Y$ 对应了一个同态 $F(f):F(X)\to F(Y)$，且满足：① 当$X=Y$，$f=$恒等自映射时，$F(f)=$恒等自同构。② 若 $g:Y\to Z$，则 $F(gf)=F(g)F(f)$。作为用这种函子性质解决拓扑问题的一个例子，考虑 $f:X\to Y$ 为同胚的情形，这时 $F(f^{-1})$与 $F(f)$互为逆同态，从而 $F(f):F(X)\to F(Y)$为同构。证明两个空间 X 与 Y 不同胚的一个常用的办法就是找出一个适当的函子 F，使得 $F(X)$不同构于 $F(Y)$。拓扑不变量往往也就是这种函子。

同调与同伦是实质上不同的概念，这从简单的例子就可以看出来。在图中，设 F 是将环面挖一个圆洞所得的曲面。则边界圆周 C 在曲面 F 上是同调于 0 的一维闭链。但 C 看做 F 上的环道则不同伦于 0。人们很早就知道，不一定可交换的基本群交换化之后就同构于一维同调群。对于同调与同伦之间关系进行深入探讨的结果促使同调代数迅速地向前发展起来。这一整套强有力的工具不仅对代数拓扑本身产生巨大影响，也深深地渗入到其他数学分支，如代数、代数几何、泛函分析、微分方程、复分析等。

与同调对偶的上同调在许多场合用起来比同调更为得力，这是惠特尼在 20 世纪 30 年代的发现。莱夫谢茨对流形上的同调交截理论所作的深入研究启发人们想到上同调乘积的存在。斯廷罗德在继霍普夫之后研究有限复形 K 到球面 S^n 的连续映象同伦分类问题时发现了一类上同调运算。上同调群配以上同调运算使得对应于几何对象的代数对象有更为丰富的结构，从而解决问题的能力也更强。

代数拓扑学者从来注重计算具体空间的同调群、上同调群、上同调运算等。李群以及与之有关的空间是首先被考虑的对象。这种计算在很大程度上依赖于纤维丛或纤维空间的底空间，纤维与全空间的同调关系。1946 年，勒雷用谱序列对纤维空间的同调计算得到深刻的结果。

紧接着有塞尔应用纤维空间的同调谱序列在同伦论上的突破，得到当时几乎难以想象的结果：$\pi_q(S^n)$除 $q=n$ 以及 $q=2^n-1$，n 为偶数的情形，都是有限群。塞尔的另一个重要贡献是将代数里一个行之有效的原理移植到拓扑学中来，即通过对一个问题的各个 p 局部化（p 为素数）问题的解决来求得原问题的整体解决。经过沙利文的进一步系统的研究，目前，这种局部化以及完备化的思想在代数拓扑里已经成为一个带根本性的原理。

拓扑空间如果具有连续的乘法以及关于这个乘法的单位元素就叫做 H 空间。李群是 H 空间的特例。对于 H 空间的同调与同伦性质的研究取得了许多有意义的结果，丰富了代数拓扑的内容。

欧氏空间 R^n，当 $n=2,4,8$ 时可以定义乘法·，满足关系 $\|x\cdot y\|=\|x\|\|y\|$，这里 $\|\ \|$ 表示 R^n 的范数，$\|x\|=\sqrt{x_1^2+x_2^2+\cdots+x_n^2}$　$x=(x_1,x_2,\cdots,x_n)$。

将 $R^n(n=2,4,8)$ 的点分别看做复数、四元数、凯莱数，就得到这种乘法。是否还有其他的 n 值使 R^n 能成为这种赋范代数呢？若 R^n 具有赋范代数结构，则球面 S^{n-1}为 H 空间。这后一结论又等价于存在霍普夫不变量等于 1 的球面映射 $S^{2n-1}\to S^n$。这个问题在同伦论发展的初期就被提出来，当时是个很难下手的问题。与这个问题邻近的还有球面S^n上至多能有多少个线性独立的切向量场的问题。1960 年前后，亚当斯彻底解决了这两个问题。于是知道除 $n=2,4,8$ 这几种已知情形外，不可能在R^n上引进保持范数的乘法。一个古老的代数难题用拓扑的方法得到了解答。亚当斯还充分利用了同调代数（包括谱序列），上同调运算理论，广义同调论等方面当时所能提供的工具，使它们充分发挥了威力。这些成就足以说明代数拓扑在那时正处于发展的高潮。

20 世纪 70 年代以后，虽然不像前些年那样接连出现令人惊叹的结果，代数拓扑仍然取得了多方面的进展。例如，在广义同调论、变换群作用下的共变同调与同伦论、无穷环道空间、有理同伦论、同伦群指数估计、来自微分拓扑的代数拓扑问题等方面都获得了丰硕的成果。目前，一方面在其他数学分支，其他科学与技术领域里代数拓扑的应用日见广泛与深入；另一方面，其本身有许多重要问题尚未解决，或尚未彻底解决，代数拓扑另一个发展高潮时期的到来是可以期待的。

代数学

代数学是数学中一个重要的、基础的分支。由于人类生活、生产、技术、科学和数学本身的需要而发生和发展，历史悠久。它在研究对象、方法和中心问题上经历了重大的变化。初等代数学（或称古典代数学）是更古老的算术的推广和发展，抽象代数学（曾称近世代数学）则是在初等代数学的基础上产生、发展而于 20 世纪形成的。

初等代数学，研究数字和文字的代数运算（加法、减法、乘法、除法、乘方、开方）的理论和方法。更确切地说，研究实数或复数和以它们为系数的多项式的代数运算的理论和方法。它的研究方法是高度计算性的。它的中心问题是实或复系数的多项式方程（或称代数方程）和方程组的解（包括解的公式和数值解）的求法及其分布的研究，因此它也可简称方程论。它的演变历史久远，中国和其他文明古国都有贡献，而在欧洲则于 16 世纪（文艺复兴后期）、17 世纪系统地建立起这门学科，并继续发展到 19 世纪的前半叶。随着电子计算器的广泛而深入的使用，有些内容的新发展已归入到计算数学的范围，形成了“数值代数”。

抽象代数学是在初等代数学的基础上，通过数系概念的进一步推广或者可以实施代数运算对象的范围的进一步扩大，逐渐发展而形成的。它自 18、19 世纪之交萌芽、不断成长而于 20 世纪 20 年代建立起来。它研究的对象是非特定的任意元素集合和定义在这些元素之间的满足若干条件或公理的代数运算，也就是说，它以各种代数结构（或称系统）的性质的研究为中心问题。它的研究方法主要是公理化的。自 20 世纪 40 年代中期起，抽象代数学的研究对象又有一些新的拓展。

至今，已有群、环、域、模、代数、格以及泛代数、同调代数、范畴等重要代数结构。

随着数学中各分支理论的发展和应用的需要，抽象代数学得到启发和促进而不断发展。20 世纪 30 年代所形成的抽象代数学的一些基本内容，现在已经成为每个现代数学工作者必备的理论知识，有的还是某些领域的科学技术工作者需要掌握的有力的数学方法。在 1933～1938 年间，经过伯克霍夫、冯·诺伊曼、坎托罗维奇、奥尔、斯通等人的工作，格论才确立在代数中以至在数学中的地位。而自 20 世纪 40 年代中叶起，由于线性代数的推广的模论得到进一步的发展和产生深刻的影响，泛代数、同调代数、范畴等新领域被建立和发展起来。它们都是在抽象代数学中起统一作用的概念，在它们的各自研究中人们能够从某一方面同时研究许多代数结构，甚至其他数学结构。

由于电子技术的发展和计算机的广泛使用，代数学（包括泛代数和范畴这样的新领域）的一些成果和方法被直接应用到某些工程技术中去，如代数编码学、语言代数学和代数语义学、代数自动机理论、系统学的代数理论等新的应用代数学的领域，也相继产生和发展。代数学又是离散性数学的重要组成部分，并对组合数学的蓬勃发展起着重要的作用。这些新的应用促进了近世应用代数学的形成，包括半群、布尔代数、有限域等。

域

代数学中基本的概念之一。设 F 是至少含有两个元素的一集合，在 F 上定义了两个（二元）运算，一个叫做加法，一个叫做乘法，它们都满足交换律、结合律，而且乘法对于加法有分配律；对于加法，F 有零元素、每个元素有负元素；对于乘法，F 有单位元素，除去零元素外，每个元素有逆元素，这样的代数结构就称为域。例如全体有理数、全体实数或全体复数在通常的运算下都是域；又如全体形如 $a+b\sqrt{2}$ 的数，其中 a,b 是有理数，它们对加减乘除（零不作除数）是封闭的，因之也构成域。再如，取一素数 p。考虑整数模 p 的全体剩余类 $F_p=\{\overline{0},\overline{1},\cdots,\overline{p-1}\}$，如果把通常的加法与乘法改成作完加法与乘法后，再取所在的同余类，那么在 F_p 上就定义了两个运算。由整数与素数的性质容易验证 F_p 是域。

域的概念是在 19 世纪代数学的发展中逐步形成并明确起来。在伽罗瓦研究方程的著作中就用到了域的概念。在戴德金与克罗内克关于代数数的著作里从不同的背景也提出了域的概念。虽然他们还没有域的抽象定义，但是域这个词却出自戴德金。域的抽象理论是由韦伯开始的。稍后，戴德金和亨廷顿独立地给出了域的公理系统。在韦伯的影响下，施泰尼茨对抽象域进行了系统的研究。他的研究结果全写在他 1910 年的基本论文《域的代数理论》中。

如果 F 是域 E 的一个子集合，它在 E 的运算下也成一个域，那么域 F 就称为域 E 的一个子域，而域 E 称为域 F 的一个扩域。如有理数域是实数域的一个子域，而实数域是有理数域的一个扩域。

对于任意一个抽象的域 F，考虑单位元素 e 生成的加法群，即 $\{0,\pm e,\pm 2e,\pm 3e,\cdots\}$，它有两个可能。如果对任意正整数 n，$ne\neq 0$，也就是说，它是一个无限循环群。在这一情形下，F 包含所有的商 ne/me，n 和 m 为整数，$m\neq 0$。显然，元素的全体构成 F 的一个子域。这个子域可以与有理数域等同起来。这时称域 F 的特征为零。

另一个可能是存在一最小的正整数 p，使 $pe=0$。容易证明，这样的 p 一定是素数，而且此时 $\{0,e,\cdots,(p-1)e\}$，已经构成 F 的一个子域。这个子域可以与整数模 p 的域 F_p 等同起来。这时称域 F 的特征为 p。

按照特征把域分成两大类：一类是特征为零的域；一类是特征为 p 的域。这两类域在性质上有不少重要的差别。

研究域的一般方法是在域 E 中取定一个子域 F 作为基域，然后讨论扩域 E 相对于基域 F 的代数性质。E 和 F 的关系记作 E/F。E 中包含 F 的子域叫做 E/F 的中间域。E/F 的中间域可以如下产生：取定 E 的任一子集 S。考虑一切有理分式 $f(a_1,a_2,\cdots,a_r)/g(a_1,a_2,\cdots,a_r)$，$g(a_1,a_2,\cdots,a_r)\neq 0$，其中 f 和 g 都是 S 中任意有限子集 $a_1,a_2,\cdots,a_r$ 的多项式，而系数属于 F。所有这种有理分式构成 E/F 的一个中间域，记为 $F(S)$，称为 S 在 F 上生成的子域。若 $S=\{a_1,a_2,\cdots,a_r\}$ 有限，则 $F(S)$ 记为 $F(a_1,a_2,\cdots,a_r)$，称之为有限生成的。特别由一个元素 a 生成的子域 $F(a)$，称为 F 上的单扩张。域扩张可分为代数扩张和超越扩张。

代数几何

现代数学的一个重要分支学科。它的基本研究对象是在任意维数的（仿射或射影）空间中，由若干个代数方程的公共零点所构成的集合的几何特性。这样的集合通常叫做代数簇，而这些方程叫做这个代数簇的定义方程组。

一个代数簇V的定义方程中的系数以及V中点的坐标通常是在一个固定的域k中选取的，这个域就叫做V的基域。当V为不可约时（即如果V不能分解为两个比它小的代数簇的并），V上所有以代数式定义的函数全体也构成一个域，叫做V的有理函数域，它是k的一个有限生成扩域。通过这样的一个对应关系，代数几何也可以看成是用几何的语言和观点进行的有限生成扩域的研究。

代数簇V关于基域k的维数可以定义为V的有理函数域在k上的超越次数。一维的代数簇叫做代数曲线，二维的代数簇叫做代数曲面。

代数簇的最简单的例子是平面中的代数曲线。例如，著名的费马猜想（又称费马大定理）就可以归结为下面的问题：在平面中，由方程$x_1^n+x_2^n=1$定义的曲线（称为费马曲线）。当$n\geqslant 3$时没有坐标都是非零有理数的点。

另一方面，下面的齐次方程组

$$x_0x_1=x_2x_3$$

$$x_0^2+x_1^2+x_2^2+x_3^2=0$$

在复数域上的射影空间中定义了一条曲线。这是一条椭圆曲线。

人们对代数簇的研究通常分为局部和整体两个方面。局部方面的研究主要是用交换代数方法讨论代数簇中的奇异点以及代数簇在奇异点周围的性质。

作为奇异点的例子，可以考察由方程$x^2-y^3=0$所定义的平面曲线中的原点(0,0)。这是一个歧点。

不带奇异点的代数簇称为非奇异代数簇。数学家庀中平佑在1964年证明了基域k的特征为0时的奇点解消定理：任意代数簇都是某个非奇异代数簇在双有理映射下的像。

一个代数簇V_1到另一个代数簇V_2的映射称为双有理映射，如果它诱导有理函数域之间的同构。两个代数簇V_1，V_2称为双有理等价的，如果在V_1中有一个稠密开集同构于V_2的一个稠密开集。这个条件等价于V_1和V_2的有理函数域同构。由于这个等价关系，代数簇的分类常常可以归结为对代数簇的双有理等价类的分类。

当前，代数几何研究的重点是整体问题，主要是代数簇的分类以及给定的代数簇中的子簇的性质。同调代数的方法在这类研究中起着关键的作用。

代数几何中的分类理论是这样建立的：对每个有关的分类对象（这样的分类对象可以是某一类代数簇，如非奇异射影代数曲线，也可以是有关的代数簇的双有理等价类），人们可以找到一组对应的整数，称为它的数值不变量。如在射影代数簇的情形，它的各阶上同调空间的维数就都是数值不变量。然后试图在所有具有相同的数值不变量的分类对象组成的集合上建立一个自然的代数结构，称为它们的参量簇，使得当参量簇中的点在某个代数结构中变化时，对应的分类对象也在相应的代数结构中变化。目前，建立有较完整的分类理论的只有代数曲线、代数曲面的一部分以及少数特殊的高维代数簇。研究得最深入的是代数曲线和阿贝尔簇的分类。

与子簇问题密切相关的有著名的霍奇猜想：设 X 是复数域上的一个非奇异射影代数簇，p 为小于 X 的维数的一个正整数，则 X 上任一型为 (p,p) 的整上同调类中都有代数代表元。

代数几何的起源很自然地是从关于平面中的代数曲线的研究开始的。对于一条平面曲线，人们首先注意到的一个数值不变量是它的次数，即定义这条曲线的方程的次数。由于次数为一或二的曲线都是有理曲线（即在代数几何的意义下同构于直线的曲线），人们今天一般认为，代数几何的研究是从 19 世纪上半叶关于三次或更高次的平面曲线的研究开始的（早期人们研究的代数簇都是定义在复数域上的）。如阿贝尔在 1827～1829 年关于椭圆积分的研究中，发现了椭圆函数的双周期性，从而奠定了椭圆曲线（它们都可以表示成平面中的三次曲线）理论基础。另一方面，雅可比考虑了椭圆积分反函数问题，他的工作是今天代数几何中许多重要概念的基础（如曲线的雅可比簇、θ 函数等）。

黎曼于 1857 年引入并发展了代数函数论，从而使代数曲线的研究获得了一个关键性的突破。黎曼把他的函数定义在复数平面的某种多层复迭平面上，从而引入了所谓黎曼曲面的概念。用现代的语言来说就是，紧致的黎曼曲面就一一对应于抽象的射影代数曲线。运用这个概念，黎曼定义了代数曲线的一个最重要的数值不变量：亏格。这也是代数几何历史上出现的第一个绝对不变量（即不依赖于代数簇在空间中的嵌入的不变量）。黎曼还首次考虑了亏格 g 相同的所有黎曼曲面的双有理等价类的参量簇问题，并发现这个参量簇的维数应当是 $3g-3$，虽然黎曼未能严格证明它的存在性。

黎曼还应用解析方法证明了黎曼不等式：$l(D) \geqslant d(D)-g+1$，这里 D 是给定的黎曼曲面上的除子。随后他的学生罗赫在这个不等式中加入一项，使它变成了等式。这个等式就是著名的希策布鲁赫和格罗腾迪克的黎曼—罗赫定理的原始形式（见代数函数域）。

在黎曼之后，德国数学家诺特等人用几何方法获得了代数曲线的许多深刻的性质。诺特还对代数曲面的性质进行了研究。他的成果给以后意大利学派的工作建立了基础。

从 19 世纪末开始，出现了以卡斯特尔诺沃、恩里奎斯和塞维里为代表的意大利学派以及以庞加莱、皮卡和莱夫谢茨为代表的法国学派。他们对复数域上的低维代数簇的分类作了许多非常重要的工作，特别是建立了被认为是代数几何中最漂亮的理论之一的代数曲面分类理论。但是由于早期的代数几何研究缺乏一个严格的理论基础，这些工作中存在不少漏洞和错误，其中个别漏洞直到目前还没有得到弥补。

20 世纪以来代数几何最重要的进展之一是它在最一般情形下的理论基础的建立。20 世纪 30 年代，扎里斯基和瓦尔登等首先在代数几何研究中引进了交换代数的方法。在此基础上，韦伊在 20 世纪 40 年代利用抽象代数的方法建立了抽象域上的代数几何理论，然后通过在抽象域上重建意大利学派的代数对应理论，成功地证明了当 k 是有限域的时候，关于代数曲线 ζ 函数具有类似于黎曼猜想的性质。

20 世纪 50 年代中期，法国数学家 J. P. 塞尔把代数簇的理论建立在层的概念上，并建立了凝聚层的上同调理论，这个为格罗腾迪克随后建立概型理论奠定了基础。概型理论的建立使代数几何的研究进入了一个全新的阶段。概型的概念是代数簇的推广，它允许点的坐标在任意有单位元的交换环中选取，并允许结构层中存在幂零元。

概型理论的另一个重要意义是把代数几何和代数数域的算术统一到了一个共同的语言之下，这使得在代数数论的研究中可以应用代数几何中大量的概念、方法和结果。这种应用的两个典型的例子就是：① 德利涅于 1973 年把韦伊关于 ζ 函数的定理推广到了有限域上的任意代数簇，即证明了著名的韦伊猜想，正是利用了格罗腾迪克的概型理论。② 法尔廷斯在

1983年证明了莫德尔猜想。这个结果的一个直接推论是费马方程 $x^n+y^n=1$ 在$n\geqslant4$时最多只有有限多个非零有理解，从而使费马猜想的研究获得了一个重大突破。

另一方面，20世纪以来复数域上代数几何中的超越方法也得到了重大的进展，如拉姆的解析上同调理论，霍奇的调和积分论的应用，以及小平邦彦和斯潘塞的变形理论以及格里菲思的一些重要工作等。

周炜良对20世纪前期的代数几何发展作出了许多重要的贡献。他建立的周环、周簇、周坐标等概念对代数几何的许多领域的发展起了重要的作用。他还证明了著名的周定理：若一个紧致复解析流形是射影的，则它必定是代数簇。

20世纪后期，在古典的复数域上低维代数簇的分类理论方面也取得了许多重大进展。在代数曲线的分类方面，由于芒福德等人的工作，人们现在对代数曲线参量簇 M_g 已经有了极其深刻的了解。芒福德在20世纪60年代把格罗腾迪克的概型理论用到古典的不变量理论上，从而创立了几何不变量理论，并用它证明了 M_g 的存在性以及它的拟射影性。人们已经知道 M_g 是一个不可约代数簇，而且当 $g\geqslant24$ 时是一般型的。目前，对 M_g 的子代数簇的性质也开始有所了解。

代数曲面的分类理论也有很大的进展。例如，20世纪60年代中期小平邦彦彻底弄清了椭圆曲面的分类和性质；1976年，丘成桐和宫冈洋一同时证明了一般型代数曲面的一个重要不等式：$c_1^2\leqslant3c_2$，其中 c_1^2 和 c_2 是曲面的陈数。同时，三维或更高维代数簇的分类问题也开始引起人们越来越大的兴趣。

代数几何与数学的许多分支学科有着广泛的联系。除了上面提到的数论之外，还有如解析几何、微分几何、交换代数、代数群、K 理论、拓扑学等。代数几何的发展和这些学科的发展起着相互促进的作用。同时，作为一门理论学科，代数几何的应用前景也开始受到人们的注意，其中一个显著的例子是代数几何在控制论中的应用。

近年来，人们在现代粒子物理的最新的超弦理论中，已广泛应用代数几何工具，这预示古老的代数几何学将对现代物理学的发展发挥重要的作用。

拓扑学

拓扑学起初叫形势分析学，这是莱布尼茨1679年提出的名词。欧拉1736年解决了著名的柯尼斯堡七桥问题，1750年发表了多面体公式，高斯1833年在电动力学中用线积分定义了空间中两条封闭曲线的环绕数，这时他们称之为位置几何学。拓扑学这个词是高斯的学生李斯廷于1874年首先提出的，源于希腊文 τοπος（位置、形势）与 λογος（学问）。

首先给出拓扑学中的一些初等例子。如柯尼斯堡七桥问题：柯尼斯堡是东普鲁士首府，普莱格尔河横贯其中，其上有七座桥。当地居民提出这样一个问题，能否走遍所有的桥而每一座桥只经过一次？欧拉经过思考后，把这个问题抽象为一笔画问题，即能否一笔画出下面的图形？最后他证明了这根本无法实现。欧拉多面体公式，欧拉在研究多面体的时候发现，不管什么形状的多面体，其顶点数 v、棱数 e、面数 f 之间总有关系式 $v-e+f=2$。从这个公式出发，可以证明正多面体只有五种。又如四色问题：在平面或球面上绘制地图，有公共边界的区域用不同的颜色加以区别。19世纪中期，人们从经验猜测用四种颜色就足以给所有的地图着色。人们证明这一猜想的尝试延续了100多年。直到1976年，才借助于计算机给出了一个证明。这些例子有一个共同的特点，即所得到的性质与长度、角度无关，反映的是图形的整体结构特点，这就是所谓的拓扑性质。

拓扑学本质上是属于20世纪的抽象学科。庞加莱于1895～1905年在同一主题《位置分析》下发表的一组论文，开创了现代拓扑学研究。庞加莱将几何图形剖分成有限个互相连接的基本片，并用代数组合的方法研究其性质。他引进了不变量、基本群、同调、贝蒂数、挠系数等，并给出了相应的计算方法。他还探讨了三维流形的拓扑分类问题，提出了著名的庞加莱猜想。由于以上的工作，使庞加莱成为组合拓扑学的奠基人。另一方面，为了给出实数的严格定义，康托从1873年起系统地展开了对欧氏空间中点集的研究，得到了许多拓扑概念，如聚点、开集、闭集、稠密性、连通性等。在点集论思想的影响下，分析学中出现了泛函数的概念，把函数集看成一种几何对象并讨论其性质，于是产生了抽象空间的观念。

一般拓扑学

一般拓扑学又称点集拓扑学，是拓扑学的一个分支，主要研究拓扑空间的自身结构及其间的连续映射的学科。法国数学家弗雷歇在1906年的一篇论文中，用集合论的语言与方法颇为直观地得到函数之间的诸如收敛之类的关系，开创了抽象空间研究的先河。此后，德国数学家豪斯多夫1914年在其专著中借助邻域系引进了现在称之为豪斯多夫空间的一种重要的拓扑空间。20世纪20年代，波兰学派崛起，1920年波兰数学家库拉托夫斯基借助闭包算子给出了拓扑空间的一般定义。于是，一系列深刻的结果与巧妙的方法纷纷出现。这个20年代可谓一般拓扑学的黄金时代。

拓扑学关心的是几何对象的相对形势关系，早期拓扑学就叫形势分析学。现在把集合看成一种广义的几何对象，从拓扑学角度要考察的形势关系中，最自然的莫过于两点之间的临近关系。直线上两点临近就是指它们之间距离很短，临近概念是一个明白易懂的概念，同时也是很基本、很深刻的概念。临近关系与度量并无必然的关系，在直线上给了一点 P，以 P 为中点的一串开区间形成了点 P 的邻域系。借助邻域系，在数学分析中已成功地描写了“极限趋向 P 点”这种临近状态。这种办法可以在一般的集合上来进行，在非空集合 X 上给定了一个邻域系构造是指对 X 中每点 P，指定了若干个含有点 P 的子集，并且它们满足适当的条件。在非空集合 X 上指定了邻域系的构造，就说赋予 X 一个拓扑，有了拓扑的集合 X 就叫做拓扑空间。

拓扑空间

拓扑空间是欧几里得空间的一种推广。给定一个非空集合，在它的每一点赋予一种确定的邻近结构，就构成一个拓扑空间。构造邻近结构的方法很多，常用的是指定开集的方法。给定非空集合 X，它的一个子集族 T 称为是 X 上的一个拓扑，如果 T 满足下面三个条件：① $\varnothing$ 和 X 都是 T 中的元。② T 中任意有限个元的交仍在 T 中。③ T 中任意多个元的并仍在 T 中。集合 X 与它上面所定义的一个拓扑 T 构成一个拓扑空间。T 中的元称为 X 中的开集，开集的补集称为闭集。任何一个非空的集合 X 总可以赋予拓扑，如 X 的所有子集构成的族就是 X 上的一个拓扑，称为离散拓扑；而仅由$\varnothing$和 X 构成的集族也是 X 上的一个拓扑，称为平凡拓扑。拓扑 T 的一个子族 B 称为 T 的一个基，如果 T 的每个元都可表示成 B 的一些元的并。也就是说，T 是由 B 生成的。对于 X 的任一子集 A，规定 A 的开集是 X 的开集与 A 的交，则得到 A 上的一个拓扑，于是 A 也构成一个拓扑空间，称为 X 的子空间。

积空间

1910 年弗雷歇最早指出了拓扑空间的笛卡儿积，给出了一种从已知拓扑空间构造新空间的方法。给定两个集合 A_1 和 A_2，它们的笛卡儿积是指 $A_1 \times A_2 = \{(X_1, X_2): X_1 \in A_1, X_2 \in A_2\}$。在两个拓扑空间 X_1 和 X_2 的笛卡儿积上可以如下引入乘积拓扑：拓扑的基的元是形如 $A_1 \times A_2$ 的集，其中 A_i 是 X_i 中的开集，$i=1,2$。这样得到的拓扑空间称为空间 X_1 和 X_2 的积空间。任意集族$\{A_i: i \in I\}$的笛卡儿积可类似的定义为$\prod_{\alpha \in I} A_\alpha = \{(X_\alpha)\alpha \in I: X_\alpha \in A_\alpha, \alpha \in I\}$，在一族拓扑空间$\{X_i: i \in I\}$的笛卡儿积$\prod_{\alpha \in I} A_\alpha$ 上可以如下引入乘积拓扑：拓扑的基的元是形如$\prod_{\alpha \in I} A_\alpha$ 的集，其中 A_α 是 X_α 中的开集，$\alpha \in I$，并且这些 A_α 中除有限多个外都是 X_α。这样得到的拓扑空间称为空间族$\{X_i: i \in I\}$的积空间。

商空间

1925 年美国数学家摩尔又发现了一种从已知拓扑空间构造新空间的方法。设 X 为拓扑空间，将 X 划分为两两不交的子集，把每个子集看做一个点，就得到一个新的集合 X。规定 X 中的子集 U 是开集当且仅当 U 的一切元的并是 X 中的开集，则 X 成为一个拓扑空间，称为 X 的商空间。

连续映射与同胚

拓扑学的中心问题就是要研究几何图形在连续变形下保持不变的性质，因此连续映射和同胚显得格外重要。设 f 是空间 X 到空间 Y 的映射，若对 Y 的每一开集 U，其逆象 $f^{-1}(U)$是 X 中的开集，则称 f 为连续映射。如果 X 内任何两个不同点在 Y 中有不同的象，则称 f 为单射；如果 Y 内每一点都有原象，则称 f 为满射。从空间 X 到空间 Y 的既单又满的映射 f 必有逆映射 g，如果 f 和 g 都是连续的，则称 f 为同胚映射。两个拓扑空间同胚就是指它们之间存在一个同胚映射。n 维欧几里得空间 R^n 的任何一个开球作为子空间与 R^n 同胚。但当 $n \neq m$ 时，R^n 与 R^m 不同胚。

分离公理

分离性是拓扑学发展初期的一个基本问题，是拓扑学理论的基础。在这方面，雷兹、豪斯多夫、维特瑞、乌雷松和基霍诺夫等人做了奠基性的工作。主要有下面几条：① T_1 分离公理，空间内任何两个不同的点都各有一个邻域不含另一点。② T_2 分离公理，空间内任何两个不同的点都各有一个邻域，并且它们的交集为空。③ 正则分离公理，空间内每一个点以及不含该点的任一闭集都各有一个邻域，并且互不相交。④ 全正则分离公理，对于空间 X 内每一点 x 及不含 x 的任一闭集 B，都存在一个连续映射 $f: X \to [0,1]$，使得 $f(x)=0$，且对 B 内每一个点 y，$f(y)=1$。⑤ 正规分离公理，空间内任何两个不相交的闭集都各有一个邻域，并且互不相交。

满足 T_1 分离公理的空间叫 T_1 空间；满足 T_2 分离公理的空间叫 T_2 空间或豪斯多夫空间；一个 T_1 空间如果还满足正则分离公理或全正则分离公理或正规分离公理，则分别称为正则空间、全正则空间和正规空间。各空间之间的蕴涵关系可用"⇒"表示如下：正规空间⇒全正则空间⇒正则空间⇒T_2 空间⇒T_1 空间。度量空间以及下述的紧空间和仿紧空间都是正规空间。

度量空间

度量空间是现代数学中一种基本的、重要的、最接近于欧几里得空间的抽象空间。19 世纪末，德国数学家康托创立了集合论，为各种抽象空间的建立奠定了基础。20 世纪初，法国数学家弗雷歇发现许多数学分析的成果从更抽象的观点来看，都涉及函数间的距离关系，从而抽象出度量空间的概念。设 X 是一个集合，d 是定义在 $X \times X$ 上的非负实值函数，使得对于任何 $x,y,z \in X$ 有：① $d(x,y)=0$ 充要条件是 $x=y$。② $d(x,y)=d(y,x)$。③ $d(x,z) \leqslant d(x,y)+d(y,z)$。这时，便称 X 是一个度量空间，$d(x,y)$ 为 x 与 y 之间的距离。如欧氏空间 R^n、希尔伯特空间、贝尔空间、函数空间等都是度量空间。

连通空间

有一类简单的几何图形只由“一片”组成，这就是连通空间的直观含义。拓扑空间称为连通空间，是指它不能表示为两个不相交的非空开集的并。一种等价的描述是，从它到有两个点组成的离散空间的每个连续函数是常值的，即每一点的象都相同。R^n 是连通空间，R^1 内的连通子空间恰好是区间，包括带一个或两个端点的或不带端点的，有限或无限的。每个紧的连通空间称为连续统。

代数拓扑

布劳维尔在 1910～1912 年提出了用单纯映射逼近连续映射的方法，用以证明不同维的欧氏空间不同胚，还引进了同维流形之间的映射度以研究同伦分类，并开创了不动点理论。他使组合拓扑学在概念上更精确，在论证上更严密，成为引人瞩目的学科。

随着抽象代数的兴起，1925 年左右诺特提出把组合拓扑学建立在群论的基础上，在其影响下，霍普夫于 1928 年定义了同调群。从此组合拓扑学逐步演变成利用抽象代数的方法研究拓扑问题的代数拓扑学。1945 年艾伦伯格与斯廷罗德以公理化的方式总结了当时的同调论，并于 1952 年写成了《代数拓扑学基础》。他们把代数拓扑学的基本精神概括为：把拓扑问题转化为代数问题，通过计算来求解。

1935～1936 年赫维茨引进了拓扑空间的 n 维同伦群，其元素是从 n 维球面到该空间的映射的同伦类，一维同伦群恰是基本群。同伦群提供了从拓扑到代数的另一种过渡，其几何意义比同调群更明显，只是计算起来比较困难。同伦群的计算，特别是球面的同伦群的计算刺激了拓扑学的发展，产生了丰富多彩的理论和方法。

同调论

同调论是代数拓扑学的一个主要组成部分，偏重于用代数作为工具研究拓扑空间的自身结构及空间图形在连续形变下保持不变的性质。1870年,意大利数学家贝蒂定义了任意 n 维流形上的 r 维同调群。1895 年,法国数学家庞加莱进一步讨论了同调概念,定义了同调群,引起了重要的拓扑不变量贝蒂数和挠系数,首次将代数方法引入拓扑学。20 世纪初,美国数学家亚历山大对多面体的同调群的拓扑不变性的证明以及相关工作,使得同调论得到较大发展。之后奥地利数学家和前苏联数学家亚历山大罗夫分别定义了复形的同调群和摄影同调群,前苏联数学家科尔莫戈罗夫与亚历山大一起得到科尔莫戈罗夫一亚历山大同调群,美国数学家斯帕尼尔建立了科尔莫戈罗夫一斯帕尼尔同调群等。针对同调理论在不同方向的发展状况,1945 年,美国数学家艾伦伯格和斯廷罗德开始倡导同调群的公理化,他们把不同同调群的基本性质作为公理,对同调理论进行了描述,从而使得同调理论得以统一。他们并证明了在多面体的情形下满足公理的同调群、上同调群是唯一的结论。1952 年,二人合作出版了《代数拓扑基础》,这部著作极大地丰富了同调论的内容。目前,同调论不仅应用于数学的许多分支,如微分几何、复变函数、代数几何、抽象代数、代数数论以及微分方程等,而且也已经成功渗透到自然科学和其他许多工程技术领域,如电路网络、理论物理、电子通讯以及现代控制理论等,它已成为现代数学及现代科学技术不可替代的基础工具之一。

同伦论

同伦论是代数拓扑学中另一个主要的组成部分。它研究与连续映射的连续形变有关的理论,许多几何问题可归结为同伦问题,然后利用代数拓扑的方法加以解决。以连续形变为基础定义的基本群称为同伦群。法国数学家庞加莱在 1895 年引进了复形基本群,被称为庞加莱群获第一同伦群,这是同伦群的最早论述。1912 年荷兰数学家劳威尔研究了同伦分类,开创不动点理论。之后,德国数学家霍普夫探讨了球面同伦理论。波兰数学家胡尔维茨在 1935~1936 年间引进了拓扑空间的 n 维同伦群,其元素是从 n 维球面到该空间的映射的同伦类,一维同伦群就是基本群。19 世纪 40 年代,前苏联数学家庞特里亚金给出了从 $n+k$ 维球到 n 维球的映射同伦分类,后被称为庞特里亚金类。1946 年法国数学家勒雷将谱序列用于对纤维空间的同调计算，并取得深刻结果。同伦群的计算，特别是球面的同伦群的计算问题刺激了拓扑学的发展，产生了丰富多彩的理论和方法。1950年法国数学家塞尔利用勒雷为研究纤维丛的同调论而发展起来的谱序列这一代数工具，在同伦群的计算上取得突破。20世纪50年代末，英国数学家亚当斯提出了一个新的谱序列，同伦群的研究又取得了重要的进展。同伦群提供了从拓扑到代数的另一种过渡，其几何意义比同调群更明显，但和同调群不同的是，对一般单纯复形来说，同调群可以计算，但如何计算同伦群却是一个至今远未解决的问题，即使对十分简单的n维球面，当n相当大时，至今仍没有计算的办法。因此，同伦群的计算一直是代数拓扑学的重要课题。

20世纪60年代初，广义同调论的发展使同调的问题可以转化为同伦的问题，从此同调论和同伦论这两个代数拓扑学的主要分支统一起来，共同获得了重大发展。

微分拓扑

拉格朗日、黎曼、庞加莱都曾做过微分流形的研究，随着代数拓扑和微分几何的发展，19世纪30年代微分流形的研究重新兴起。1935年惠特尼给出了微分流形的一般定义，并证明它总能嵌入高维欧氏空间作为光滑的子流形。为了研究微分流形上的向量场，他还提出了纤维丛的概念，从而使许多几何问题都与上同调和同伦问题联系起来。

1953年托姆的协变理论开创了微分拓扑和代数拓扑并肩跃进的局面，许多困难的微分拓扑问题被化为代数拓扑问题而得到解决。1956年米尔诺发现7维球面上除了通常的微分结构以外，还有不同寻常的微分结构。随后，不能赋以任何微分结构的流形也被构造出来，人们认识到拓扑流形、微分流形以及介于它们之间的分段线性流形这三个范畴的巨大区别，微分拓扑学从此被公认为是一个独立的拓扑学分支。1960年斯梅尔证明了5维以上微分流形的庞加莱猜想。米尔诺等人发展了处理微分流形的基本方法——剜补术，使5维以上流形的分类问题逐步趋向代数化。

纽结理论

纽结的历史可以追溯到很久以前“结绳记事”，但把它作为一门理论研究却只是20世纪末才发生的事情。伟大的物理学家开尔文在推测物质的结构时，试图统一粒子论和波形论，他想象粒子是一些闭曲线，这些曲线可能乱七八糟，自身缠绕打结，他称之为漩涡原子。后来为了对可能的纽结进行分类，人们开始对所知道的纽结逐一列表，并对纽结进行系统研究。虽然后来开尔文的模型并未得以认同，但对纽结的试图分类和已有的纽结列表成为纽结理论中第一个重要的发展阶段。

数学家的介入是其后20世纪20年代的事，但更为成功。纽结被定义为空间中的一条简单闭曲线，如果是两条或更多，便称之为链环。纽结可以有一定自由度的移动，只要不扯断绳子，反映在投影图上可归结为三种基本的移动。由此起步，数学家开始逐步发现纽结和链环的若干性质。

然而，开尔文试图对纽结的分类仍然悬而未决。如同数论把数的研究归于素数的研究，素数是构成一切数的基本素材，数学家们也有相应素纽结的概念。但即便是素纽结，离完全分类也很遥远。仔细地讲，分类有两方面的内容，其一是给出所有的纽结，其二是给定了一个纽结后要能知道它在表中的位置，这并非轻而易举的事。要知道，一根绳子可以乱七八糟却仍然没有打结。量化可以排除这些几何干扰，因此要寻求与纽结移动无关的不变量。

目前为止，最为有效的是琼斯多项式。琼斯多项式的发现多少有一些戏剧性，因为发现它的并不是纽结专家。琼斯本是一位算子代数学家，在他的一次报告中，他提到了某些算子的一些关系，听众中有一位纽结专家，他向琼斯指出这些关系很像辫群(辫子组成的群)里的关系。受此启发，琼斯经过细心的演算和研究终于提出了一个多项式，它能给出纽结的大多数性质。琼斯多项式的意义不止是在纽结理论上的一个突破，还在于它表现出来的高度统一性，它揭示出很多学科，包括算子代数、纽结、统计物理学以及量子场论之间深刻的联系。

纽结是三维空间中不与自己相交的封闭曲线。两个纽结等价在三维空间中可以通过变形把一个变成另一个来实现，与平面上的圆周等价的纽结称为平凡纽结。最简单的不平凡的纽结是三叶结，按照手性不同分为互为镜像对称的左手三叶结和右手三叶结两种。如果你拿根绳子打成上面的结(因为必须是封闭的绳圈，所以打完结后要把绳子两端固定在一起)，然后在不扯断绳子的前提下（当然也不能把固定在一起的绳子两端重新分开），你会发现无论怎么摆弄，都不可能把三叶结解开成为一个简单的圆圈，而且你无法把左手三叶结变到右手三叶结。

如何判断一个纽结是否可以在不剪断、不粘连的情况下，变化为另一个纽结？换句话说，如何判断两个纽结其实是否同一个纽结？这是纽结理论的中心问题。纽结理论的目的就是为了将五花八门的纽结进行分类，但这是一个出人意料的困难问题。比如说，在上面我们很直观地发现，三叶纽结的确打了一个结，没办法解开成为无结的绳圈，但是要在数学上证明这一点并不太容易。虽然从高斯开始就有许多数学家对纽结理论展开了研究，但是直到1910年左右，M. Dehn才证明了的确有不能解开的非平凡的纽结。

如果不是考虑一条闭曲线，而是 n 条闭曲线，并且它们既不自交也不互交，则称为 n 圈链环。纽结理论的基本问题是，怎样区分不等价的纽结或链环？

纽结的投影。这是人们最先找到的一种区分不同不等价纽结的方法。对于每个纽结，我们可以选取适当的投影方向，使它在平面上的投影的自交点都是二重交叉点，以线的虚实来表现交叉的情况，就得到纽结的投影图。下图是三个纽结的投影图，通常称为平凡结、三叶结和八字结。

纽结的投影图中相交点的数目就是这个纽结的相交数。很显然，如果两个纽结的相交数不一样，它们就不是同一个纽结。于是，相交数就是可以用来作为区别不同纽结的不变量。（不变量就是纽结在连续变化时保持不变的某种性质，不一定真是一个数量，也可以是其他的数学结构或性质，比如我们下面要讲的纽结群）

纽结的不变量。不变量方法是数学中最重要的方法之一。要证明两个纽结等价，就需要利用纽结不变量，也就是纽结的那些在变形下不变的性质。基本群是人们得到的纽结的最基本的不变量之一,平凡的纽结的基本群是无限循环群,并且很多纽结的基本群都可以通过简单的步骤计算得到。由于等价的纽结有相同的基本群,因此可以利用纽结的基本群来区分不等价的纽结。

纽结的运算。既然每个纽结都有一个基本群与之相对应,为了利用群的理论来研究纽结,我们自然要给纽结赋予合理的运算。在一条绳上先后打两个结,其结果称为是两个结的和。很明显,这种加法满足结合律,平凡结起着零的作用。全体纽结在加法运算下构成一个交换半群。就像每个正整数在乘法运算下有唯一的素因子分解一样,每个非平凡的纽结可以分解成素纽结的和而且分解式唯一。

模糊拓扑学

20 世纪 60 年代,扎德提出了模糊集论(见模糊性数学)。从纯数学角度看,模糊集的提出丰富了经典集合论的内容,从而也刺激了与集合论关系密切的一般拓扑学的研究。经过中外学者的努力,现已形成了称之为不分明拓扑学(即模糊拓扑学)这个生机勃勃的研究领域。不分明拓扑空间以通常拓扑空间为特款,但在这更一般的框架上,传统的邻域系这个邻近构造呈现出严重的局限。中国学者提出了称作重域系的新的邻近构造,克服了这一基本困难。重域概念的提出、收敛理论的完成以及诸如不分明嵌入定理的建立在不分明拓扑学中都是重要的。这个领域正结合着若干代数性质的研究,围绕格上拓扑学这个主题深入展开。不分明拓扑的成果已应用于模糊数学的其他理论研究与实际应用中。

微分方程

微分方程是常微分方程与偏微分方程的总称。含自变量、未知函数和它的微商(或偏微商)的等式称为常(或偏)微分方程。微分方程论是数学的一个重要分支,它几乎和微积分同时产生,并随实际需要而发展。

微分方程研究的来源极广,最早可追溯到 17 世纪。最初牛顿和莱布尼茨创造微分和积分运算时,指出了它们的互逆性,这其实已经解决了最简单的微分方程$y'=f(x)$的求解问题。当微积分这一重要工具被运用到研究几何学、力学、物理学所提出的问题时，就涌现出了大量的微分方程。

几何学提出的微分方程很多，可以参看达布的《曲面一般理论教程》。刚体力学的基本方程就是一个微分方程组，流体力学的基本方程就是纳维－斯托克斯方程，弹性力学的方程一般是高阶方程。电磁学提出了著名的拉普拉斯方程$\Delta u=u_{xx}+u_{yy}+u_{zz}=0$，光学和声学提出了波动方程$u_{tt}-\Delta u=0$，热力学提出了热传导方程$u_t-u_{xx}=0$，量子力学提出了薛定谔方程$\frac{1}{i}u_t-\Delta u=0$。

进入20世纪以来，随着大量的边缘学科诸如电磁流体力学、化学流体力学、海洋动力学、地下水动力学、动力气象学等的产生和发展，也出现了不少新型的微分方程(组)。20世纪70年代，随着数学向化学、生物学等学科的渗透与交叉，又出现了大量的反应扩散方程。

“求通解”与“求解定解问题”

微分方程有无穷多个解。常微分方程的解含有一个或多个任意常数，其个数就是方程的阶数；偏微分方程的解含有一个或多个任意函数，其个数也是随方程的阶数而定。当方程的解含有的任意常数(或任意函数)取尽所有的可能时，即得到方程所有的解，数学家就把这种含有任意元素的解称为“通解”。在很长一段时间里，人们致力于“求通解”，但以下的几个原因使人们逐渐放弃了这种努力。

首先，最主要的原因是能求得通解的方程很少，不论是常微分方程还是偏微分方程。把求通解看做求微商及消去法的某一类逆运算时，它是带试探性而没有一定规则的，甚至有时也是不可能的，并且这种解随着其自由度的增多而增加了其求解的难度。

其次，当人们想要明确通解的意义时会碰到严重的含糊不清之处，这主要发生在偏微分方程的研究中。

再次，微分方程在物理学、力学中的重要应用并不在于求方程的所有解，而是求得满足某些补充条件的特定的解。这是放弃“求通解”的最重要的和决定性的原因。这些补充条件称为定解条件。求方程满足定解条件的解称为求解定解问题。

从理论上讲，求定解问题的解可通过求已知方程的通解，再选择其中的任意元素使之满足定解条件即可，但实际上这种选择往往非常困难，并且求通解本身就有很大的困难；反之，如果把定解条件中的数据稍微变动一下都能求得方程的一个解，那么把这些数据作尽可能地变动时就可能求得方程所有的解，也就是通解。采用这种观点，柯西和威尔斯特拉斯几乎同时证明了常微分方程通解的存在性，而偏微分方程从此也得到了迅速发展。

一个方程或方程组的定解问题一旦提出，就产生下列三个问题：① 存在性问题，即这个问题是否有解。② 唯一性问题，即其解是否唯一。③ 连续依赖性问题，即解是否连续依赖于数据，亦即是否数据的某阶连续泛函。

若定解问题的解是存在的、唯一的、连续依赖于数据的，则这个定解问题称为适定的，对它即可进行计算。一般而言，只有适定问题计算才有意义，微分方程的研究成果才能为实际所应用。如果对上述三个问题的回答有一个是否定的，这个定解问题就称为不适定的。一般来说，不适定问题的提出是由于原来用来刻画实际规律的数学模型不恰当，必须另建合适的数学模型。不适定问题也需要研究，因为这种研究有时会导致理论上的新发展。

定解问题研究的发展对常微分方程最早提出的定解问题是柯西问题(C)：

$$y'=f(x,y)\text{（泛定方程）}$$

$$y(x_0)=y_0\text{（定解条件）}$$

柯西问题(C)是适定的，可由柯西定理保证。

由于泛定方程的任一解当 $x=x_0$ 时总取一个值 y_0，因此就可以提出柯西问题(C)。由于唯一性，这个柯西问题的解一定就是所考虑的解，所以柯西问题(C)的解就是泛定方程的“通解”。柯西定理在复数域仍成立。

这些都很容易推广到最一般常微分方程组（只需方程个数和未知函数个数相等）。无论是欧拉折线法还是逐次逼近法都要求 f 满足对 y 的李普希兹条件。其实这是把方程线性化并且对其系数进行估计。若所有 f 对所有 y 都是线性的，则可以得到更精确而重要的结果，即线性常微分方程解的奇点只能来自系数的奇点。

天体力学中提出的太阳系稳定性理论课题，促进了常微分方程大范围研究，但是柯西所取得的结果都是局部的、小范围的。在常微分方程解析理论中，人们曾利用解析开拓法把某些线性方程在全平面的解全部求出。庞加莱受伽罗瓦创立群的观点来处理代数方程的方法的影响，不是从一条积分曲线出发而是考虑所有积分曲线和它们间的相互关系。庞加莱提出两个原则，阐明了所有解间的关系，允许人们得到一系列难以想象的大范围的结果，即所谓常微分方程定性理论。它推动了组合拓扑学基本理论的建立，高维的定性理论还有待发展。

在柯西的倡导下，人们从“求通解”的时代进入了“求解定解问题”的时代；随着庞加莱的定性理论，常微分方程又从“求解定解问题”的时代进入“求所有解”的时代。

此后，伯克霍夫在动力系统方面开辟了一个新的领域，并且由于拓扑方法的渗入，得到了很快的发展。李亚普诺夫在运动稳定性方面的工作对天文学、物理学以及工程技术有广泛的应用。

此外，在考虑时滞问题时，人们还创立了差分微分方程。泛函微分方程作为差分方程的推广近年来有了很大的发展。

在偏微分方程理论中，特征概念起着重要作用，所知特征的性质越多，相应的方程的研究的发展就越快。

对于不同型方程有无共性的问题，阿达马提出了基本解，并认为“所有线性偏微分方程问题应该并且可以用基本解来解决”。

常微分方程

常微分方程是包括一个自变量和它的未知函数以及未知函数的微商的等式。一般说来，如果 y 是自变量 x 的函数，则 y 的常微分方程可以表达为

$$F\left(x;y,\frac{\mathrm{d}y}{\mathrm{d}x},\cdots,\frac{\mathrm{d}^n y}{\mathrm{d}x^n}\right)=0 \tag{1}$$

式中 F 是它所依赖的 $n+2$ 个变量的函数，n 为正整数。由自变量 x 的 m 个未知函数 $y_1,y_2,\cdots,y_m$ 的 m 个常微分方程

$$F_j(x;y_1,\cdots,y_m;\frac{\mathrm{d}y_1}{\mathrm{d}x},\cdots,\frac{\mathrm{d}^{n_1}y_1}{\mathrm{d}x^{n_1}},\cdots,\frac{\mathrm{d}y_m}{\mathrm{d}x},\cdots,\frac{\mathrm{d}^{n_m}y_1}{\mathrm{d}x^{n_m}})=0 \tag{2}$$

所形成的一组方程称为常微分方程组，其中 $n_1, n_2, \cdots, n_m$ 为非负整数。如果一个常微分方程(组)关于所有未知函数及其各阶微商都是线性的，则称为线性常微分方程(组)；否则，称为非线性常微分方程(组)。

满足常微分方程的函数称为常微分方程的解。常微分方程研究的内容包括解的基本性质(如存在性、唯一性等)、解的解析表达式或近似的解析表达式、解的定性性质(如运动稳定性、周期解的存在性等)以及解的数值解法。

常微分方程的形成和发展是与力学、天文学、物理学及其他自然科学技术的发展相互促进和互相推进的。

初等常微分方程

即能用微积分的方法求出其通解或通积分的常微分方程。常微分方程的通解粗略地说就是：① 它把未知函数 y 表示为自变量 x 的显函数的形式 $y=\varphi(x)$，此函数满足该微分方程。② 在此表达式中含有一些任意常数，其个数恰等于方程的阶数；当这些常数任意变动时即能得到方程的所有解，除少数解例外。③ 表达式适用于全空间，或至少不是局部的而是大范围的。如果在这定义中不要求①成立，即在所得的表达式中未知函数可能是自变量的隐函数形式 $\Phi(x,y)=0$，则称此表达式为通积分。通解(或通积分)的严格定义为：对于该表达式所适用的区域中任意给定的初始条件，必能找到任意常数的一组确定的值，使得这组值所对应的解(或积分)能够满足这个初始条件。

出现于方程中的变量 x, y 可以是实变量，也可以是复变量。一个解 $y=\varphi(x)$或积分 $\Phi(x,y)=0$，在(x,y)空间中的轨迹称为方程的积分曲线。当(x,y)为实数时，积分曲线就是(x,y)平面上的曲线；当(x,y)为复数($x=x_1+\mathrm{i}x_2, y=y_1+\mathrm{i}y_2$)时，积分曲线是四维实空间$(x_1,x_2,y_1,y_2)$中的二维曲面。通解或通积分的轨迹称为积分曲线族。要求一个解或积分满足已给的初始条件，就是要求由它所确定的积分曲线通过预先给定的一点。

初等常微分方程可分为下列几种：

1. 可分离变量的方程。

形如
$$g_1(x)g_2(y)\mathrm{d}y=f_1(x)f_2(y)\mathrm{d}x \tag{1}$$

的一阶方程。在分离变量法中，x,y 被平等看待，都可以作为自变量。

2．一阶线性方程。

形如
$$y'+P(x)y=Q(x) \tag{2}$$
的方程称为一阶线性方程，其中 $P(x)$ 和 $Q(x)$ 为已知函数。方程(2)仅当把 x 看成自变量，y 看成未知函数时才称为线性方程。通解为
$$y=\mathrm{e}^{-\int P(x)\mathrm{d}x}\left(\int \mathrm{e}^{\int P(x)\mathrm{d}x}Q(x)\mathrm{d}x+C_1\right) \tag{3}$$
其中 C_1 为任意常数。

3．黎卡提方程及其他。

形如
$$y'=P(x)y^2+Q(x)y+R(x) \tag{4}$$
的黎卡提方程在常微分方程的发展史上有其特殊的重要性。黎卡提研究了(4)的特例
$$y'+by^2=cx^\alpha \tag{5}$$
证明若 $\alpha=4k/(1\pm 2k)(k=0,1,2,\cdots)$，则(5)总可通过变量代换而化为可分离变量的方程。但刘维尔早在 1841 年就证明了：当 $\alpha\neq 4k/(1\pm 2k)$ 时，(5)不能用初等积分法求有限形式的通解。因此，对于一般的(4)，不能用有限次的初等运算求其通解。

熟知的可积类型还有雅可比方程、达布方程、第一第二类阿贝尔方程等。

4．恰当方程与积分因子。

满足
$$\frac{\partial M}{\partial y}\equiv\frac{\partial N}{\partial x} \tag{6}$$
的微分方程
$$M(x,y)\mathrm{d}x+N(x,y)\mathrm{d}y=0 \tag{7}$$
称为恰当微分方程或全微分方程。(7)式的通积分是 $U(x,y)=C$。但若 $M(x,y)$，$N(x,y)$ 的偏导数有不连续点，则 $U(x,y)$ 可能是多值函数。

当条件(6)不满足时，若能找到函数 $\mu(x,y)$，使 $\frac{\partial}{\partial y}(\mu M)\equiv\frac{\partial}{\partial x}(\mu N)$ 或 $M\frac{\partial\mu}{\partial y}-N\frac{\partial\mu}{\partial x}=\mu\left(\frac{\partial N}{\partial x}-\frac{\partial M}{\partial y}\right)$，则方程 $\mu M\mathrm{d}x+\mu N\mathrm{d}y=0$ 便成为恰当方程，称 $\mu(x,y)$ 为(7)的积分因子。积分因子有无数个，当已知一个积分因子 μ 时，其他的积分因子都可写成 $\mu\Phi(U)$ 的形式，因此 $\mu_1(x,y)/\mu_2(x,y)=C$ 也是(7)的通积分。

5. 一阶隐方程。

形如 $$F(x,y,y')=0 \tag{8}$$

的方程称为一阶隐方程。当(x,y)的值固定时,一般由(8)可以解出不止一个的y'的值,这表示往往有多条积分曲线经过(x,y)空间的一个定点。特别地,如果对于某一曲线Γ上的每一点(x,y),由(8)式解得的y'都有重根,并且Γ本身也是(8)的积分曲线,则它往往就成为(8)的奇解。一般Γ也是(8)的积分曲线族的包络。

6. 高阶方程。

形式为 $$F(x,y,y',\cdots,y^{(n)})=0 \tag{9}$$

的方程。

7. 方程组的初等积分法。

方程组 $$\frac{\mathrm{d}y_i}{\mathrm{d}x}=f_i(x;y_1,\cdots,y_n) \quad (i=1,2,\cdots,n) \tag{10}$$

的初等积分法基本上依赖于前面两种方法的合并使用,即:① 经过方程之间的组合可以构成可积分方程。② 利用已经得到的积分来减少未知函数的个数。

常微分方程解析理论

常微分方程解析理论就是在复域上,应用复变函数论研究微分方程的性状,以及把微分方程的解视为由方程定义的解析函数,并直接从微分方程本身研究解的性质的理论。

微分方程理论中最基本的问题是已给的方程是否有解。早先人们力图通过已知初等函数的有限组合来表示微分方程的解,但是在这个观念下大多数微分方程不可积。柯西提出并证明了方程

$$\frac{\mathrm{d}w}{\mathrm{d}z}=f(z,w) \tag{1}$$

的右端$f(z,w)$在(z_0,w_0)点的某个邻域内解析,则存在z的唯一的解析函数$w(z;z_0,w_0)$,它在z_0点的邻域满足方程(1)并且满足初值条件$w(z_0;z_0,w_0)=w_0$。这就是柯西存在性定理。

解的存在区域和解的性质是由它的奇点所决定的,这里奇点指柯西存在性定理不成立的那些点。微分方程的解出现的奇点较解析函数论中的情

况要复杂得多。支点是指当自变量围绕此点一圈后，函数从一个值变为另一个值。代数奇点是指代数函数可能具有的奇点。非代数奇点又分超越奇点和本性奇点。富克斯还对微分方程解的奇点划分了固定奇点和流动奇点。前者由微分方程本身给出其位置和性质，与方程的个别解无关，也即与通解中所含的任意常数无关；后者则依赖于柯西问题的初始值，也就是依赖于特解的选择，它与任意常数一起变动。

线性常微分方程即未知函数的最高阶导数是较低阶导数的线性函数，是一类很重要的方程，形式为

$$f_0(z)w^{(n)}+f_1(z)w^{(n-1)}+\cdots+f_n(z)w=f(z) \tag{2}$$

如果右端恒为零，则称为齐次线性微分方程。如果知道了齐次方程的通解，则能通过常数变异法得到非齐次方程的解。n 阶齐次线性方程的通解能由 n 个线性独立的特解线性地表示出来。在应用中，很多工作是关于二阶线性方程的，它的一般形式为

$$w''+p(z)w'+q(z)w=0 \tag{3}$$

常微分方程定性理论

常微分方程定性理论是通过微分方程(形如$\frac{\mathrm{d}x_i}{\mathrm{d}t}=f(t;x_1,x_2,\cdots,x_n)$)右侧函数的性质来研究其解的性态的理论。下面就二、三阶微分系统介绍一些基本的定性理论思想方法。

1. 平面驻定微分系统。

给定平面微分方程

$$\frac{\mathrm{d}x}{\mathrm{d}t}=P(x,y)\quad \frac{\mathrm{d}y}{\mathrm{d}t}=Q(x,y) \tag{1}$$

其右侧函数在 R^2 上定义了一向量场($P(x,y)$,$Q(x,y)$)，由于 P,Q 与 t 无关，称它为定常场，对应的微分方程称为定常(微分)系统或驻定(微分)系统，也称自治系统；当 P,Q 依赖于 t 时，对应的微分方程称为非驻定(微分)系统。

2. 奇点。

在(1)中假设 P,Q 在区域 $D\subseteq R^2$ 上连续可微，令$(x_0,y_0)\in D$，若(x_0,y_0)是 $P(x,y)=0$ 及 $Q(x,y)=0$ 的解，则(x_0,y_0)叫做方程的奇点，否则叫

做常点。

平面线性系统的孤立奇点不计时间走向，共有三种不同的拓扑结构：中心、鞍点、焦点和结点；后两种的拓扑结构相同，其图形只差一个拓扑变换。

3. 奇点指数。

若(0,0)是孤立奇点，则可作一光滑单闭曲线 l 围绕(0,0)，使得由 l 围成的闭区域上只有唯一的奇点(0,0)。当点(x,y)沿 l 逆时针方向旋转一周时，始点在原点的单位向量$\left(\frac{P}{P^2+Q^2},\frac{Q}{P^2+Q^2}\right)$，其终点绕原点盘旋圈数的代数和叫做奇点(0,0)的指数，记为 $J(P,Q)=\frac{1}{2\pi}\oint_l \mathrm{d}\left(\arctan\frac{Q}{P}\right)$，简记为 J，与 l 取法无关，其中绕逆(或顺)时针方向一圈记为1(或−1)。J 是反映奇点某些拓扑性质的一个整数。结点、焦点和中心的指数为1，鞍点的指数为−1。

4. 极限环。

微分方程$\frac{\mathrm{d}x}{\mathrm{d}t}=P(x,y)$，$\frac{\mathrm{d}y}{\mathrm{d}t}=Q(x,y)$在相平面 XOY 上的孤立闭轨线 L 叫做极限环。若当 $t\to+\infty$(或 $t\to-\infty$)时，从 L 的某个邻域内出发的一切轨线都无限趋近 L，则 L 叫做稳定(或不稳定)极限环。若当 $t\to+\infty$时，在 L 的一侧邻域内的轨线趋近 L，而另一侧的轨线远离 L，则 L 叫做半稳定极限环。

常微分方程运动稳定性理论

常微分方程运动稳定性理论由俄国数学家李亚普诺夫开创，研究扰动性因素对运动系统的影响。这种扰动性因素可以是瞬间的作用，引起系统的初始状态的变化；也可以持续地起作用，引起系统本身的变化。通常着重考虑的是前者。简略地说，对有些运动，受扰动与未受扰动相差很小，这就是稳定的；而对有些运动，扰动的影响可能很显著，以至于无论扰动如何小，受扰动的运动与未受扰动的运动随时间的推移可能相差很大，属于这种类型的运动就是不稳定的。

动力系统的数学模型一般可以写成

$$\frac{\mathrm{d}y_i}{\mathrm{d}t}=Y_i(t,y_1,y_2,\cdots,y_n)\quad(i=1,2,\cdots,n)\tag{1}$$

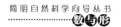

式中 y_i 是某些与运动有关的参数，如坐标和速度，或者是这些量的某些函数。方程(1)的解称为运动。要研究的是当初值条件有微小变化时是否会引起解的微小变化。考虑这个系统的任何特殊运动，它相应于(1)的某个特解

$$y_i = f_i(t)(i=1,2,\cdots,n)$$

称这个特解是未受扰动的运动，以区别于这个系统的其他运动；其他运动称为受扰动的运动。y_i 是受扰动的运动与未受扰动的运动的差值，称为扰动。

若对于任意正数 ε，无论它多么小，总可以找到另一个正数 η，使得对于所有受扰动的运动 $y_i = y_i(t) \quad (i=1,2,\cdots,n)$，只要在初始时刻 $t=t_0$ 满足不等式

$$|y_i(t_0) - f_i(t_0)| \leqslant \eta \quad (i=1,2,\cdots,n) \tag{2}$$

就在所有 $t \geqslant t_0$ 时满足不等式

$$|y_i(t) - f_i(t)| < \varepsilon \quad (i=1,2,\cdots,n) \tag{3}$$

则称(1)的未受扰动的运动对量 y_i 是稳定的；否则，称它是不稳定的。

李亚普诺夫在 1892 年给出有关常微分方程解的稳定性的定义。

由于在一般情况下所研究的微分方程的解都不能求出来，因此李亚普诺夫提出了两种解决问题的方法，称之为李亚普诺夫第一方法和第二方法。基于研究微分方程组的通解或特解而研究受扰动运动的所有方法，都归属于第一方法。这个方法一般需要寻求按任意常数的正整数幂的无穷级数或具有另一些特征的级数形式的解，故又称幂级数展开法。李亚普诺夫第二方法又称李亚普诺夫直接法，它不需要寻求运动方程的特殊解。把未受扰动的运动的稳定性归结为平衡位置的稳定性问题后，李亚普诺夫将稳定或者不稳定的事实与某些具有特殊性质的函数 $V(x_1, x_2, \cdots, x_n)$ 的存在性联系起来。这个函数沿着轨线对时间 t 的全导数具有某些确定的性质，由这个函数控制相轨线的动向，来解决未被扰动的运动的稳定性问题。这种类型的函数 V 称为李亚普诺夫函数。它有各种构造方法，一般要结合实际的物理背景来做。

对于驻定系统和非驻定系统，李亚普诺夫建立了判断未被扰动的运动的稳定、渐近稳定和不稳定的定理。李亚普诺夫意义下的稳定性质是局部性的概念，但处理局部问题的李亚普诺夫函数的思想方法完全可以推广到

全相空间。

常微分方程摄动方法

很多常微分方程常常求不出精确解析解，需要借助于求近似解或数值解，或者二者兼有。摄动方法就是一种很重要的近似方法。常见的是含有小参数 ε 的微分方程。如 $\frac{\mathrm{d}x}{\mathrm{d}t}=F(x,t,\varepsilon)$，其中 $x=(x_1,x_2,\cdots,x_n)$，$F=(F_1,F_2,\cdots,F_n)$，ε 是小参数。所谓摄动方法，就是根据方程 $\frac{\mathrm{d}x}{\mathrm{d}t}=F(x_0,t,0)$ 已知解求得原式当 ε 取小值时的近似解的方法。若摄动问题 P_ε 的解 $u_\varepsilon(x)$ 能用 ε 的渐近幂级数表示，即 $u_\varepsilon(x)\sim u_0(x)+\sum\limits_{n=1}^{+\infty}\varepsilon^n u_n(x)$，并且这一渐近幂级数在所讨论的区域内一致有效成立，则称 P_ε 是正则摄动问题，否则称为奇异摄动问题。其中 $u_0(x)$ 是 $\varepsilon=0$ 时非摄动问题(或称退化问题)的解。

关于正则摄动问题，可利用方程和定解条件逐次确定系数 $u_i(x)(i>0)$，有以下几种常用方法：林斯莱特—庞加莱方法、克雷洛夫—博戈柳博夫方法、调和均衡法。

关于奇异摄动问题，不能直接用非摄动问题($\varepsilon=0$)的解在所讨论的区域内得到一致有效的渐近解，即正则摄动方法对奇异摄动问题是无效的。常微分方程奇异摄动问题主要是大参数问题，主要有两种类型。第一类，场函数和它的各阶导数不是同量级量的问题；第二类，在微分方程的系数中具有转向点的奇点问题。处理上述类型问题的方法称为奇异摄动方法。对于第一类边界层奇异摄动问题有匹配法、边界层校正法(又称合成展开法)和多重尺度法。对于转向点问题有 WKB 方法、LO 方法等。

偏微分方程

包含未知函数及其偏导数的等式称为偏微分方程。一般地说，以 $(x_1,x_2,\cdots,x_n)$ 为自变量的未知函数 u 的偏微分方程的一般形式是

$$F\left(x_1,x_2,\cdots,x_n,u,\frac{\partial u}{\partial x_1},\cdots,\frac{\partial^{|\alpha|}u}{\partial x_1^{\alpha_1}\partial x_2^{\alpha_2}\cdots\partial x_n^{\alpha_n}}\right)=0 \qquad (1)$$

其中，F 是其变元的函数，$|\alpha|=\alpha_1+\alpha_2+\cdots+\alpha_n$。$F$ 所包含的偏导数的最高

阶数称为偏微分方程的阶数。

由多个偏微分方程所构成的等式组称为偏微分方程组,其未知函数也可以是多个。当方程的个数超过未知函数的个数时,称这个偏微分方程组是超定的;当方程的个数少于未知函数的个数时,则称为欠定的。

如果一个偏微分方程(组)关于所有的未知函数及其导数都是线性的,则称其为线性偏微分方程(组);否则称为非线性偏微分方程(组)。在非线性偏微分方程(组)中,如果对未知函数的最高阶偏导数来说是线性的,那么就称其为拟线性偏微分方程(组)。

设 Ω 是自变数空间 R^n 中的一个区域,u 是在这个区域上定义的具有 $|\alpha|$ 阶连续导数的函数。如果它能使方程(1) 在 Ω 上恒成立,那么就称 u 是该方程在 Ω 中的一个经典意义下的解,简称为经典解,在不产生误会的情况下,就称为解。

从偏微分方程的本身形式来看,最简单的是一阶偏微分方程。

对于一阶偏微分方程的求解问题,早在 19 世纪初就由柯西、拉格朗日等人给以解决,基本的方法是把求解这种方程的问题化为求解一阶常微分方程组的问题。

二阶及更高阶的方程一般难以化为常微分方程求解,定解问题的提法也多种多样,对不同的偏微分方程,其定解条件的提法也往往全然不同。

微积分理论形成后不久,在 18 世纪初,人们就结合物理问题研究偏微分方程。偏微分方程理论的形成和发展都与物理学和其他自然科学的发展密切相关,并彼此促进和相互推动,其原因在于偏微分方程理论不仅研究一个方程(组)是否有满足某些补充条件的解,有多少个解,解的各种性质以及求解方法等,而且还要尽可能地用它来解释和预见自然现象,以及把它用于各门科学和工程技术。近年来,不仅在传统的自然科学中,在经济学、社会科学等新兴学科中,又不断归结出一些新的偏微分方程(组),它们的研究对于了解相应学科中的一些运动规律是十分重要的。另外,其他数学分支理论的发展也都给予偏微分方程以深刻乃至决定性的影响。

数学物理方程

物理问题的研究一直和数学密切相关。以研究物理问题为目标的数学理论和数学方法称为数学物理。它寻求物理现象的数学描述,即数学模型,并对模型已确立的物理问题研究其数学解法,然后根据解答来诠释和预见物理现象,或者根据物理事实修正原有模型。科学的发展表明,数学物理的内容将越来越丰富,解决物理问题的能力也越来越强。其他各门学科也广泛地利用数学模型来进行研究。数学物理方程则主要是指从物理学及其他各门自然科学技术科学中所产生的偏微分方程,有时也包括与此有关的积分方程、微分积分方程和常微分方程。

在牛顿力学中,质点和刚体的运动用常微分方程来刻画。由牛顿的引力理论所产生的引力势满足拉普拉斯方程或泊松方程。在连续介质力学中,从质量、动量、能量守恒原理出发,导出了流体力学中的纳维—斯托克斯方程组(有黏性)和欧拉方程组(无黏性)等。在物理学中波动传播由波动方程描述,传热和扩散的现象则归结为热传导方程。这些都是古典的数学物理方程。应该说明的是,许多性质不同的物理现象往往可以用同一个偏微分方程来描述。

随着物理学的发展,又出现了许多数学物理方程。如刻画电磁场变化的麦克斯韦方程,描述微观粒子的薛定锷方程和狄拉克方程,广义相对论中的爱因斯坦方程,基本粒子研究中的杨—米尔斯方程等。微分积分方程的典型例子如:光辐射迁移方程,中子迁移中的中子迁移方程,气体分子运动学中玻耳兹曼方程。根据物理现象的构成,描述它的数学模型可以是相应构成组分的方程的耦合,如带电流体在磁场中运动时,相应的数学模型为麦克斯韦方程和流体力学方程的耦合。

数学物理方程中许多是线性方程,求精确解的方法有分离变量法、各种积分变换法等。解有时能用各种初等函数和特殊函数来表达,但这仅限于有限的几种典型情况,更多的数学物理方程是非线性方程或方程组,只有少数问题有精确解。在未能获得精确解的情况下,可以利用一些数学方法,如摄动法给出近似解。随着电子计算机的发展,许多问题可以依靠计算机给出数值解,这已成为最有效的方法。如由此发展起来的“计算力学”“计算物理”都发挥着越来越大的作用。联系孤立子,杨—米尔斯方程的研究正在发展着求解非线性方程的新方法。

随着科学的发展,必将出现更多的数学物理方程,而其应用范围也会远远超出传统领域，如生命科学、社会经济科学等已在不同程度上应用数学物理方程来解决所遇到的问题，并已取得成功。

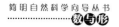

哈密顿—雅克比理论

哈密顿—雅克比理论是特定形式的一阶常微分方程组（运动方程组）与一个相应的偏微分方程的关系的理论。它来源于分析力学。

n 个自由度力学系$(q_1,q_2,\cdots,q_n)$的拉格朗日函数 $L(q,\dot{q})=T-U$，其中 T,U 分别是力学系的动能和势能。由哈密顿最小作用原理和变分法，得到 n 个二阶常微分方程，称为拉格朗日方程组。这是研究经典力学系的途径之一。

另一途径是引入广义动量 $p=(p_1,p_2,\cdots,p_n)$，$p_i=\dfrac{\partial L}{\partial q_i}$，同时引入哈密顿函数 $H(p,q)=\sum\limits_{i=1}^{n}p_iq_i-L(q,\dot{q})$，得到$(p,q)$所满足的哈密顿方程组（或称典则方程组）。这个途经称为哈密顿力学。

典则方程组有许多重要的性质，如在运动轨道 $p=p(t)$，$q=q(t)$上 $H(p,q)$守恒。为了讨论典则方程组，其中最有效的方法是作一个所谓的典则变换。作典则变换后，可以证明典则方程组是哈密顿－雅克比方程$(H-J)$的特征方程组。

典则方程组和哈密顿—雅克比方程之间的关系有深刻的物理意义。人们很早就发现光的传播服从一个与最小作用原理相似的变分原理——费马原理，因而也可以作出典则方程组和哈密顿—雅克比方程的类似物。力学中的运动轨道相应于光学中的光线，光线是几何光学的基本概念。而生成函数 S 所成的一族曲面 $S=$常数，则相应于波前面，它是物理光学的基本概念。上述二者的对偶关系正是反映了几何光学和物理光学的联系。力学和光学之间的这种类比，是量子力学的基础之一。

偏微分方程特征理论

特征是偏微分方程理论的一个重要概念，它对研究解的存在性、唯一性及其他性质有着重要意义。

柯西—柯瓦列夫斯卡娅定理是偏微分方程理论中第一个普遍存在的定

理。对 m 阶线性偏微分方程柯西问题，其结论是在原点附近存在唯一的解析解。对于未知函数对 t 的最高阶导数已经解出的、非线性的及方程组的情形，该定理也适用。

透过特征理论，可以看到物理光学的基本概念波前与几何光学的基本概念光线这二者之间的紧密联系。

椭圆型偏微分方程

椭圆型偏微分方程简称椭圆型方程，在流体力学、弹性力学、电磁学、几何学和变分法中都有应用。拉普拉斯方程是最典型的椭圆型方程。许多定常的物理过程提出形如

$$\Delta u \frac{\partial^2 u}{\partial x^2}+\frac{\partial^2 u}{\partial y^2}+\frac{\partial^2 u}{\partial z^2}=0 \tag{1}$$

的方程，称之为拉普拉斯方程，以及形如

$$\Delta u \frac{\partial^2 u}{\partial x^2}+\frac{\partial^2 u}{\partial y^2}+\frac{\partial^2 u}{\partial z^2}=-4\pi p(x,y,z) \tag{2}$$

的方程，称之为泊松方程。

在具体应用上，不是求一些特解，而是求满足某些附加条件的解。如第一边值问题(狄利克雷问题)、第二边值问题(诺伊曼问题)。这些边值问题的解的唯一性可由调和函数的极值性质推出。拉普拉斯方程的二阶连续可微解称为调和函数。

域 Ω 内的调和函数不可能在域内一点取得极值，除非这个调和函数恒等于常数。若调和函数的最大值只在某一边界 Γ 上达到，则 $\left|\frac{\partial u}{\partial n}\right|_p>0$(设 u 在 P 点可微)。该原理称为极值原理。

20 世纪 50 年代以前，对方程(7)的一些基本边值问题的可解性就得到某些成果。经过一个多世纪的发展，建立了各种解法，如绍德尔方法、差分法等。许多年来，所取得的重大成就之一是流形上的椭圆算子的阿蒂亚—辛格指标定理。

双曲型偏微分方程

双曲型偏微分方程简称双曲型方程，是描述振动或波动现象的一类重

要的偏微分方程。最典型的双曲型方程是波动方程

$$\frac{\partial^2 u}{\partial t^2}-\frac{\partial^2 u}{\partial x_1^2}-\frac{\partial^2 u}{\partial x_2^2}-\cdots-\frac{\partial^2 u}{\partial x_n^2}=0 \tag{1}$$

$n=1$ 时，用来描述弦的微小振动的方程称为弦振动方程。它的解具有十分简单的结构：$u=F(x-t)+G(x+t)$，为一个右传播波和一个左传播波的叠加。

利用分离变量法可以求解混合问题。利用球平均法可以构造出三维波动方程的柯西问题的解的表达式（泊松公式），及通过降维法给出二维波动方程的柯西问题的泊松公式。利用泊松公式可以看出，三维波动的传播无后效，这对现实世界中信号的传送与接收有重要意义，在应用上十分重要，而二维波动却具有后效现象。在波动方程的研究中，特征锥面在求解及刻画解的性质等方面都起着重要作用。

对拟线性及非线性的方程和方程组，其特征和双曲型的定义一般要依赖所考察的解，并且其柯西问题和混合问题的解一般也只能在 t 的局部范围内得到，而在有限时间内其解可能产生奇性。在流体力学中对应着新激波的产生等自然现象。

对空间维数 $n=1$ 的波动方程的各种问题都已得到了相当完善的解决。

人们通过对波动方程的研究，证明了波动以有限速度传播的事实，这是双曲型方程所具有的一个本质特征。

抛物型偏微分方程

抛物型偏微分方程简称抛物型方程，是一类重要的偏微分方程。在研究热传导的过程中得到如下形式的方程

$$L[u]\equiv\frac{\partial u}{\partial t}-a^2\Delta u=f(x,y,z,t)$$

称为热传导方程，是最简单的一种抛物型方程。自然界里还有许多现象（如粒子在介质中的扩散等）同样可以用上述方程来描述。

抛物型方程和椭圆型方程的研究有相似的地方，它们互相影响，互为借鉴。

混合型偏微分方程

混合型偏微分方程简称混合型方程。一偏微分方程在所考虑的区域的某一部分上是椭圆型的，而在另一部分区域上是双曲型的，这些部分由一些曲线(曲面)所分隔，在分界线(面)上方程或者退化为抛物型的，或者是不定义的，这样的方程称作混合型方程。由于混合型方程与跨音速、超音速流动理论有着直接联系而引起了广泛重视。自1923年意大利科学家特里科米提出并研究所谓的特里科米问题以后，不断有人对它进行研究。到20世纪50年代末，美国数学家费里德希斯建立了正对称方程组理论，在一定意义下统一地处理双曲型、抛物型、椭圆型及混合型方程的边值问题。将该理论应用于混合型方程的研究，大大地推进了混合型方程的发展。例如，得到了一些新的适定的边值问题，新的研究工具能量不等式，强弱解一致性和解的可微性等。

在边界层理论、无旋薄壳理论、渗流理论、扩散过程理论及其许多物理的和力的问题的研究中，常常遇到这样的一类方程(组)，它们在域的某些点集(包括边界点)上发生型的蜕化，但在区域上并不同时出现有椭圆型和双曲面型。这类方程(组)被称为退化方程(组)。同样的，退化方程(组)也分为退化抛物型、退化椭圆型及退化双曲型方程(组)等。混合型方程的研究进一步促进可退化方程(组)的发展。

孤立子

孤立子又称孤立波，是非线性波动方程的一类脉冲状的行波解，由于孤立波在相互碰撞后，仍能保持波形和速度不变，或者只有微弱变化，就像粒子的弹性碰撞一样。因此，又把孤立波称作孤立子。早在1834年，罗素已在河流中观察到这种非线性波。但是对这一现象，直到1895年才由荷兰数学家科特维格和他的学生德弗里斯在研究了水波的运动后，建立了单向波运动的浅水波运动方程(KdV 方程)。他们对孤立波进行了完整的分析，并从方程中求出了与罗素描述一致的具有脉冲状的孤立波解，从而在理论上证实了孤立波的存在。但是，有些科学家认为非线性方程不满足叠加原理，这种波不可能稳定，碰撞后两个孤立波的形状将破坏殆尽，研究没有什么实际意义。因此，相关的研究工作沉寂了下去。直到1950年后，陆续的研究工作证明了这种孤立波的稳定性，并在激光、等离子体物理、凝聚态物理、生物物理等许多实际物理问题中导出了具有孤立波解的非线性发展方程，孤立波的本质才逐渐为人们所普遍接受，较为完整的数学和物理的孤立波理论才逐步形成。但在应用中，孤立子的定义在各种不同意义上有所放宽。

在研究那些具有孤立子解的特殊非线性方程过程中，发展了多种方法，其中主要有散射反演方法和贝克隆变换法。

孤立子理论的发展，对数学和物理都具有重要意义。在许多物理领域中，应用孤立子理论中的方法找到了有兴趣的精确解。同时，在数学中，不仅大大丰富了偏微分方程理论，而且促进了一系列与之相关的诸分支理论的发展。

数学物理中的逆问题

数学物理中的逆问题也称反问题，近年来，在系统控制和识别、地球物理勘察、医学以及量子力学等自然科学和工程技术领域中，提出了各种不同形式的逆问题和求解逆问题的方法。例如，在地球物理勘察中，通过地震波的测量来判断地球内部的结构或地下矿藏的位置；在无损探伤中，用红外线扫描来探测固体材料中的缺陷；利用X光分层扫描构象来做医学诊断等，都是在研究对象不能达到或直接接触的情况下，利用特定的物理手段来取得有关解的某些信息，从而化为数学上的逆问题处理。这一类问题在所考察的偏微分方程定解问题中有不确定的因素，还须利用对解所获得的某些信息来推出方程中的未知系数或源项，决定一部分定解条件或刻画求解区域的形状等。系数逆问题（参数识别）是最经典的一类逆问题，有比较成熟的分析方法。系数逆问题可表述为：通过方程的解在区域或边界上的部分信息，确定原方程的一个或多个系数；逆源问题为已知方程中除源（或汇）项以外的各个系数，通过方程的解在区域或边界上的部分信息，确定源（或汇）的强度分布；初始条件逆问题是已知方程的每个系数，对确定的区域和边界，根据边界条件和 $t=T>0$ 时刻变量的空间分布，推求 $t=0$ 时变量的空间分布；边界条件逆问题是已知方程的每个系数，对确定区域求边界，根据函数在确定区域求边界上的部分（或全部）信息，确定边界系数的类型或参数；边界形状逆问题是已知方程的每个系数，对确定的边界 $\partial\Omega_1$ 和未确定的边界 $\partial\Omega_2$，根据函数在区域或边界上的部分(或全部)信息确定边界 $\partial\Omega_2$ 的形状。在数学物理方程的五类逆问题中，边界形状逆问题是通过区域边界几何形状的变化来影响系统的特性，它不可避免要涉及动边界问题，因而最为复杂。

反问题的提法多种多样，且往往在经典的意义下是不适定的。即在经典的数学物理中，适合定问题所要求的：解是存在的；解是唯一的；解连续依赖于定解条件。这三个要求中，只要有一个不满足，则称之为不适定问题。为了求解各种不同形式的反问题，人们已提出了一些有效的方法，如正则化方法、脉冲谱技术(PST)、逆散射方法等。其中，脉冲谱技术是一种求解逆问题的重要方法，其优点在于三个方面：首先，PST 方法不受维数的限制，无论是一维、二维还是三维问题都可用 PST 方法；其次，PST 方法不受方程类型的限制，无论是椭圆型、双曲型还是抛物型方程，涉及的逆问题都可用 PST 方法；最后，PST 方法不受问题类型的限制，对上述的五类逆问题都可以用 PST 方法。而正则化方法则是把不适定问题转化为条件适定问题的有效方法。

逆问题作为一个新的研究方向，在各个学科领域中尚处于起步阶段。由于该问题的不适定性和非线性，其求解比相应的正问题要困难得多，还有很多问题有待进一步研究。

积分方程

积分方程是积分号下含有未知函数的方程。其中未知函数以线性形式出现的称为线性积分方程；否则，称为非线性积分问题。

1823 年，阿贝尔在研究地球引力场中的一个质点下落轨迹问题时提出一个方程 $\int_0^\eta \frac{\varphi(y)}{\sqrt{\eta-y}}\mathrm{d}y=f(\eta)$，是历史上出现最早的积分方程，后人称为阿贝尔方程。阿贝尔方程的一般形式为：

$$\int_0^x \frac{G(x,y)}{(x-y)^\alpha}\varphi(y)\mathrm{d}y=f(x) \tag{1}$$

其中 $0<\alpha<1$，G，f 为已知函数。它是一个弱奇性积分方程。若 G，G_x 和 f'

都是连续的且$G(x,x)\neq 0$，一般形式的阿贝尔方程可化为与之等价的沃尔泰拉积分方程。

在历史上，瑞典数学家弗雷德霍姆和意大利数学家沃尔泰拉开创可研究积分方程的理论先河。

以下形式的积分方程

$$\int_a^b K(x,y)\varphi(y)\mathrm{d}y=f(x) \tag{2}$$

$$\varphi(x)-\lambda\int_a^b K(x,y)\varphi(y)\mathrm{d}y=f(x) \tag{3}$$

$$A(x)\varphi(x)-\lambda\int_a^b K(x,y)\varphi(y)\mathrm{d}y=f(x) \tag{4}$$

分别称为第一类、第二类、第三类弗雷德霍姆积分方程，其中，$K(x,y)$是在区域$a\leqslant x,y\leqslant b$上连续的已知函数，称为方程的核；$A(x)$，$f(x)$都是在区间$a\leqslant x\leqslant b$上连续的已知函数，$\varphi(x)$是未知函数，$\lambda$是参数。通常假设$K(x,y)$属于平方绝对可积函数类，记$\int_a^b\int_a^b|K(x,y)|^2\mathrm{d}x\mathrm{d}y=B^2$，$B$是非负常数。当$f(x)$恒为零时，称为齐次积分方程，否则称为非齐次积分方程。

对于第一类弗雷德霍姆积分方程，早在1828年格林在研究位势理论时就指出，关于这一类方程没有一般的理论。20世纪初施密特得到了方程(2)有解的必要条件；其后，皮卡指出，该条件在核$K(x,y)$的特征函数序列是完备时也是充分的。此即所谓的施密特－皮卡定理。近代对第一类费雷德霍姆积分方程的研究有了新的进展，并提出了一些有效的解法，但至今还未建立起系统理论。

与弗雷德霍姆几乎同时，沃尔泰拉研究了如下形式的积分方程

$$\int_a^x K(x,y)\varphi(y)\mathrm{d}y=f(x) \tag{8}$$

$$\varphi(x)-\lambda\int_a^x K(x,y)\varphi(y)\mathrm{d}y=f(x) \tag{9}$$

$$A(x)\varphi(x)-\lambda\int_a^x K(x,y)\varphi(y)\mathrm{d}y=f(x) \tag{10}$$

分别称为第一类、第二类、第三类沃尔泰拉积分方程，其中λ，$\varphi(x)$，$f(x)$和$A(x)$如前所述，$K(x,y)$是定义在三角形区域$a\leqslant y\leqslant x\leqslant b$上的已知连续函数。沃尔泰拉积分方程可视为弗雷德霍姆积分方程的核$K(x,y)$当$y>x$时

为零的情形。但是这两类方程的本质是不同的。例如，第二类沃尔泰拉积分方程没有特征值，是区别于弗雷德霍姆积分方程的重要特点。对于一切 λ 值，方程(9)都存在解核 $\Gamma(x,y;\lambda)=\sum_{m-1}^{n}\lambda^{m-1}K_m(x,y)$，其中 $K_m(x,y)=\int_a^x K_e(x,t)K_{m-t}(t,y)\mathrm{d}t$，$l$ 是小于 m 的自然数。于是，对任意的自由项 $f(x)$，方程(9)都有唯一的解，可表示为

$$\varphi(x)=f(x)+\lambda\int_a^x \Gamma(x,y;\lambda)f(y)\mathrm{d}y$$

一般，第一类沃尔泰拉积分方程比第二类沃尔泰拉积分方程更难求解。但在一定条件下，第一类方程可化成第二类方程。假设 $K(x,y)\neq 0$，$f(a)=0$，且 $K_x(x,y)$ 和 $f(x)$ 连续可导，则利用对方程(8)两边求导数的方法，可把它化为与其等价的第二类沃尔泰拉积分方程。

除上述积分外，常见的奇异积分方程有两种，一种是核具有主值意义的奇性，另一种是积分区域为无穷的积分方程。相应于弗雷德霍姆定理，上述两种奇异积分方程有诺特定理。

积分方程有广泛的应用。微分方程的某些定解问题的求解可以化为求解积分方程；在地质勘探、大气物理、电磁理论以及经济学与人口理论都可导致积分方程的研究。

计算数学

计算数学是数学科学的一个分支，研究数值计算方法的设计、分析和有关的理论基础与软件实现问题。计算数学几乎与数学科学的一切分支有联系，它利用数学领域的成果发展了新的更有效的算法及其理论基础；反过来，在许多数学分支的研究中开始探索运用计算的方法。计算数学的发展对数学科学本身也产生愈来愈大的影响。近年来，由于计算机的发展及其在各种科学技术领域的应用的推广与深化，计算性的学科新分支，如计算力学、计算物理、计算化学、计算生物学、计算地质学、计算经济学以及众多工程科学的计算分支纷纷兴起。因为任何具体学科中的计算过程，不论其目的、背景和含义如何，终归是数学的计算过程，计算数学是各种计算性学科

的联系纽带和共性基础。因此，计算数学是一门兼具基础性、应用性和边缘性的数学学科。

作为一门工具性、方法性、边缘性的科学，科学计算的物质基础是计算机（包括其硬件、软件系统），它的知识和理论基础主要是计算数学。美国数学家冯·诺伊曼对于科学计算和计算数学的兴起和形成都作出了重要贡献。

当代计算能力的大幅度提高既来自计算机的进步，也来自计算方法的进步。计算机和计算方法的发展是相辅相成、相互制约和相互促进的。计算方法的发展启发新的计算机体系结构，而计算机的更新换代也对计算方法提出了新的标准和要求。自计算机诞生以来，经典的计算方法业已经历一个重新评价、筛选、改造和创新的过程；与此同时，涌现了许多新概念、新课题和许多能够充分发挥计算机潜力、有更大解题能力的新方法，这就构成了现代意义下的计算数学。

概括地说，整个计算数学大致可以分为两个大方面：一个方面是离散型方程的数值求解；一个方面是连续系统的离散化。计算数学理论的基本概念包括误差、稳定性、收敛性、计算量、存贮量、自适应性等，这些概念是刻画计算方法的可靠性、准确性、效率以及使用的方便性。从数学问题的来源或类型来看，计算数学则包括数值代数、最优化计算、数值逼近、计算几何、计算概率统计、数学物理方程数值解等。

数值代数包括线性代数、高次代数方程、超越方程和非线性方程组数值解法，属于有限维离散型问题。由于实践的需要，大型的稀疏系统是这个领域的主要对象。计算机有限字长引起的舍入，使得算术的结合律、分配律不成立，从而产生数学公式等价而算法不等价的问题，不同的算法结构产生差别很大的计算误差，数值稳定性正是刻画算法这一特性而受到应有的重视。由于方程组的规模愈来愈大，从算法上考虑节省计算量、存贮量的迫切性和潜力也愈大。传统高斯消元法的各种变形，正是从数值稳定性、计算量、存贮量几个方面考虑的。稀疏技术、一般的特大型稀疏线性方程组的求解方法、非线性方程大范围收敛的求解方法是这个领域的重要课题。

最优化计算包括线性规划、非线性规划及动态规划等几个方面的计算方法，其中又可分为无约束极值和约束极值两类。线性规划是理论成熟应用最广泛的部分,基本的算法是单纯形方法。由于实际问题一般都包含众多未知量,寻求快速算法是很迫切的问题,在这个方面,线性规划的多项式算法近几年有很大进展。

数值逼近研究函数的离散逼近、数值微分、数值积分等,这部分与数值代数构成计算数学的基础部分。函数的离散逼近特别是各种方式的函数插值,是连续系统离散化的基本步骤。实践和理论表明,分片低阶插值比高阶插值有更好的数值稳定性,特别是其中的有限元形状函数与样条函数等,因其种种优良性质而被广泛应用,是重要的发展方向。

计算几何研究静态或动态的几何形体及其视像的离散化、逼近与生成的计算方法。这是一个兴起较晚的新分支,但发展迅速,对于计算机制图、计算机辅助设计、计算机辅助制造、计算机动画、计算机视像、机器人技术等众多领域都有重要的应用。

计算概率和计算统计包括多元统计分析计算、时间序列分析计算、马尔可夫链计算和数字滤波等。这方面的计算是根据实际问题的概率统计模型、对试验观测数据或随机模拟数据进行统计分析处理、给出实际问题性质的统计描述、统计控制或统计预测的数值结果。

数学物理方程的数值解法研究把数理方程进行离散化和对离散方程求解以及有关的理论基础问题。数学物理方程的问题可以分为正演问题和反演问题两类。它们大量出现在物理、力学、地球物理等学科以及国民经济、国防的实际课题中。

正演问题是给定方程,再加上规定具体环境的定解条件,包括初始条件、边界条件等,由此求解以便定出因果关系和过程演化的定量特征,起着由因推果的作用。正演问题数值解法包括常微分方程、定常和非定常偏微分方程、积分方程、积分微分方程的初值问题和边值问题等的数值解法。

微分方程的离散化主要有限差分方法与有限元方法两大类。有限差分方法历史悠久,起源于牛顿、欧拉,以差商代替微商,将微分方程离散化为差分方程。库朗、菲德里克斯与卢伊于 1928 年证明了三大典型方程的典型差分格式的收敛性定理,成为现代理论分析的先导。差分法简单通用,适用于任何类型的方程,又便于机器实现,在计算机诞生以后得到了很大的发展与推广应用。冯·诺伊曼于 1948 年对无黏流体(非线性双曲型)方程提出了引进人工黏性项的差分方法。它不考虑间断性(激波)而使之在应该有的地点时刻自动呈现或被捕捉,与此同时他提出了计算稳定性的重要概念和稳定性分析的线性化傅立叶方法。其后拉克斯、里希特迈耶建立了一般差分格式的收敛性、稳定性等价定理。人工黏性法是现代流体计算的主导方法之一,这种自适应的算法思想也给其他计算方法的发展以很大启发和影响。

有限元方法是针对椭圆型方程边值问题的一个新的离散化方法,它基于等价的变分原理的形式,采取任意格网分片逼近的手段,把传统上对立的差分方法与里茨一加廖金变分方法有机地结合起来,扬长抑短,发展成为解算定常问题的主导方法,并推广应用于非定常问题,也开辟了理论研究的新方向。有限元具有几何上灵活适应的突出优点,特别适合于解决复杂性大的问题,并便于机器实现,在众多科学技术领域特别是工程设计中业已普遍应用,促进了设计的精密化、优质化和计算机化,带动了工程应用软件的发展。

数学物理方程,特别是非线性方程的差分格式与有限元格式的构造、解法、稳定性、收敛性、病态性、奇异性、无穷区域、自适应方法、多重网格方法等都是重要的研究方向。

反演问题是在给定方程的模式下,已知其解或解的某一部分,要求反推该方程的系数、源项或边界的形式等,起着导果求因的作用,大凡要探查不可达、不可触之处的形貌性态,就可提出适当的数学反演问题。20 世纪 70 年代 X 光分层扫描计算机化构象的发展就是一个范例。在科学技术和工程实际中,特别在医疗卫生、无损探测、遥感遥测、地震勘探、地球物理等领域中存在着大量的反演问题等待解决,它们通常是不适定的、病态的,有其特殊的难点。这是一个正在开拓中的,理论上和应用上都很重要的新领域。

计算方法研究的成果最终要落实为数值软件的形式,为科学技术和生产实践服务,成为生产力。数值软件的研制除要吸取一般软件理论和技术外,还有本身的特定问题。这些问题对解题效率和使用方便都有极大关系,形成了一个新的研究领域。

并行计算机(包括单指令流多数据流的向量机和多指令流多数据流的多处理机)的发展,给计算数学的研究带来了新课题。改造现存的有效算法及数值软件包使之适应并行计算机,特别是设计新的高效率的并行算法,也成为计算数学中一个特别活跃的新领域。

根据1956年制定的国家科学规划，计算数学在中国开始发展，50年来计算数学发展迅速，在计算数学的应用研究和基础研究上取得了许多重大成果，为国家解决了大量经济建设和国防建设中的重要科学计算课题，其中重要的有：从20世纪60年代开始，中国核工业部第九研究院周毓麟等集体研究与完成了大量大型科学计算课题，为中国原子弹的研制成功、氢弹原理的突破和发展作出重大贡献；20世纪60年代初，中国科学院计算中心冯康等人在大型水坝应力计算的基础上，独立于西方创造了有限元方法并最早奠定其理论基础；华罗庚等对于高维数值积分的数论网格方法作出重要贡献。

高次代数方程求根

左边为多项式的方程 $P_n(x) \equiv a_0x^n + a_1x^{n-1} + \cdots + a_{n-1}x + a_n = 0$，称为 n 次代数方程，又称多项式方程，其中 $n=1,2,\cdots a_k$ 是实系数或复系数，$a_0 \neq 0$。当 $n>1$ 时，它叫做高次代数方程，其次数就是 n。多项式的零点就是对应代数方程的根。

代数基本定理即复系数代数方程在复数域至少有一个根。如果 x_1 是一个根，则 $P_n(x)$ 一定可被 $(x-x_1)$ 所除尽，其商为 $(n-1)$ 次多项式。如果 $n>1$，其商至少又有一个根 x_2，它也是原来方程的一个根。因此 n 次代数方程总是有 n 个根，其中可能有相同的根，叫做重根。

二次方程可以用公式求根，公式内包含某数的平方根；标准三次方程也可以用公式求根，公式内包含三次根；标准四次方程的对应多项式可以分解成两个二次式的乘积，其系数在求出对应三次方程的一个根后也可用公式求出；五次及五次以上的代数方程一般不能用根式求解。

将超越方程 $f(x)=0$ 左端换成多项式 $P_n(x)$，超越方程就变成高次代数方程。因此超越方程求根的各种方法，如割线法、牛顿法均可用于求高次代数方程的根。

超越方程数值解法

当一元方程 $f(z)=0$ 的左端函数 $f(z)$ 不是 z 的多项式时，称之为超越方程。这类方程除极少数情形（如简单的三角方程）外，只能近似地数值求解，此种数值解法也适用于代数方程。

数值求解超越方程时，首先需要确定解的分布区域，它可以利用图解法或者根据 $f(z)$ 的解析性质确定。当 $f(x)$ 为实函数时，确定方程实根的分布的最常用方法是应用连续函数的中值定理：如果实连续函数 $f(x)$ 在区间 $[a, b]$ 的两个端点的值异号，则 $f(x)$ 在此区间内至少有一个根。

二分法是利用中值定理计算实函数实根的简单易行的方法，算法如下：

设区间 $[a_0, b_0]$ 满足条件 $f(a_0)f(b_0)<0$，$[a_0, b_0]$ 的二等分点为 $x_0=\frac{a_0+b_0}{2}$。计算 $f(x_0)$ 的值，若 $f(x_0)=0$，即为所求解；若 $f(x_0)f(a_0)<0$，取 $a_1=a_0, b_1=x_0$ 作为新的区间端点；若 $f(x_0)f(a_0)>0$，取 $a_1=x_0, b_1=b_0$ 作为新区间的端点。$[a_1, b_1]$ 的二分点为 $x_1=\frac{a_1+b_1}{2}$，计算 $f(x_1)$ 的值并重复上述步骤以确定新的区间 $[a_2, b_2]$，如此继续下去，则得到区间序列 $[a_k, b_k]$ $(k=0,1,\cdots)$，它满足 $f(a_k)f(b_k)<0$，并且 $b_k-a_k=\frac{1}{2^k}(b_0-a_0)$，当 b_k-a_k 达到指定的精确度要求时，则取 $x_k=\frac{b_k+a_k}{2}$ 为方程的解，它与精确解的误差不超过 $\frac{1}{2^{k+1}}(b_0-a_0)$。

迭代法是解超越方程的主要方法，既适用于求实根，也适用于求复根。使用这类方法时一般需要知道根的足够好的近似值。最常用的方法有牛顿法、割线法等。

牛顿法是也称切线法，其计算公式为

$$z_{k+1}=z_k-\frac{f(z_k)}{f'(z_k)} \quad (k=0,1,\cdots)$$

z_0 为事先选定的根的初始近似。设 z^* 为 $f(z)$ 的根，若 $f(z)$ 在 z^* 的某邻域内二次可微，且 $f'(z^*)\neq 0$，则当 z_0 与 z^* 充分接近时，牛顿法至少是二阶收敛的，即当 k 充分大时有估计式 $|z^*-z_{k+1}|\leqslant c|z^*-z_k|^2$ 成立，c 为确定的常数。一般说来，牛顿法只具有局部收敛性，即仅当初始近似与根充分接近时才收敛。但是，当 $f(x)$ 为实函数，且在 $[a,b]$ 上 $f'(x)$ 和 $f''(x)$ 不变号时，若 $f(x)$ 在 $[a,b]$ 上有根，则只要初始近似 x_0 满足条件 $f(x_0)f''(x_0)>0$，牛顿法就收敛。一般的，为减弱对初始近似的限制，可利用牛顿下降算法，其算

式为

$$z_{k+1}=z_k-w_k\frac{f(z_k)}{f'(z_k)}\qquad(k=0,1,\cdots)$$

$w_k>0$ 为迭代参数，由条件 $|f(z_{k+1})|<|f(z_k)|$ 确定。牛顿法的 $k+1$ 次近似 z_{k+1} 是 $f(z)$ 在 z_k 处的泰勒展开式的线性部分的根。

割线法又称弦位法，其算式为

$$z_{k+1}=z_k-\frac{z_k-z_{k-1}}{f(z_k)-f(z_{k-1})}f(z_k)\qquad(k=1,2,\cdots)$$

z_0,z_1 为初始近似。若 $f(z)$ 在其根 z^* 的某邻域二次连续可微，且 $f'(z^*)\neq 0$，则当 z_0,z_1 与 z^* 充分接近时，割线法收敛于 z^*，并当 k 充分大时有估计式 $|z^*-z_{k+1}|\leqslant c|z^*-z_k|^\tau$，式中 c 为常数，$\tau=\frac{1+\sqrt{5}}{2}=1.618\cdots$，割线法的 $k+1$ 次近似 z_{k+1} 是以 z_k,z_{k-1} 为插值节点的线性插值函数的根，如果利用更精确的近似表达式，则可构造出更高阶的迭代法。

只有当初始近似与解充分接近时，迭代法才收敛，这是所述算法的共同特点。减弱对初始近似的限制是提高迭代法有效性的重要措施，如牛顿法中引进下降因子。对一些特殊函数类（如单调函数，只有实根的解析函数等）的大范围收敛迭代算法也有一些研究工作。

代数特征值问题数值解法

对元素为实数或复数的 $n\times n$ 矩阵 A，求数 λ 和 n 维非零向量 x，使 $Ax=\lambda x$，这样的问题称为代数特征值问题，也称矩阵特征值问题，λ 和 x 分别称为矩阵 A 的特征值和特征向量。代数特征值问题的数值解法是计算数学的主要研究课题之一，它常出现于动力系统和结构系统的振动问题中。在常微分方程和偏微分方程的数值分析中，确定连续问题的近似特征系，若用有限元方法或有限差分方法求解，最终也化成代数特征值问题。此外，其他数值方法的理论分析，如确定某些迭代法的收敛性条件和初值问题差分法的稳定性条件，以及讨论计算过程对舍入误差的稳定性问题等，都与特征值问题有密切联系。求解矩阵特征值问题已有不少有效而可靠的方法。

矩阵 A 的特征值是它的特征多项式 $P_n(\lambda)\equiv\det(\lambda I-A)$ 的根，其中 I 为单位矩阵。但阶数超过 4 的多项式一般不能用有限式运算求出根，因而特征值问题的计算方法本质上是迭代性质的，基本上可分为向量迭代法和变换方法两类。

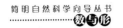

向量迭代法是不破坏原矩阵 A，而利用 A 对某些向量作运算产生迭代向量的求解方法，多用来求矩阵的部分极端特征值和相应的特征向量，特别适用于高阶稀疏矩阵。乘幂法、反幂法都属上此类。

变换方法是利用一系列特殊的变换矩阵（初等下三角阵、豪斯霍尔德矩阵、平面旋转矩阵等），从矩阵 A 出发逐次进行相似变换，使变换后的矩阵序列趋于容易求得特征值的特殊形式的矩阵（对角阵、三角阵、拟三角阵等），多用于求解全部特征值问题。其优点是收敛速度快，计算结果可靠，但由于原矩阵 A 被破坏，当 A 是稀疏矩阵时，在计算过程中很难保持它的稀疏性，因而大多数变换方法只适于求解中小规模稠密矩阵的全部特征值问题。雅可比方法、吉文斯·豪斯霍尔德方法以及 LR 方法、QR 方法等都属此类。

线性代数方程组数值解法

计算数学的一个基本组成部分。在自然科学和工程技术的许多问题中，例如结构分析、网络分析、大地测量、数据分析、最优化以及非线性方程组和微分方程数值解等，都常遇到求解线性代数方程组的问题。早在中国古代的《九章算术》中，就已载述了解线性方程组的消元法。到 19 世纪初，西方也有了高斯消元法。然而求解未知数很多的大型线性代数方程组，则是在 20 世纪中叶电子计算机问世以后才成为可能。如何利用计算机更精确、更有效地解大型线性代数方程组是计算数学研究中的基本性的重要课程之一。

设含有 n 个未知数、n 个方程的方程组为

$$\left.\begin{array}{l} a_{11}x_1+a_{12}x_2+\cdots+a_{1n}x_n=f_1 \\ a_{21}x_1+a_{22}x_2+\cdots+2_{2n}x_n=f_2 \\ \qquad\cdots \\ a_{n1}x_1+a_{n2}x_2+\cdots+a_{nn}x_n=f_n \end{array}\right\} \tag{1}$$

式中 a_{ij}，$f_i(i,j=1,2,\cdots,n)$为已知数，其相应的矩阵表达式为

$$\begin{pmatrix} a_{11} & a_{12} & \cdots & a_{1n} \\ a_{21} & a_{22} & \cdots & a_{2n} \\ \vdots & \vdots & & \vdots \\ a_{n1} & a_{n2} & \cdots & a_{nn} \end{pmatrix} \begin{pmatrix} x_1 \\ x_2 \\ \vdots \\ x_n \end{pmatrix} = \begin{pmatrix} f_1 \\ f_2 \\ \vdots \\ f_n \end{pmatrix} \tag{2}$$

用矩阵和向量的符号，又可简记为

$$Ax=f \tag{3}$$

式中 A 为(2)中的 n 阶系数矩阵(a_{ij})；x，f 分别为(2)中 x_i 及 f_i 构成的 n 维向量。如果 A 的行列式 $\det A\neq 0$，则按克拉姆法则，式(3)的解为

$$x_i=\det A_i/\det A$$

式中 A_i 是把 A 中的第 i 列元素用 $f_1,f_2,\cdots,f_n$ 代替后所得的矩阵。该法则之功效主要在于其理论意义，若用于数值求解，则因 $n+1$ 个 n 阶行列式求值的计算量很大而不实用。

在计算实践中，通常采用的线性代数方程组的数值解法大体上可分为直接法和迭代法两大类。直接法是在没有舍入误差的假设下，经过有限次运算就可得到方程组的精确解的方法，如各种形式的消元法。迭代法则是采取逐次逼近的方法，亦即从一个初始向量出发，按照一定的计算格式(迭代公式)，构造一个向量的无穷序列，其极限才是方程组的精确解。只经过有限次计算得不到精确解。熟知的简单迭代法、高斯·赛德尔迭代法、松弛法等都属此类。以上两种方法各有优缺点，直接法普遍适用，但要求计算机有较大的存储量；迭代法要求的存储量较小，但必须在收敛性得以保证的情况下才能使用。直接法可以求得精确解是指就计算公式而言保证得到精确解，但计算机计算过程中的舍入误差是不可避免的，这种误差对解的精度影响会不会太大，也就是计算的稳定性，是要考虑的问题；对于迭代法，其收敛性则是要考虑的问题。

消元法又称消去法，解线性代数方程组的主要方法之一。早在东汉以前，中国古代著名的数学著作《九章算术》中就有了用消元法解方程组的方法，直到今日，消元法仍是解线性代数方程组的一个很重要的方法。常用的消元法有高斯顺序消元法、列主元消元法以及全主元消元法等。这些消元法的基本思想是将线性方程组通过消元法转化为上三角方程组进行求解。除消元法外，三角分解法是直接法解线性代数方程组的另一种重要方法，它

是由消元法演变而来的。由于消元的过程实际上就是对方程组的增广矩阵施行初等变换的过程，所以消元过程蕴涵着对系数矩阵实施三角分解的过程。如果矩阵 A 能够分解为下三角矩阵 L 和上三角矩阵 U 的乘积，则称为 A 的三角分解。这样，线性方程组 $AX=f$ 就可以转化为两个三角方程组 $LY=f$ 和 $UX=Y$，分别解这两个方程组就可以得到原方程组的解。当系数矩阵 A 为对称正定矩阵时，三角分解法又可以演变出平方根法和乔勒斯基方法。对于实三对角线性方程组，我们通常可以利用追赶法求解。事实上，上述各种不同的直接解法其基本思想是一致的，都是将线性方程组转化为简单的三角（上三角、下三角）方程组求解。而常用的迭代法则有雅克比迭代法、高斯一赛德尔迭代法、松弛法、最速下降法以及共轭梯度法等。

非线性方程组数值解法

n 个变量、n 个方程（$n>1$）的方程组表示为

$$f_i(x_1,x_2,\cdots,x_n)=0 \quad (i=1,2,\cdots,n)$$

式中 $f_i(x_1,x_2,\cdots,x_n)$ 是定义在 n 维欧氏空间 R^n 的开域 D 上的实函数。若 f_i 中至少有一个非线性函数，则称(1)为非线性方程组。在 R^n 中记 $x=(x_1,x_2,\cdots,x_n)^T$，$f=(f_1,f_2,\cdots,f_n)^T$，则(1)简写为 $f(x)=0$。若存在 $x^*\in D$，使 $f(x^*)=0$，则称 x^* 为非线性方程组的解。方程组(1)可能有一个解或多个解，也可能有无穷多解或无解。对非线性方程组解的存在性的研究远不如线性方程组那样成熟，现有的解法也不像线性方程组那样有效，除极特殊的方程外，一般不能用直接方法求得精确解，目前主要采用迭代法求近似解。根据不同思想构造收敛于解 x^* 的迭代序列 $\{x^k\}(k=0,1,\cdots)$，即可得到求解非线性方程组的各种迭代法，其中最著名的是牛顿法、割线法。

20 世纪 60 年代中期以后发展了两种求解上述非线性方程组的新方法。一种称为区间迭代法或区间牛顿法，它用区间变量代替点变量进行区间迭代，每迭代一步都可判断在所给区间解的存在唯一性或者是无解，这是区间迭代法的主要优点。其缺点是计算量大。另一种方法称为不动点算法或称单纯形法，它对求解域进行单纯形剖分，对剖分的顶点给一种恰当标号，并用一种有规则的搜索方法找到全标号单纯形，从而得到方程的近似解。

迭代法

迭代法是一类利用递推公式或循环算法构造序列求问题近似解的方法。如利用关系式 $x_{k+1}=f(x_k)$，从 x_0 开始依次计算 $x_1, x_2, \cdots$ 来逼近方程 $x=f(x)$ 的根 x^* 的方法；由关系式 $x_{k+1}=b_k x_k+d_k\ (k=0,1,2,\cdots)$ 近似求解线性代数方程 $Ax=b$ 的方法。

一般，利用递推关系式

$$x_{k+1}=\psi_k(x_k, x_{k-1}, \cdots, x_0) \qquad (k=0,1,2,\cdots)$$

构造序列 $\{x_k\}$ 逼近所论问题解 x^* 的方法称为迭代法，ψ_k 称为迭代算子或迭代函数，$\{x_k\}$ 为迭代序列。若存在极限 $\lim\limits_{k\to+\infty}\|x_k-x^*\|=0$，则称迭代序列收敛。若存在 $1\leqslant p<+\infty$ 及正常数 C_p，使

$$C_p=\lim_{k\to+\infty}\frac{\|x_{k+1}-x^*\|}{\|x_k-x^*\|^p} \qquad (C_1<1)$$

则称迭代序列对于 x^* 具有 p 阶收敛速度或者说是 p 阶收敛的。如果对所有由迭代函数 ψ_k 产生的收敛于 x^* 的迭代序列 $\{x_k\}$，上式均成立，则称此迭代法对 x^* 是 p 阶收敛的。

对确定的正整数 m，迭代算法

$$x_{k+1}=\psi_k(x_k, x_{k-1}, \cdots, x_{k-m+1}) \qquad (k=0,1,2,\cdots)$$

称为 m 步迭代法，当 $m=1$，称为单步迭代法或逐步逼近法，它是最常用的迭代算法。用 m 步迭代法计算时，需给定 m 个初始近似 $x_0, x_{-1}, \cdots, x_{-m+1}$。若 ψ_k 与 k 无关，称之为定常迭代法。所有定常迭代法均可化成这种形式。当单步定常迭代法 $x_{k+1}=\psi_k(x_k)$ 收敛于 x^* 时，x^* 为方程组 $x=\psi(x)$ 的解。

迭代法在线性和非线性方程组求解、最优化计算以及特征值计算等问题中广泛应用。

数值逼近

数值逼近泛指数学计算问题的近似解法。狭义的理解则专指对函数的逼近，即对于给定的较广泛的函数类 F 中的函数 $f=f(x)$，从较小的子类 H 中寻求在某种意义下 f 的一个近似函数 $h(x)$，以便于计算和处理。切比雪夫和威尔斯特拉斯曾于19世纪中后期做了奠基性工作。函数逼近的主要内

容有对于某些特定的被逼近函数类 F 与逼近函数类 H，讨论逼近的可能性，最佳逼近的存在性、特征、唯一性、误差估计以及算法等。它是现代数值分析的基本组成部分，除自身具有独立学科分支的意义外，还可用于构造数值积分、求函数零点、解微分方程和积分方程的近似方法。

设被逼近函数 $f(x)\in C[a,b]$，逼近函数类记作 $H\subset C[a,b]$，定义两个函数 f 与 g 之间的距离为

$$d(f,g)=\| f-g \|_p=\left[\int_a^b |f(x)-g(x)|^p w(x)\mathrm{d}x\right]^{1/p} \tag{1}$$

$$(1\leqslant p\leqslant +\infty)$$

式中 $w(x)>0$ 为取定的权函数。当 $p=+\infty$ 时，通常取 $w(x)=1$，此时(1)简化为

$$\| f-g \|_{+\infty}=\max_{a\leqslant w\leqslant b}|f(x)-g(x)|$$

这种度量下的逼近称为一致逼近；另一种重要情形是 $p=2$ 的度量，称为均方逼近或平方逼近。

若 $h(x)\in H$ 满足

$$\| f-h \|_p=\inf_{g\in H}\| f-g \|$$

则称 h 为距离度量(1)的意义下 f 在 H 中的最佳逼近。对于 $p=2$ 和 $+\infty$，相应的 h 分别称为 f 在 H 中的最佳平方逼近和最佳一致逼近，后一种情形又称切比雪夫逼近或极小极大逼近，它是由切比雪夫在 1854 年首先开始研究的。

多项式逼近是指 H 取作多项式类的情形。关于用多项式一致逼近连续函数到任意精度的可能性问题，外尔斯特拉斯于 1885 年以定理形式给出肯定的答案：若 $f(x)\in C[a,b]$，则对于任何 $\varepsilon>0$，都存在代数多项式 $P(x)$，使 $\| f-p \|_\infty<\varepsilon$。关于用三角多项式一致逼近周期连续函数到任意精度的可能性问题，他也给出平行的结果。该定理本身及其各种不同的证明和推广对逼近论的研究和发展有重要的影响。

取 $H=H_n$ 为次数不大于 n 的多项式集合。若 $P(x)\in H_n$ 满足

$$E_n(f)\equiv\inf_{Q\in H_n}\| f-Q \|_\infty=\| f-p \|_\infty \tag{2}$$

则称 P 为 f 的次数不大于 n 的最佳一致多项式逼近，称 $E_n(f)$ 为极小极大偏差。

平方逼近采用 $p=2$ 时的距离度量(1),被逼近函数 f 可以属于比连续函数类 $C[a,b]$ 更广的函数类,即所有使 $\int_a^b |f(x)|^2 w(x)\mathrm{d}x$ 存在的 f 的集合,记作 $L_w^2[a,b]$。定义 L_w^2 中的两个函数 f 与 g 的内积为

$$(f,g)=\int_a^b f(x)g(x)w(x)\mathrm{d}x$$

当 $(f,g)=0$ 时,称 f 与 g 正交。

插值

插值即在离散数据的基础上补插出连续函数,是计算数学中最基本、最常用的手段,是函数逼近的重要方法。利用它可通过函数在有限个点处的取值状况,估算该函数在别处的值。早在公元 6 世纪,中国刘焯已将等距二次插值法用于天文计算;17 世纪,牛顿和拉格朗日给出了更一般的非等距结点上的插值公式。在近代,插值法是观测数据处理和函数制表所常用的工具,又是导出其他许多数值方法(如数值积分、非线性方程求根、微分方程数值解等)的依据。

插值问题的提法是:假定已知区间 $[a,b]$ 上的实值函数 $f(x)$ 在该区间 $n+1$ 个互不相同的点 $x_0,x_1,\cdots,x_n$ 处的函数值 $f(x_0),f(x_1),\cdots,f(x_n)$,要求估算 $f(x)$ 在 $[a,b]$ 中某点 $x=\bar{x}$ 处的值。插值的做法是:在事先选定的一个由简单函数所构成的含 $n+1$ 个参数 $c_0,c_1,\cdots,c_n$ 的函数类 $\Phi(c_0,c_1,\cdots,c_n)$ 中求出满足条件

$$p(x_i)=f(x_i)\qquad(i=0,1,\cdots,n)\tag{1}$$

的函数 $p(x)$,并以 $p(\bar{x})$ 作为 $f(\bar{x})$ 的估值。此处,函数 $f(x)$ 称为被插函数;$x_0,x_1,\cdots,x_n$ 称为插值结点;$\Phi(c_0,c_1,\cdots,c_n)$ 称为插值函数类;式(1)称为插值条件。$\Phi(c_0,c_1,\cdots,c_n)$ 中满足插值条件(1)的函数 $p(x)$ 称为插值函数。误差函数

$$R(x)=f(x)-P(x)$$

称为插值余项,它标志着插值的精度。此外,当估值点 $\bar{x}$ 属于包含结点 $x_0,x_1,\cdots,x_n$ 的最小闭区间时,称相应的插值为内插,否则称为外插。

多项式插值指插值函数类取为代数多项式类的情形,是最常用的一种插值。此时对 $[a,b]$ 上的任何实值函数 $f(x)$ 都相应的有唯一的次数不超过 n 的

多项式 $p(x)$ 满足插值条件(1)，$p(x)$ 称为 $f(x)$ 的插值多项式。当 $f(x)$ 在 $[a,b]$ 上 $n+1$ 次可微时，插值余项为

$$R(x)=f(x)-P(x)=\frac{f^{(n+1)}(\zeta)}{(n+1)!}(x-x_0)(x-x_1)\cdots(x-x_n)$$

式中 ζ 是在包含 $x_0,x_1,\cdots,x_n$ 的最小闭区间中的某一点。

下面两种插值公式是 $p(x)$ 的具体表达式：

1. 拉格朗日插值公式。

$$p(x)=\sum_{i=1}^{n} f(x_i)l_i(x)\text{，式中}$$

$$l_i(x)=\frac{(x-x_0)\cdots(x-x_{i-1})(x-x_{i+1})\cdots(x-x_n)}{(x_i-x_0)\cdots(x_i-x_{i-1})(x_i-x_{i+1})\cdots(x_i-x_n)}(i=0,1,\cdots,n) \quad (2)$$

称为拉格朗日插值公式的基函数。它们具有性质

$$l_i(x_j)=\begin{cases}1(j=i)\\0(j\neq i)\end{cases}$$

特别当 $n=1$ 时，插值多项式简化为

$$p(x)=f(x_0)\frac{x-x_1}{x_0-x_1}+f(x_1)\frac{x-x_0}{x_1-x_0}$$

其几何图象通过点 $(x_0,f(x_0))$ 和 $(x_1,f(x_1))$，因此被称为线性插值公式。类似的理由，当 $n=2$ 时，相应的插值公式称为抛物线插值公式。

2. 牛顿插值公式。

$$p(x)=f(x_0)+f[x_0,x_1](x-x_0)+\cdots$$
$$+f[x_0,x_1,\cdots,x_n](x-x_0)(x-x_1)\cdots(x-x_{n-1})$$

式中 $f[x_0,x_1,\cdots,x_k]$ 为函数 $f(x)$ 在点 $x_0,x_1,\cdots,x_k$ 上的 k 阶差商(或均差)。

拉格朗日插值公式和牛顿插值公式是同一插值多项式 $p(x)$ 的不同表现形式。前者结构紧凑、意义清晰，便于理论分析；后者实际计算时较为方便：若要增加新的插值结点，只需相应添加新的项即可。

对于等距的插值结点，即当 $x_i=x_0+ih(i=0,1,\cdots,n)$ 时，经过变数替换 $x=x_0+th$，上述牛顿插值公式转化为牛顿向前插值公式

$$p(x_0+th)=y_0+\frac{t}{1!}\Delta y_0+\frac{t(t-1)}{2!}\Delta^2 y_0+\cdots+\frac{t(t-1)\cdots(t-n+1)}{n!}\Delta^n y_0$$

此处 Δ^k 表示步长为 h 的 k 阶差分算子，其定义是：

$$\Delta^0 y_i \equiv y_i = f(x_i), \Delta^k y_i = \Delta^{k-1} y_{i+1} - \Delta^{k-1} y_i \quad (k=1,2,\cdots,n)$$

埃尔米特插值是插值条件带微商的插值，其插值条件为

$$H(x_i) = f(x_i), H'(x_i) = f'(x_i) \quad (i=0,1,\cdots,n)$$

在所有次数不超过 $2n+1$ 的多项式中，满足上述插值条件的多项式是存在和唯一的，并可表示为

$$H(x) = \sum_{i=1}^{n} \{f(x_i)[1-2(x-x_i)l'_i(x_i)]l_i^2(x) + f'(x_i)(x-x_i)l_i^2(x)\} \quad (3)$$

式中 $l_i(x)$ 由(2)式定义。$H(x)$ 称为函数 $f(x)$ 的埃尔米特插值多项式。当 $f(x)$ 在 $[a,b]$ 上 $2n+2$ 次可微时，插值余项为

$$R(x) = f(x) - H(x) = \frac{f^{(2n+2)}(\zeta)}{(2n+2)!}(x-x_1)^2(x-x_1)^2\cdots(x-x_n)^2$$

式中 ζ 是在包含 $x, x_0, x_1, \cdots, x_n$ 的最小闭区间中的某一点。由于埃尔米特插值多项式在结点处不但与被插函数取值相同而且变化率也相同，因此它通常比拉格朗日插值多项式能更好地近似被插函数。(3)是一种最基本、最重要的埃尔米特插值多项式。此外，在插值结点上，作为插值条件，还可以给出逐次高阶微商值，并且在每个结点上插值条件个数可以是互不相同的。

古典的有限项泰勒展开式也可看做埃尔米特插值多项式，其所有的插值条件都加在一个点上；反之，也可将埃尔米特插值多项式看做多中心泰勒展开式。

在实用中很少采用高次多项式插值(如 7 次、8 次以上的多项式插值)，因为在被插值函数不够光滑或插值结点选择不当时，高次插值多项式常常在被插函数附近激烈地摆动，不能逼近被插函数；再者，高次插值多项式常常将插值条件的数据中含有的误差过分地放大和扩散。因此，在实用中，往往是先将全区间分成许多小区间，然后在每个小区间上采用低次插值(如一次、二次或三次插值)，通常称这样的方法为分段插值法。如将小区间的端点取为插值结点，则相邻区间的两插值多项式在公共结点处将取相同的值，即两段多项式曲线在公共结点处衔接。实践表明，用分段的低次插值多项式逼近被插函数往往比在全区间上用主同次插值多项式逼近效果好。

样条插值是一种非局部性的分段插值，在每个分段点处相邻插值曲线段的衔接具有一定的光滑度。最常用的一种是三次多项式样条插值：给定结点 $x_0 < x_1 < \cdots < x_n$ 和相应的函数值 $f(x_0), f(x_1), \cdots, f(x_n)$，取内结点

$x_1, x_2, \cdots, x_{n-1}$ 作为分段点，寻求一个插值函数 $S(x)$，它在每个小区间 $[x_{i-1}, x_i]$ $(i=1,2,\cdots,n)$上分别都是三次多项式，在结点处满足插值条件

$$S(x_i)=f(x_i) \quad (i=0,1,\cdots,n)$$

并在每个分段点处满足直到二阶微商的连续性条件

$$S(x_i-0)=S(x_i+0)$$

$$S'(x_i-0)=S'(x_i+0)$$

$$S''(x_i-0)=S''(x_i+0)(i=1,2,\cdots,n-1)$$

这里共有 $4n-2$ 个条件，而分段三次多项式 $S(x)$在每个小区间上各含有 4 个系数，共计 $4n$ 个待定系数。因此，在端点 x_0 和 x_n 处各给定一个边界条件之后，插值问题可唯一定解。更一般的，若插值函数 $S(x)$为分段 k 次多项式，在诸结点上取给定值并且在各分段点处有直到 $k-1$ 阶的连续微商，则 $S(x)$称为 k 次多项式样条插值。

多元插值是一元插值法的多元推广，其插值函数类可取为多元多项式、多元三角函数、多元样条、多元有理分式等。

样条函数

样条函数是一类分段(片)光滑、各段(片)交接处具有一定光滑性的函数，简称样条。样条函数的名称来源于船体放样时用来画光滑曲线的机械样条——弹性的细长条。它产生的背景是离散数据的处理。高次多项式插值过程有数值不稳定的缺点，而利用分段低次多项式，在分段处具有一定光滑性的函数插值过程有较好的稳定性和收敛性，这种插值过程产生的函数就是(多项式)样条函数。20 世纪 60 年代中期，样条函数与计算机辅助几何设计相结合，在外形设计(汽车、飞机等)方面得到了成功的应用。同时，样条理论研究亦逐步深入，后被作为函数逼近的有力工具。其应用亦逐渐扩展到各类数据的插值、拟合与平滑、数值微分与积分、微分方程和积分方程的数值解等方面。从 1964 年起开始研究非多项式样条，样条的概念有了许多扩展，它同其他数学分支，诸如最优控制、多点变分问题、多点边值问题、广义逆算子、统计计算、计算几何、泛函分析以及多点弹性平衡问题等有密切联系。

曲线拟合

曲线拟合是用连续曲线近似地刻画或比拟平面上离散点组所表示的坐标之间的函数关系。更广泛地说,空间或高维空间中的相应问题亦属此范畴。在数值分析中,曲线拟合就是用解析表达式逼近离散数据,即离散数据的公式化。实践中,离散点组或数据往往是各种物理问题和统计问题有关量的多次观测值或实验值,它们是零散的,不仅不便于处理,而且通常不能确切和充分地体现出其固有的规律。这种缺陷可以由适当的解析表达式来弥补。

设给定离散数据

$$(x_k, y_k) \quad (k=1,2,\cdots,m) \tag{1}$$

式中 x_k 为自变量 x(标量或向量,即一元或多元变量)的取值;y_k 为因变量 y(标量)的相应值。曲线拟合要解决的问题是寻求与(1)背景规律相适应的解析表达式

$$y=f(x,b) \tag{2}$$

使它在某种意义下最佳地逼近或拟合(1),$f(x,b)$ 称为拟合模型;$b=(b_0, b_1,\cdots,b_n)$ 为待定参数。当 b 仅在 f 中线性地出现时,称模型为线性的,否则为非线性的。量 $e_k \equiv y_k - f(x_k,b) \quad (k=1,2,\cdots,m)$ 称为在 x_k 处拟合的残差或剩余。衡量拟合优度的标准通常有 $T(b)=\max\limits_{1\leqslant k\leqslant m} w_k|e_k|$ 或 $Q(b)=\sum\limits_{k=1}^{m} w_k e_k^2$,式中 $w_k>0$ 为权系数或权重(如无特别指定,一般取为平均权重,即 $w_k=1(k=1,2,\cdots,m)$,此时无须提到权)。当参数 b 使 $T(b)$ 或 $Q(b)$ 达到最小时,相应的(2)分别称为在加权切比雪夫意义或加权最小二乘意义下对(1)的拟合,后者在计算上较简便且最为常用。

一般的线性模型是以参数 b 为系数的广义多项式,即

$$f(x,b)=b_0 g_0(x)+b_1 g_1(x)+\cdots+b_n g_n(x) \tag{3}$$

式中 $g_0, g_1,\cdots,g_n$ 称为基函数。对诸 g_i 的不同选取可构成多种典型的和常用的线性模型。从函数逼近的观点来看,式(3)还能近似地体现许多非线性模型的性质。

在最小二乘意义下用线性模型(3)拟合离散点组(1),参数 b 可通过解方

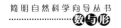

程组$\frac{\partial Q(b)}{\partial b_i}=0\quad(i=0,\cdots,n)$来确定，即解关于$b_0,b_1,\cdots,b_n$的线性代数方程组

$$\sum_{j=0}^{n} s_{ij}b_j=s_{ij}\quad(i=0,1,\cdots,n)\tag{4}$$

式中$s_{ij}=\sum_{k=1}^{m} w_k g_i(x_k)g_j(x_k)\quad(ij=0,1,\cdots,n)$；

$s_{ij}=\sum_{k=1}^{m} w_k g_i(x_k)g_j(x_k)y_k\quad(i=0,1,\cdots,n)$。

方程组(4)通常称为法方程或正规方程，当$m>n$时一般有唯一的解。

至于非线性模型以及非最小二乘原则的情形，参数b可通过解非线性方程或最优化计算中的有关方法来确定。

对于给定的离散数据(1)，需恰当地选取一般模型(2)中函数$f(x,b)$的类别和具体形式，这是拟合效果的基础。若已知(1)的实际背景规律，即因变量y对自变量x的依赖关系已有表达式形式确定的经验公式，则直接取相应的经验公式为拟合模型。反之，可通过对模型(3)中基函数$g_0,g_1,\cdots,g_n$(个数和种类)的不同选取，分别进行相应的拟合并择其效果佳者。函数$g_0,g_1,\cdots,g_n$对模型的适应性起着测试的作用，故又称为测试函数。另一种途径是：在模型(3)中纳入个数和种类足够多的测试函数，借助于数理统计方法中的相关性分析和显著性检验，对所包含的测试函数逐个或依次进行筛选以建立较适合的模型。当然，上述方法还可对拟合的残差(视为新的离散数据)再次进行，以弥补初次拟合的不足。总之，当数据中的变量之间的内在联系不明确时，为选择相适应的模型，一般需要反复地进行拟合试验和分析鉴别。

最小二乘法

最小二乘法是测量工作和科学实验中常用的一种数据处理方法，由勒让德和高斯于19世纪初分别独立提出。例如，根据实验观测得到的自变量x和因变量y之间的一组对应关系$(x_1,y_1),(x_2,y_2),\cdots,(x_m,y_m)$，找出一个给定类型的函数$y=f(x)$(如线性函数$y=ax+b$或二次函数$y=ax^2+bx+c$等)，使它在观测点$x_1,x_2,\cdots,x_m$处所取的值$f(x_1),f(x_2),\cdots,f(x_m)$与

观测值 $y_1, y_2, \cdots, y_m$ 在某种尺度下最接近。常用的一种尺度和处理方法是:确定函数 $f(x)$ 中的参数(如前述例子中的参数 a 和 b 或 a, b 和 c),使在各点处偏差 $r_i = f(x_i) - y_i (i=1,2,\cdots,m)$ 的平方和 $\sum_{i=1}^{m} r_i^2$ 达到最小。如果 $f(x)$ 是所有待定参数的线性函数(譬如 $f(x)$ 是多项式或其他已知函数的线性组合),相应的问题称为线性最小二乘问题。工程技术和科学实验中有大量利用最小二乘法建立的经验公式。

从几何意义上讲,上述问题等价于确定一平面曲线(类型先给定),使它和实验数据点“最接近”,故又称为曲线拟合问题。它和插值法不同,并不要求曲线严格通过已知点。由于实验数据常带有观测误差和其他随机因素,所以与实验数据保持一致的插值法往往反倒不如最小二乘法得到的曲线更符合客观实际。

1. 线性最小二乘问题

设 $f(x) = \sum_{j-1}^{n} a_j \varphi_j(x)$,其中 $a_1, a_2, \cdots, a_n$ 为待定参数;$\varphi_1, \varphi_2, \cdots, \varphi_n$ 为选定的已知函数,当 $\varphi_j(x) = x^{j-1}$ 时,$f(x)$ 为多项式。实验数据为 (x_1, y_1),$(x_2, y_2), \cdots, (x_m, y_m)$ 。通常 m 比 n 大得多。令

$$c_{ij} = \varphi_j(x_i) \quad (i=1,2,\cdots,m; j=1,2,\cdots,n)$$

并以 C 表示以 c_{ij} 为元素的 $m \times n$ 阶矩阵,$a = (a_1, a_2, \cdots, a_n)^T$ 和 $y = (y_1, y_2, \cdots, y_m)^T$ 分别为 n 维和 m 维列向量,用这样的矩阵及向量记号,最小二乘问题可表述为:求向量 a,使

$$\| Ca - y \|_2^2 = \min \tag{1}$$

式中记号 $\| \cdot \|_2$ 表示向量的欧氏长度。由微分学求极小值的方法可推得待定参数 $a_1, a_2, \cdots, a_n$ 满足方程组

$$C^T C a = C^T y \tag{2}$$

这个方程称为最小二乘问题的法方程,它的解即为最小二乘解。如果 C 为列满秩(即它的列向量线性无关),则 $C^T C$ 为非奇异的 $n \times n$ 阶矩阵,而方程组(2)有唯一解;如果 C 不是列满秩,则(2)的解不唯一;但具有最小欧氏长度的解是唯一的,这个解称为极小最小二乘解。以 C^+ 表示 C 的穆尔—彭罗斯广义逆矩阵,则不论哪种情况,最小二乘问题(1)的解可表为:$a = C^+ y$。

2. 最小二乘解的 QR 分解法

当 m 较大时(实际问题多如此),C^TC 往往是病态矩阵,因而从法方程(2)求最小二乘解是不利的。直接从矩阵 C 出发,进行 QR 分解,则不仅可避免上述弊端,而且具有较好的数值稳定性。这个方法的原理是:对任意 $m\times n$ 阶矩阵 C,存在 $m\times m$ 阶正交阵 Q,使 $Q^TC=\begin{pmatrix}R\\0\end{pmatrix}$,式中 R 是 $n\times n$ 阶上三角阵。当 C 为列满秩时,R 是非奇异的。由于在正交变换下向量的欧氏长度不变,所以

$$\|Ca-y\|_2=\|Q^T(Ca-y)\|_2=\|Ra-y_1^*\|_2+\|y_2^*\|_2 \tag{3}$$

式中 y_1^* 和 y_2^* 分别表示向量 $y^*=Q^Ty$ 的前 n 个分量和后 $(m-n)$ 个分量所组成的向量。从(3)可看出方程 $Ra=y_1^*$ 的解正是所求的最小二乘解。矩阵 C 的 QR 分解,也就是矩阵 Q^T 的形成,可用一系列的豪斯霍尔德变换实现。

计算几何

计算几何是由函数逼近论、微分几何学、代数几何、计算数学等形成的新兴边缘学科,研究几何外形信息的计算机表示、分析和综合,是计算机辅助几何设计(即CAGD)这门技术的数学基础。从20世纪60年代起,计算机辅助设计和辅助制造开始进入造船、航空和汽车工业的产品几何外形设计和制造领域。设计者首先需要把一般的曲线或曲面的外形表示在计算机上,然后对这些曲线或曲面的几何性质进行分析,看曲线上有无拐点、奇点,曲面是不是凸的等,最后提出一种有效的数值方法,由程序或由人机对话控制这些曲线和曲面的形状,使其符合设计要求。

20世纪70年代,主要利用的计算几何图形是贝济埃曲线和曲面、B 样条曲线和曲面、孔斯曲面等。

1962年起,法国雷诺汽车公司的工程师贝济埃以逼近为基础,开始构造参数曲线表示法,完成了一种自由型曲线和曲面的设计系统“UNISURF”,并于1972年在雷诺汽车公司正式投入使用。平面上的三次贝济埃曲线是最常用的,当设计者需要修改曲线时,只要稍微调整特征多边形的某几个顶点位置,对应曲线的形状便会随之变动,但仍保留对特征多边形的逼近性质。

1972~1974年,在贝济埃用多边形控制曲线形状的方法的启发下,人们把多项式 B 样条函数扩张为参数形式的 B 样条曲线,并使用 B 样条特征多

边形来控制它。其中最有用的是三次式和二次式。同 B 样条曲线贝济埃曲线相比较，除了直观和保凸这些共有的优点外，还具有下列优点：① 局部修改只影响邻近几段函数，不会牵一而动百。② 对特征多边形逼近得更好，且便于控制。③ B 样条多项式的次数低，计算简单。④ 样条上允许出现直线段和某些折角，适应范围更广。由于这些优点，B 样条曲线在几何外形设计中很有前途。

1964～1967 年，孔斯构造了一种用四边曲面片的阵列来表示曲面的方式。其中，工程中最常用的是双三次孔斯曲面片。

贝济埃曲线和 B 样条曲线可通过直积的形式而拓展成为曲面表示，最常用的是双三次形式。

双三次的孔斯曲面、贝济埃曲面和 B 样条曲面，都是双三次参数曲面的特殊情形。三者还能够通过非异线性变换而相互转化，它们在数学上是等价的。然而，从应用的角度看，这三种曲面各有所长，而且适用于不同的课题。

计算流体力学

计算流体力学是计算数学与流体力学之间的一门边缘学科，它提供了在电子计算机上对流体力学进行数值模拟的手段。由于流体力学运动的复杂性，模拟过程在计算方法上遇到较多的困难，有必要进行专门研究，所以在计算数学中，计算流体力学逐渐形成了一个有相当独立性的分支。

以解流体动力学方程为内容的计算流体力学是从 20 世纪 40 年代中期，伴随着电子计算机的出现，由于生产和科学研究的需要而发展起来的。第二次世界大战期间，为了研究冲击波在金属中传播的规律，冯·诺伊曼和里希特迈耶提出了第一个一维拉格朗日方法。1959 年，戈杜诺夫利用间断分解的概念建立了一维的欧拉格式，成为后来的格利姆格式（又称随机选取法）的基础。由于一维流体运动中不同质团之间是有序的，即其上下、左右、前后的相对位置不会改变，因而跟踪质团的拉格朗日方法是很有效的，适合于解许多一维非定常流体力学问题。

对二维流体力学计算方法的探索是在 20 世纪 50 年代中期从拉格朗日方法开始的，科尔斯基构造了第一个二维拉格朗日格式。然而在实践中发现拉格朗日方法固然有它的优点，例如局部图像可以算得比较精细，物质界面（包括自由面）容易处理，但是由于二维流体运动中可能出现严重的扭曲现象，因而容易造成网格翻转，使计算不能继续下去。不过对于一些扭曲不太严重的力学模型，特别是包含多种介质的模型，拉格朗日方法仍不失为一种基本的有效的方法。

为了使拉格朗日方法使用范围更广泛一些，避免网格翻转，可以对拉格朗日方法做一些处理，其中比较有效的是重分网络。方法是在计算了一个或若干个时间步长后将网格重新划分，把因扭曲而显得畸形的网格换成尽可能规整的新网格，其上的力学量根据旧网格上的力学量按照质量、动量、能量守恒的原则加以重新计算。当然这样的拉格朗日方法已经不再是原来意义上的跟踪流体质团的拉格朗日方法了。

欧拉方法没有网格翻转的问题，可以计算大的扰动，流体网格法（FLIC方法）就是一种典型的二维欧拉方法。但是当计算模型中包含有多种介质时，如果不加特殊处理，物理界面就会逐渐模糊，以致得不到正确的结果。自由面的计算也会碰到类似的问题。这里困难主要在于计算过程中必定会出现含有两种以上物质的混合网格，因而就提出了如何计算混合网格中的力学量，以及如何计算混合网格向周围网格的输运量的问题。

有一种办法是在欧拉网格上跟踪物质界面，随时定出界面的位置，这样在网格中哪一种物质占据哪一部分位置就很清楚了。以此为根据就可计算出混合网格中的力学量和通过它边界上的输运量，但在计算机上实现这种计算的程序是很复杂的。

质点网格法（PIC 方法）是在欧拉网格上计算包含多种介质的模型的一种方法。把网格中的介质用若干质点来表示，每个质点带有某种介质的质量，借助于质点在网格间的运动计算出网格上的力学参量与网格间的输运量，而不同介质的分界面通过打印质点分布图可以清楚地看出。但是在该方法中，网格间的输运是以质点为单位的，所以计算结果往往有些跳跃；另一方面，由于引进了质点，故需要较大的贮量。为了克服上述缺点，随后出现的计算不可压缩流体运动的标志网格法（MAC 方法）就用无质量的标志来代替质点；在 CLLA 方法中，采用只在混合网格两侧两三个网格内安放标志的办法，降低对存贮量的要求。

拉格朗日方法和欧拉方法各有优缺点，也就是各有其适应的对象和范围，因此逐渐发展了一些欧拉与拉格朗日相结合的方法，利用质点或标志的方法实质上就是欧拉和拉格朗日相结合的方法。在二维流体力学的计算中，有取一个空间坐标为欧拉坐标，另一个为拉格朗日坐标的混合欧拉—拉格朗日方法；有将求解区域划分为若干子区域，在一些子区域上用欧拉方法，在另一些子区域上用拉格朗日方法的耦合欧拉－拉格朗日方法。解方程(2)的方法称为任意拉格朗日—欧拉方法(ALE 方法)。在将方程组(2)离散化时，对每一个方程适当选择积分区域 Ω(如可以取作一个网格，或者由几个相邻网格派生出来某个区域)，然后近似求积分。实际上拉格朗日方法和欧拉方法都可以看成是这种方法的特例。当区域 Ω 的边界速度 D 等于流体速度 u 时，就得到拉格朗日格式；如果 D 取为零，就是欧拉方法；当 D 用其他规则给出时，就相当于在重分网格。

格式的稳定性分析。流体力学方程组的差分格式是一组非线性的差分格式。关于它的稳定性通常是采用简单的在理论上并不严格的近似考察办法来讨论。例如，先把差分方程组线性化，把系数看做常数，然后用拉克斯—里希特迈耶关于常系数差分格式的稳定性理论来进行分析，把分析结果所得到稳定性条件中所包含的系数仍然恢复到原来非线性形式。但是在使用这些稳定性条件当做计算过程的判据时，需要增加一些安全因子，可以用试算的办法来估计其取值的范围。

另一种简单近似考察的办法是希尔特提出来的。首先把差分格式在某确定点上作泰勒级数近似展开，将高阶误差项略去，只留下最低阶的误差项，得到一个新的微分方程，称为差分格式的微分近似方程。如果差分格式与原微分方程是相容的，那么所得的新的微分近似方程比原方程只增加了一些含小参数的较高阶导数的附加项。由于差分格式也可以看做是和新的微分近似方程相容的，因而差分格式的微分近似方程问题的适定性，就应该是差分格式稳定的必要条件。这种检验是任何稳定的差分格式必然应该通过的一种判别，使用比较方便，是很有用的。

定常流。如果考虑的不是理想而是实际的带黏性并具有热传导性质的流体，当流体的运动与时间的变化无关时，就得到定常的纳维－斯托克斯方程组。定常的纳维—斯托克斯方程组在特殊情况下可以是椭圆型的、抛物型的或双曲型的，一般的来说，可以是退化的、混合型的，并且依赖于未知解的。偏微分方程组定解问题的提法因类型不同而有显著差别。定常的纳维一斯托克斯方程组的类型比较复杂，因而它的定解问题的提法也很复杂。

在许多特定场合，借助于偏微分方程类型的概念及问题的物理意义来分析研究解的数学性质以及定解问题的提法是有可能的。通常，对定常流问题是在对流场结构有清晰了解的基础上才进行数值近似求解。有时从物理的角度对问题作某种简化不仅能反映出物理问题的本质，而且使问题的数学性质更加清楚。

有限差分方法

有限差分方法简称差分法或网格法，是数值解微分方程和积分微分方程的一种主要的计算方法。它的基本思想是：把连续的定解区域用由有限个离散点构成的格网来代替，这些离散点称作网格的结（节）点；把在连续定解区域上定义的连续变量函数用在格网上定义的离散变量函数来近似；把原方程和定解条件中的微商用差商来近似，积分用积分和来近似；于是原方程和定解条件就近似地代之以代数方程组，解此代数方程组就得到原问题的近似解。有限差分方法简单、通用，易于在计算机上实现。

有限差分方法的主要内容包括：如何根据问题的特点将定解区域作网格剖分；如何把原方程离散化为代数方程组，即有限差分方程组；如何求解此代数方程组。此外，为了保证计算过程的可行及计算结果的正确，还须从理论上研究差分方程组的性态，包括解的存在性、唯一性、稳定性和收敛性。稳定性就是指计算过程中舍入误差的积累应保持有界；收敛性就是指当网格无限加密时，差分解应收敛到原问题的解。差分方法因方程类型不同，定解问题提法不同而有着各自特点和不同的内容。

常微分方程初值问题数值解法

根据给定的初始条件，确定常微分方程唯一解的问题叫常微分方程初值问题。大多数实际问题难以求得解析解，必须将微分问题离散化，用数值方法求其近似解。

一阶常微分方程的初值问题的提法是，求出函数 $y(x)$，使满足条件

$$\left.\begin{aligned} &y'(x)=f(x,y(x)) \quad (a<x<b) \\ &y(a)=y_a \end{aligned}\right\} \tag{1}$$

利用数值方法解问题(1)时，通常假定解存在且唯一，解函数 $y(x)$ 及右端函数 $f(x,y)$ 具有所需的光滑程度。数值解法的基本思想是：先取自变量一系列离散点，把微分问题(1)离散化，求出离散问题的数值解，并以此作为微分问题解 $y(x)$ 的近似。例如取步长 $h>0$，以 h 剖分区间 $[a,b]$，令 $x_i=a+ih$，把微分方程离散化成一个差分方程。以 $y(x)$ 表微分方程初值问题的解，以 y_i 表差分问题的解，$\varepsilon_i=y(x_i)-y_i$ 就是近似解的误差，称为全局误差。因此，设计各种离散化模型，求出近似解，估计误差以及研究数值方法的稳定性和收敛性等构成了数值解法的基本内容。

常用的离散化方法有三种：基于数值微分的方法；基于泰勒展开的方法；基于函数数值积分的方法。数值解法满足相容的、收敛的、数值稳定的条件时，才有实用价值。为此要研究以下的一些问题。

将微分方程离散化所带来的误差叫做截断误差。当 $h\to 0$ 时，截断误差趋于零，则称离散化后的方程与微分方程具有相容性，表示离散化的方程是微分方程的近似。若截断误差的主要项为 Ch^{p+1}，则称截断误差的阶是 $p+1$，而称该解法是 p 阶的。p 越大，表示离散化后的方程与微分方程近似程度越高。

收敛性是指当 $h\to 0$ 时，全局误差 $\varepsilon_i\to 0$，即离散问题的解 y_n 收敛于微分问题的解 $y(x)$，这是离散解可用的理论基础。p 阶的解法，即是当 $h\to 0$ 时，ε_i 以 h^p 的速度收敛。

误差估计即对全局误差 ε_i 的估计，是应用数值解法时最关心的问题。先验估计通常只能给出误差的阶，即误差的主要项中步长 h 的幂次。一般采用事后估计，即在计算的过程中估计误差，如用理查森外推法估计误差。外推法也是提高解的精确度的有效方法。

数值稳定性是指计算过程中，某一步上产生的误差一步一步地传递下去，是衰减、不增或有界，使得传递下来的误差不至于影响数值解的精度，至少是不会淹没数值解。数值稳定性是常微分方程数值积分时必须考虑的问题。

差分方法

一种求解偏微分方程初值问题的主要数值方法。许多连续介质的运动过程都可表示成含时间 t 的偏微分方程。最简单的有双曲型的对流方程：

$$\frac{\partial u}{\partial t}+a\frac{\partial u}{\partial x}=0 \tag{1}$$

和抛物型的扩散方程：

$$\frac{\partial u}{\partial t}=\sigma\frac{\partial^2 u}{\partial x^2}>0 \tag{2}$$

式中的 a 和 σ 是常数。当 u 的初始状态(设为 $t=0$ 时的状态)给定后，常要研究这些过程在 $t>0$ 后的演化，在数学上就是给定初值：

$$u(x,0)=\varphi(x)(|x|<+\infty) \tag{3}$$

求微分方程在 $|x|<+\infty, t>0$ 时的解 $u(x,t)$。这种问题叫做初值问题。

初值问题(1)(3)的解为：

$$u(x,t)=\varphi(x-at)(|x|<+\infty, t\geqslant 0) \tag{4}$$

初值问题的差分方法的步骤为：先把问题的求解区域进行网格剖分，再在格子点上按适当的数值微分公式把问题中的微商换成差商，从而把微分问题离散化，得到差分格式，最后求出差分格式的数值解。差分格式的解的存在性和唯一性有时并不显然，需要论证。解的求法和解法的数值稳定性也需要研究。此外，还要估计差分问题的解与微分问题的解的差别，研究在网格步长趋于零时前者对后者的收敛性以及差分问题的解是否连续的依赖于初值，即稳定性的问题。

有限元方法

有限元方法是求解微分方程，特别是椭圆型边值问题的一种离散化方法，其基础是变分原理和剖分逼近。有限元方法是传统的里茨一加廖金方法的发展，并融会了差分法的优点，处理上统一，适应能力强，已广泛应用于科学与工程中庞大复杂的计算问题。

作为有限元方法出发点的变分原理，是表达物理基本定律的一种普遍形式。其表述可概括如下：给出一个依赖物理状态 v 的变量 $J(v)$(v 是函数，$J(v)$在数学上称为泛函)，同时给出 $J(v)$的容许函数集 V，即一切可能的物理状态，则真实的状态是 V 中使 $J(v)$ 达到极小值的函数。剖分逼近是有限元离散化的手段，把问题的整体(即求解域)剖分为有限个基本块，称为“单元”，然后通过单元上的插值逼近，得到一个结构简单的函数集，称为“有限元空间”，经一般是容许函数集 V 的子集或有某种联系。有限元方法就是在这个有限元空间中寻找 $J(v)$ 的极小解作为近似解。

有限元方法在中国与西方从不同的实践背景，沿着不同的学术道路、各自独立平行地发展起来。在西方，有限元思想在库朗 1943 年的一篇论文中明确地提出过，但一直没有受到重视。20 世纪 50 年代中期，欧美工程界阿吉里斯、克拉夫等以航空工程为背景，在结构分析和矩阵方法基础上提出了结构有限元的雏形。20 世纪 60 年代初期，引进连续体的单元剖分；20 世纪 60 年代中期，逐渐明确有限元法是变分原理加剖分逼近的思想。1968 年，西方数学家对有限元法进行数学的理论分析，开始了有限元法在计算数学中的黄金时代。

在中国，20 世纪 60 年代初期，冯康、黄鸿慈等结合解决一系列大型水坝建设的应力分析问题，开展了椭圆型边值问题数值解的系统研究，为克服问题传统提法中的几何复杂性和材料复杂性，把能量法与差分法结合在一起，于 1964 年建立了求解椭圆型边值问题一套普遍有效的方法，命名为基于变分原理的差分方法，即通称的有限元方法。与此同时，建立了方法的数学理论基础。而后 20 年中，周天孝、唐立民对混合元拟协调元的发展，应隆安等对无限元的发展，冯康等对边界有限元的发展，石钟慈对非协调元的发展，林群对有限元外推理论的发展都作出重要贡献。

有限元方法对于定常态问题的计算已经获得公认的巨大成功，对不定常态问题也有良好开展，有限元方法是一个发展着的体系，在前述的基本原则下可有种种变化和发展，特别是可和其他方法结合起来，进一步解决更困难、更复杂的数学问题。

里茨一加廖金法

里茨一加廖金法是求解数学物理方程的近似方法，主要用于椭圆型边值问题，里茨于 1908 年对此做了开创性工作。这类方法从变分原理出发，选

定有限个试探函数 $\varphi_1, \varphi_2, \cdots, \varphi_N$，用它们的线性组合 $\sum_{j=1}^{N} C_j\varphi_j$ 构造近似解，从而把问题归结为确定组合中的系数。

里茨—加廖金法的有效使用依赖于试探函数和检验函数的选取，传统的做法是选取代数或三角多项式之类的解析函数，其优点是，对光滑解只需很少几个 φ_j，近似解就能达到很高的精度。在电子计算机出现之前，这种方法比较切合实际。但这样选取的函数只当区域 Ω 的形状很特殊才能满足给定的边界条件，故在应用上受到很大限制。随着电子计算机的出现，产生了有限元方法，它继承了里茨—加廖金法从变分原理出发的基本特点，但不用多项式之类的解析函数，而是用剖分插值的方法构造试探函数和检验函数，从而使方法具有极大的灵活适用性，能很好地处理复杂的几何形状、间断介质以及奇性载荷等情况，在科学与工程的计算中获得广泛的使用。

并行算法

并行算法是适用于并行计算机的数值算法。计算机传统结构的显著特征是单指令流单数据流，即每一时刻按一条指令处理一个数据。通常的数值算法适于此类计算机，可称串行算法。20 世纪 60 年代开始发展含大量处理机的并行计算机，它分单指令流多数据流与多指令流多数据流两类，每一时刻分别按一条或多条指令处理多个数据。并行计算机的出现促使了适应其并行这个特点的并行算法的发展。

并行算法依赖一个简单事实：独立的计算可同时执行。所谓独立计算是指其每个结果只出现一次的计算。如 $A_8 = a_1 \cdot a_2 \cdot \cdots \cdot a_8$ 中 7 个乘法不能同时执行，但可分成三个独立计算组：

第一组：$a_1 \cdot a_2, a_3 \cdot a_4, a_5 \cdot a_6, a_7 \cdot a_8$；

第二组：$(a_1 \cdot a_2) \cdot (a_3 \cdot a_4), (a_5 \cdot a_6) \cdot (a_7 \cdot a_8)$；

第三组：$[(a_1 \cdot a_2) \cdot (a_3 \cdot a_4)] \cdot [(a_5 \cdot a_6) \cdot (a_7 \cdot a_8)] = A_8$。

如每组的运算并行执行，计算 A_8，只需三步（乘法）。推广此例，得到由满足结合律的任一运算“·”形成的表达式 $A_n = a_1 \cdot a_2 \cdot \cdots \cdot a_n$ 的最优并行算法。此算法提供了建立并行算法的一种普遍原则：反复将每一计算分裂成具有同等复杂性的两个独立部分，称为递推倍增法。

研究表明，大量数值问题可获得有效的并行算法。一个算法是否有效主要看加速

$$S=\frac{\text{已知最有效串行算法运行时间(或运算次数)的界 } T_1}{\text{并行算法运行时间(或运算步数)的界 } T_p}$$

及所需的处理机个数 P 的大小。并行算法的复杂性正是通过参数 T_p，S 和 P 来描述的。向量运算具有内在并行性（包含大量独立计算），因而首先是在数值线性代数方面，并行算法特别富有成果。

串行算法与并行算法存在固有差别。有效串行算法一般不能直接变换为并行算法，而且两者在数值性态方面（如数值稳定性及迭代算法的收敛速度）可以彼此大不相同。

数值软件

数值软件是计算数学中标准算法程序的总称。每个数值软件是实现一个特定的计算方法的标准程序模块，由一个或几个标准过程（或子程序）组成，成为计算机科学计算软件中的一个软件，可供用户选用，实现其所需的数值计算。因此，数值软件是计算方法转化为社会生产力的重要环节。

大量数值软件组装在一起，称为数值软件库（包），它可用于各类计算机用户和各种科学工程应用软件。因此，数值软件库是大型科技应用软件研制者的重要工具，是科技应用软件的组成部分。

数值软件同电子计算机一起诞生和发展。最初的数值软件只是常用的初等函数和简单的计算方法的标准程序，直接用机器语言或汇编语言写成；随着程序语言的发展，特别是在标准的 FORTRAN 和 ALGOL 等语言定型之后，为减少重复劳动，提高数值软件本身的可靠性、可移植性和使用效率，多采用标准的 FORTRAN、ALGOL 和 PASCAL 等语言写成。随着计算机在工程技术和科学研究领域里的广泛应用和数值计算方法的迅速发展，数值软件的内容正在迅速扩充和更新。目前，几乎所有的大中型计算机和计算中心都装备着数值软件库。数值软件已经商品化，并出现了专门经营数值软件的软件公司。国际上召开了多次讨论数值软件发展的学术会议，并创办了专门刊登数值软件论文的刊物。

数值软件要被经常反复调用。因此，在建立一个数值软件库时，必须对

计算方法进行认真的选择。选择时主要应考虑计算方法的适用性、专业性、准确性、稳定性、计算量和存贮量，这些方面必须尽可能兼顾。列入数值软件库的每个软件必须经过严格、全面的考验，以确保其正确性、可靠性和执行的有效性。每个数值软件须有详尽、明白的使用说明书，对软件如何使用以及计算方法的适用范围、准确度、计算量给予确切的说明，以便用户使用。

数值软件的内容已经涉及数值计算的各个方面，如算术子程序、初等函数、多项式与特殊函数、数值积分与数值微分、函数逼近、矩阵及向量计算、线性与非线性方程组解法、概率计算、统计分析与数据拟合、线性与非线性规划、管理科学、绘图与图像显示、常微分方程数值解法、偏微分方程数值解法、数模转换等。随着计算方法的进一步发展和计算机更广泛的应用，数值软件所包含的内容必将越来越广。

概率论

20 世纪以前的概率论

概率论是研究随机现象数量规律的数学分支，起源于博弈问题。16 世纪意大利的一些数学家曾研究过掷骰子等赌博中的一些简单概率问题。17 世纪中叶，法国数学家费马、帕斯卡和荷兰数学家惠更斯用组合方法讨论了合理分配赌金问题等。惠更斯在 1657 年发表的《论赌博中的计算》是最早的概率论著作，其中给出了数学期望的概念。这些数学家的工作建立了概率论的一些基本概念和定理，标志着概率论的诞生。但通常认为，概率论作为一门独立的数学分支，其真正的奠基人是雅各布·伯努利，他的重要贡献是建立了概率论中的第一个极限定理：伯努利大数定律，发表在 1713 年出版的遗著《猜度术》中。伯努利定律刻画了大量经验观测中呈现的稳定性，作为大数定律的最早形式，在概率论的发展史上占有重要地位。

继伯努利之后，法国数学家棣莫弗、蒲丰、拉普拉斯、泊松和德国数学家高斯等对概率论作出了进一步的奠基性贡献。棣莫弗和高斯各自独立地引入了正态分布，蒲丰提出了投针问题和几何概率，泊松给出了泊松大数定律，等等。特别是拉普拉斯 1812 年出版的《概率的分析理论》，首先明确地给出了概率的古典定义，并以强有力的分析工具处理概率论的基本内容，实现了概率论从单纯的组合技巧向分析方法的过渡，开辟了概率论发展的新时期。

19 世纪后期，概率论的发展中心开始转向俄国。这一时期，极限理论的发展成为概率论研究的中心课题。在这方面，俄国数学家切比雪夫作出了突出贡献。1866 年，他用切比雪夫不等式建立了有关独立随机变量序列的大数定律，使伯努利大数定律和泊松大数定律成为其特例。1867 年又将棣莫弗—拉普拉斯极限定理推广为更一般的中心极限定理。切比雪夫的成果后来又被他的学生马尔可夫等发扬光大。

19 世纪末，一方面概率论在统计物理等领域的应用提出了对概率论基本概念与原理进行解释的需要，另一方面，科学家们在这一时期发现的一些概率论悖论也揭示出古典概率论中基本概念存在的矛盾与含糊之处。这些问题却强烈要求对概率论的逻辑基础作出更加严格的考察。

概率论的公理化

俄国数学家伯恩斯坦和奥地利数学家冯·米西斯对概率论的严格化做了最早的尝试。但他们提出的公理理论并不完善。事实上，真正严格的公理化概率论只有在测度论和实变函数理论的基础才可能建立。测度论的奠基人，法国数学家博雷尔首先将测度论方法引入概率论重要问题的研究，并且他的工作激起了数学家们沿这一崭新方向的一系列探索。特别是前苏联数学家科尔莫戈罗夫的工作最为卓著。他在 1926 年推倒了弱大数定律成立的充分必要条件。后又对博雷尔提出的强大数定律问题给出了最一般的结果，从而解决了概率论的中心课题之一——大数定律，成为以测度论为基础的概率论公理化的前奏。

1933 年，科尔莫戈罗夫出版了他的著作《概率论基础》，这是概率论的一部经典性著作。其中，科尔莫戈罗夫给出了公理化概率论的一系列基本概念，提出了六条公理，整个概率论大厦可以从这六条公理出发建筑起来。科尔莫戈罗夫的公理体系逐渐得到数学家们的普遍认可。由于公理化，概率论成为一门严格的演绎科学，并通过集合论与其他数学分支密切地联系着。

在公理化基础上，现代概率论取得了一系列理论突破。公理化概率论首先使随机过程的研究获得了新的起点。1931年，科尔莫戈罗夫用分析的方法奠定了一类普通的随机过程——马尔可夫过程的理论基础。

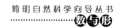

科尔莫戈罗夫之后，对随机过程的研究作出重大贡献而影响着整个现代概率论的重要代表人物有莱维、辛钦、杜布和伊藤清等。1948年莱维出版的著作《随机过程与布朗运动》提出了独立增量过程的一般理论，并以此为基础极大地推进了作为一类特殊马尔可夫过程的布朗运动的研究。1934年，辛钦提出平稳过程的相关理论。1939年，维尔引进"鞅"的概念。1950年起，杜布对鞅概念进行了系统的研究而使鞅论成为一门独立的分支。从1942年开始，日本数学家伊藤清引进了随机积分与随机微分方程，不仅开辟了随机过程研究的新道路，而且为随机分析这门数学新分支的创立和发展奠定了基础。

像任何一门公理化的数学分支一样，公理化的概率论的应用范围被大大拓展。

古典概率

古典概率讨论的对象局限于随机试验所有可能的结果为优先可能的情形。1812年，法国数学家拉普拉斯给出了概率的古典定义：

事件 A 的概率 $P(A)$ 等于一次试验中有利于事件 A 的可能的结果数与该试验中所有可能的结果之比。

历史上有名的合理分配赌金问题的解法是应用古典概率的一个典型例子：甲、乙二人各出同样的赌注，用掷硬币作为博弈手段。每掷一次，若正面朝上，甲得1分，乙不得分；若反面朝上，乙得1分，甲不得分。谁先得到事先约定的分数，就赢得全部赌注。两人赌博提前结束，该如何分配赌金？

计算古典概率，可以用穷举法，但借助于组合计算更为简单。随着人们遇到问题的复杂程度的增加，基本空间中元素个数的有限性和等可能性暴露出它的弱点，人们针对不同的问题从不同的角度计算出不同的概率，引进了几何概率和概率的频率定义。

随机变量及其分布函数

每次试验的结果可以用一个变量 ζ 的数值来表示，这个变量的取值随偶然因素而变化，但又遵从一定的概率分布规律，这种变量称为随机变量，用$\zeta,\eta,\cdots$表示。它是随机现象的数量化。例如掷一颗骰子出现的点数，随机抽查的一个人的身高，悬浮在液体中的微粒沿某一方向的位移等，都是随机变量的实例。

一个随机试验的可能结果（称为基本事件）的全体组成一个基本空间。随机变量是定义于这个空间上的函数，即对每一个基本事件都有一个数值与之对应。一般来说，一个随机变量所取的值可以是离散的，例如掷一颗骰子的点数只取 1 到 6 的整数，也可以充满一个数值区间或整个实数轴。

在研究随机变量的性质时，确定和计算它取某个数值或落入某个数值区间内的概率是非常重要的。这样，也就有分布函数的概念：给定随机变量ζ，它的取值不超过实数 x 的事件的概率 $P(\zeta\leqslant x)$ 是 x 的函数，称为 ζ 的概率分布函数，简称分布函数，记作 $F(x)$，即 $F(x)=p(\zeta\leqslant x),(-\infty<x<\infty)$。

有些随机现象需要同时用多个随机变量来描述，例如对地面目标射击，弹着点的位置需要两个坐标才能确定，因此研究它要同时考虑两个随机变量。一般称一个概率空间上的 n 个随机向量构成的 n 维向量为 n 维随机向量。

随机变量的独立性是概率论所独有的一个重要概念。如果 n 个随机变量的联合分布函数等于它们各自分布函数的乘积，我们就称这 n 个随机变量是独立的。对于独立性，也可以直观地理解为 n 个随机变量中任何一个随机变量取值的概率规律，并不随其他随机变量的取值而改变。在实际问题中通常用它来表征多个独立操作的随机试验结果或多种有随机来源的随机因素的概率特性，它对于概率统计的应用是十分重要的。

数学期望

又称期望或均值，是随机变量按概率的加权平均，表征其概率分布的中心位置。数学期望是概率论早期发展中就已经产生的一个概念，当时研究的问题大多与赌博有关。例如，有一赌徒梅累向法国数学家帕斯卡提出一个使他苦恼很久的问题："两个赌徒想约赌若干局，谁先赢 S 局就算谁赢，在赌徒甲赢 a 局($a<S$)而赌徒乙赢 b 局($b<S$)时赌博中止，问赌本应如何分配？"1654 年 7 月 29 日，帕斯卡将这个问题和他的解法寄给了费马，费马也

从不同的理由出发给出了正确的解法。他们的解法首先涉及数学期望的概念,解法的基础都是按赢得整局赌博的概率的比例来分配赌本这个原则。帕斯卡在《关于算术三角形》一文中提出了一般解法,即令 $m=S-a$,$n=S-b$,于是赌徒甲和乙之间赌本应按比例

$$\frac{C_{m+n-1}^{0}+C_{m+n-1}^{1}+\cdots+C_{m+n-1}^{n-1}}{C_{m+n-1}^{0}+C_{m+n-1}^{1}+\cdots+C_{m+n-1}^{m-1}}$$

来分。1657 年,荷兰数学家惠更斯从与帕斯卡相似的理由出发,以更为明显的形式导出了数学期望的概念,他考虑的问题是:如果某人在 $m+n$ 种可能出现的结果中,有 m 结果可赢得 a,有 n 种结果可赢得 b,则 $\frac{ma+nb}{m+n}$ 就是他在该局赌博中所能期望的收入。这是简单算术平均的一种推广。

正态分布

最重要的一种概率分布。若随机变量 X 取不超过实数 X 的值这一事件的概率为

$$P(X\leqslant x)=\frac{1}{\sigma\sqrt{2\pi}}\int_{-\infty}^{x}\exp\{-(t-\mu)^{2}/2\sigma^{2}\}\mathrm{d}t$$

式中 μ,σ 为实数,且 $\sigma>0$,则 X 的分布称为(一维)正态分布或高斯分布,记作 $N(\mu,\sigma^{2})$。它是一种连续型分布,其密度函数的图象是一条位于 X 轴上方的钟形曲线。

正态分布最早是由法国数学家棣莫弗(1730)在求二项分布的渐近公式中得到的。高斯在研究测量误差时从另一个角度导出了正态分布,并研究了它的性质,因此正态分布也称为高斯分布。拉普拉斯也研究了正态分布的性质。

生产与科学实验中很多随机变量的概率分布都可以近似地用正态分布来描述。例如,在生产条件不变的情况下,产品的抗压强度、口径、长度等指标。一般来说,如果一个量是由许多微小的独立随机因素影响的结果,那么就可以认为这个量具有正态分布。从理论上看,正态分布具有很多良好的性质,许多概率分布都可以用它来近似,还有一些常用的概率分布是直接由它导出的。

随机过程

随机过程是随时间推移的随机现象的数学抽象。其定义为：设(Ω,F,P)为概率空间，T为指标t的集合，如果对每个$t\in T$，有定义在Ω上的实随机变量$X(t)$与之对应，就称随机变量族$X=\{X(t),t\in T\}$为一随机过程。例如，某地第n年的年降水量X_n由于受许多随机因素的影响，它本身具有随机性，因此$\{X_n,n=1,2,\cdots\}$便是一个随机过程。事实上，现实中的大多数过程都具有程度不同的随机性。

一些特殊的随机过程早已引起人们的注意。例如1907年前后，俄国数学家马尔可夫研究过一组有特殊相依性的随机变量，后人称为马尔可夫链。又如1923年，美国数学家韦纳从数学上定义了布朗运动，这种过程至今仍是随机过程的重要研究对象。通常认为，随机过程一般理论的研究开始于20世纪30年代。1931年，前苏联数学家柯尔莫戈洛夫发表了《概率论的解析方法》，1934年，辛钦发表了《平稳过程的相关理论》，这两篇论文为马尔可夫过程和平稳过程奠定了理论基础。稍后，法国数学家莱维从样本函数角度研究随机过程，引进一般可加过程并研究了它的样本函数结构。莱维出版的关于布朗运动与可加过程的两部著作中蕴涵着丰富的概率思想。1953年，美国数学家杜布在著作《随机过程论》中系统地叙述了随机过程的基本理论，他的工作推动了鞅理论的发展。1951年，日本数学家伊藤清建立了关于布朗运动的随机微分方程的理论，为研究马尔可夫过程开辟了新的道路。此后，由于鞅论的进展，人们讨论了关于半鞅的微分方程，而流形上的随机微分方程理论正方兴未艾。

对于随机过程的研究，除概率方法和分析方法两种主要的研究方法之外，组合方法、代数方法在某些特殊的随机过程的研究中也起到一定的作用。

随机过程论的强大生命力来源于理论本身的内部，来源于其他数学分支与随机过程论的相互渗透和彼此促进，更重要的来源于生产活动、科学研究和工程技术中的大量实际问题所提出的要求。目前，随机过程论已得到广泛应用，特别是对统计物理、放射性问题、天体物理、化学反应、生物中的群体生长、遗传、排队论、信息论、经济数学以及自动控制、无线电技术等的作用更为明显。

马尔可夫过程

一类重要的随机过程，它的原始模型马尔可夫链是由俄国数学家马尔可夫于1907年提出的。在实际生活中常常遇到具有下述特性的随机过程：在已知它目前的状态(现在)的条件下，它未来的演变(将来)不依赖于它以往的演变(过去)，这种已知“现在”的条件下，“将来”与“过去”独立的特性称为马尔可夫性，具有这种性质的随机过程称为马尔可夫过程。例如，荷花池中一只青蛙的跳跃就是马尔可夫过程的一个形象化例子：青蛙依照它瞬间而起的念头从一片荷叶跳到另一片荷叶上，因为青蛙是没有记忆的，当现在所处的位置已知时，它下一步跳往何处和它以往所走过的路经无关，如果将荷叶编号，并用 $X_0, X_1, X_2 \cdots$ 分别表示青蛙最初所在的荷叶号码及第一次、第二次……跳跃后所处的荷叶号码，那么 $\{X_n, n \geqslant 0\}$ 就是马尔可夫过程。

关于马尔可夫过程的理论研究，1931年柯尔莫戈洛夫发表了《概率论的解析方法》，首先将微分方程等解析方法应用于马尔可夫过程，奠定了它的理论基础。1951年，日本数学家伊藤清在莱维和伯恩斯坦等人工作的基础上，建立了随机微分方程理论，为研究马尔可夫过程开辟了新的途径。1954年，费勒将泛函分析中的半群方法引入马尔可夫过程的研究中，前苏联数学家邓肯等赋予它概率意义。20世纪50年代，杜布等发现了布朗运动与偏微分方程中狄利克雷问题的关系，后来亨特研究了相当一般的马尔可夫过程与位势的关系。现在，流形上的马尔可夫过程、马尔可夫场等都是正待深入研究的领域。

平稳过程

统计特性不随时间的推移而变化的随机过程。例如，一台稳定工作的纺纱机纺出的纱的直径大小受各种随机因素影响，在某一标准值周围波动，在任意若干时刻处，直径之间的统计依赖关系，仅与这些时刻之间的相对位置有关，而与其绝对位置无关，因而直径的变化过程可以看做一个平稳过程。具有近似于这种性质的随机过程，在实际中大量存在。

平稳过程的基本理论是在20世纪30～40年代建立和发展起来的，并已相当完善。其后的研究主要是向某些特殊类型以及多维平稳过程、平稳广义过程和齐次随机场等方面发展。平稳过程理论在自动控制和无线电技术等领域有着广泛的应用,并且是诸如时间序列分析、信号分析、滤波、预测理论以及控制理论等应用学科的重要工具。

鞅

一类特殊的随机过程,起源于对公平赌博过程的数学描述。莱维等人在1935年发表了一些关于鞅论的工作。1939年,维莱首次采用了鞅这个名称。但对鞅进行系统研究,并使之成为随机过程理论的一个重要分支的,则应是杜布。鞅论的一些基本定理和方法已经成为研究各类随机过程的有力工具。

布朗运动

又称维纳过程。1927年,英国植物学家布朗观察到悬浮在液体中的微粒子作不规则的运动,这种运动的数学抽象就叫布朗运动。1905年,爱因斯坦求出了粒子的转移密度。1923年,美国数学家维纳从数学上严格定义了一个随机过程来描述布朗运动。布朗运动的起因是由于液体的所有分子都处于运动中,且互相碰撞,从而粒子周围有大量分子以微小但起伏不定的力共同作用于它,使它被迫作不规则运动。维纳给出的一个重要结果就是证明了布朗运动或维纳过程的存在性。维纳过程是独立增量过程,因而也是马尔可夫过程,而且还是鞅和正态过程。

独立增量过程

又称可加过程,是一种在任何一组两两不相交区间上其增量都相互独立的随机过程。人们最早知道的独立增量过程是在物理现象中观察到的布朗运动和泊松过程。独立增量过程是一种特殊的马尔可夫过程。从一般的独立增量过程分离出本质上是独立随机变量序列的部分和以后,剩下的部分总是随机连续的。因此,研究独立增量过程,通常可假定它是可分的且随机连续的。

一般的独立增量过程是法国数学家莱维引进的。它在20世纪40年代已臻成熟,其中包含了许多重要的方法和概念,概率论的许多研究课题都直接或间接地受其启发与影响。

三、数学的发展及应用

数理统计

发展简史

数理统计的发展大致可以分为三个时期来叙述：

20 世纪以前这个时期可以分成两个阶段，大致上可以把高斯和勒让德关于最小二乘法用于观测数据的误差分析的工作作为分界线，前段属萌芽时期，总的说还没有超出描述性统计的范围。不过，这个时期在概率论方面有较多的发展，为以后数理统计学的建立作了准备。某些现在还常用的统计方法，如直方图法、符号检验法等，在这个时期就有人使用过。贝叶斯在 1763 年发表的《论有关机遇问题的求解》对后世统计思想起了很大的影响。这时期的后一段可算作是数理统计学的幼年阶段。其中，高斯等关于最小二乘法的工作，从 20 世纪初以来经过马尔可夫和其他学者的发展，成为数理统计学中的一个重要方法。但是，这个时期最重要的发展，首先在于确立了这样一种观点，即数据是来自服从一定概率分布的总体，而统计问题就是用数据去推断这个分布中的未知方面。这种观点强调了推断的地位，而使统计学摆脱了单纯描述的性质。但这种观点也并非一下子就彻底建立起来的，由于高斯等的工作揭示了正态分布的重要性(正态分布也常称为高斯分布)，在相当一个时期内，学者们普遍持有这样一种观点，即在实际问题中遇见的几乎所有的连续变量都可以满意地用正态分布去刻画。这正是正态一词的由来与含义。这样，连续变量的统计基本上就被看成是正态分布的统计。这种观点对 20 世纪统计的发展起了很大的影响，其积极的一面是关于正态分布的统计得到了深入的发展,而这在应用上有很大的重要性。但也有消极的影响,如延缓了非参数统计的发展并使它没有取得应有的地位。19世纪末以来,一些学者,特别是皮尔森,开始认识到这种观点的局限性。他引进了一个现在以他的名字命名的分布族,它包含正态分布及现在已知的一些重要的偏态分布。他认为,他所引进的分布族可以概括实用上常见的分布。统计学以后的发展并没有沿着他所设想的路线,但他的工作仍有很大的意义。特别是,他引进了一种方法——矩估计法,用来估计他所引进的分布族中的参数,这个方法一直是一种重要的参数估计方法。

20世纪初到第二次世界大战结束是数理统计学蓬勃发展达到成熟的时期。许多重要的基本观点和方法,以及数理统计学的主要分支学科都是在这个时期建立和发展起来的。这个时期的成就,包含了至今仍在广泛使用的大多数统计方法,并占据了教科书中的主要篇幅。在其发展中,以英国的统计学家、生物学家费希尔为代表的英国学派起了主导作用。

皮尔森在1900年提出了检验拟和优度的χ^2统计量,并证明其极限分布是χ^2分布。这个结果是大样本统计的先驱性工作,20世纪20年代费希尔又作了重要发展。

紧接着的一项重要进展,是皮尔森的学生,英国医生戈塞特1908年导出了t分布——正态总体下的t统计量的精确分布,开了小样本理论的先河。在此以前,皮尔森成功地导出了一些统计量的标准差,但对统计量的抽样分布问题没有多少建树。不过,戈塞特这项成就中也有皮尔森的功劳,因为它是在t统计量的分布属于皮尔森分布族的假定下导出的。

比皮尔森稍晚的费希尔,对现代数理统计的形成和发展作出了最大的贡献。他是一些有重要理论和应用价值的统计分支和方法的开创者,其重要成就有:系统地发展了正态总体下种种统计量的抽样分布,这标志着相关、回归分析和多元分析等分支的初步建立;建立了以最大似然估计为中心的点估计理论;与耶茨合作创立了实验设计,并发展了与这种设计相适应的数据分析方法——方差分析法,这在使用上很重要。费希尔在统计学上另一项有影响的工作,是他引进的信任推断法,这种方法不是基于传统的概率思想,但对某些困难的统计问题,特别是著名的贝伦斯－费希尔问题提供了简单可行的解法。

在数理统计学的另一个分支——假设检验的发展中，费希尔也起过重要的作用，但假设检验理论的系统化和深入地研究则归功于美国的奈曼与皮尔森的儿子、英国的小皮尔森。他们在1928～1938年发表了一系列文章，建立了假设检验的一种严格的数学理论。其要旨是把假设检验问题作为一个数学最优化问题来处理。在一定意义上，他们的工作是尔后瓦尔德建立的统计决策理论的先驱。奈曼对数理统计作出的另一项很重要的贡献，是他在1934～1937年建立的置信区间估计理论。他基于概率的频率解释，并与奈曼－皮尔森的假设检验理论有密切的联系。

多元统计分析是数理统计学中有重要应用价值的分支。1928年以前，费希尔已经在狭义的多元分析方面做过一些工作。1928年维夏特导出了著名的维夏特分布。此后，狭义多元分析发展很快，作出重要贡献的学者中，包括中国著名的数理统计学家许宝禄。他在1940年前后的几年中，对这一领域以及线性模型的统计理论的发展，作出了奠基性的贡献。

综合起来，以上这些成就确立了这门学科在人类文化史中的地位。

二战后，数理统计学在应用和理论两方面继续获得很大的进展。在应用上，由于经济和军事技术的快速发展以及电子计算机的出现，使数理统计学的应用达到了前所未有的规模。有些需要大量计算的统计方法，在战前限于条件而无法使用，这个障碍今日已不复存在。战前，即使在统计学较发达的国家里，统计方法的使用多少还局限在一些“点”上，如今在一些国家中则局部达到了“面”的规模。最显著的例子是在大批生产工业产品时使用统计质量管理的方法，它对日本在战后的经济恢复和发展起了不小的作用。

与战前不同，战后统计理论是沿着纵深的方向和使用更复杂的数学工具的方向发展的。在许多情况下，是把战前已有发端的理论引向深入与完善，显著的表现是在大样本理论方面。例如，最大似然估计和非参数统计的大样本理论，在战前只有初步的结果，现已达到完善的地步。

瓦尔德在1950年创立了统计决策理论，它从人与大自然进行博弈的观点出发，企图把形形色色的统计问题归并在一个统一的模式之下，这种理论对战后数理统计各分支的发展产生了程度不等的影响。它大大改变了参数估计这个分支的面貌，而对假设检验的影响则要小一些。但是，对于用这种观点去看待统计问题是否恰当，统计学界还存在分歧。

在战后数理统计的发展中，一个引人注目的现象是贝叶斯学派的崛起。如前所述，这个学派的思想可溯源于贝叶斯1763年的工作。但在战前，虽有一些学者，如杰弗里斯，在其著作中鼓吹这一学派的思想，并对流行的、基于概率的频率解释的统计理论有所批评，但未能产生多大的影响。20世纪50年代以来，这个学派日益获得了势头，原因在于：传统的统计学发展趋于成熟并得到大量应用后，其固有的弱点开始显露并逐渐为人们所认识。贝叶斯统计在理论上的进展以及它在应用上的方便和效益，使其观点为更多的人所了解并对一些人产生吸引力。传统学派与贝叶斯学派之间的争论，其最后的结局如何，要取决于它们在应用中的表现，这会影响到未来统计学的面貌。就目前情况而言，传统学派虽然失去了一些阵地，但在统计学中大体上仍处于支配地位。

统计的定义

笼统地说，统计是一门使用数量化经验资料的艺术。这些资料刻画了某种实验，人们用它们来推断、检验有关的简介(数的估计、假设的符合、预测结果、决策等)。具体地说，统计处理：① 过程和试验的统计描述。② 设计概念的数学模型的归纳和检验。在一些由于基本参数不能按足够的精度被了解或控制，而招致预测失败的场合，是用统计技术增加了科学预测和合理决策的可能性。

统计描述和概率模型可用于表现出下列经验现象的物理过程：虽然物理量 x 的个别测量值不能准确预测，但是量 x 的重复测量值 $x_1,x_2,\cdots$(样本)的某个适当的确定函数 $y=y(x_1,x_2,\cdots)$ 却常能按要求的精度被预测，并且由此可以产生有用的决策。样本值的函数 y 成为统计量。统计规律性增强了预测的可能性。在每个现实状态中，统计规律性是一个经验的自然规律，它来自试验，而非数学。一个统计量的预测精度常随着样本容量的增加而增加(大数定律)。常用的统计量有统计相对频率和样本平均值等。

古典概率模型：随机样本统计

一个连续变化的物理量(观测) χ 看做是一个具有概率密度 $\varphi(x)$ 的随机

变量，密度 $\varphi(x)$ 可根据推理得出，也可用估计的方法得到。每一组 χ 测量的样本 $(x_1, x_2, \cdots, x_n)$ 就是 n 次重复独立测量的结果，此样本称为样本量为 n 的随机样本，其概率密度称为似然函数 $L(x_1, x_2, \cdots, x_n) = \varphi(x_1)\varphi(x_2)\cdots\varphi(x_n)$。

随着样本量的增加，许多样本统计量依概率趋于相应的 x 的理论分布的参数。若样本容量理论上认为是无限的，则称其为总体分布，它的参数称为总体参数。

概率模型和现实的关系：估计和检验。

参数估计：统计方法使用样本值去推断概率模型的细节。在许多应用中，统计相对频率直接最为总体分布的粗糙的量的估计。另一种方法是：推断理论分布的一般形式，如 $\varphi = \varphi(x, \eta_1, \eta_2, \cdots)$，其中，$\eta_1, \eta_2, \cdots$ 是用给定的随机样本 $(x_1, x_2, \cdots, x_n)$ 来估计的未知总体参数。

统计假设检验用于验证理论分布的某些性质，以用于检验样本 $(x_1, x_2, \cdots, x_n)$ 的似然函数为基础，而似然函数 $L(x_1, x_2, \cdots, x_n)$ 是利用假设的概率密度计算的。一般地说，如果检验的样本落进一个似然概率很小的区域，那么就否定假设。即如果假设的似然函数检验的统计量 $y(x_1, x_2, \cdots, x_n)$ 的实现值基本上是不可能的，那么就否定假设。

非参数估计检验参数值以外的假设的分布性质，主要用于总体分布的形式不太明确的场合，在某些应用中很方便。

统计推断

根据总体模型以及由总体中抽出的样本，作出有关总体分布的某些判断。数据的收集和整理是进行统计推断的必要准备，但它没有越出所观察事物的范围，是属于前述的描述性统计的范畴，而不是统计推断。后者的特征是：推断内容必须涉及整体。例如，从整批 1 万件随机抽取 200 件作检查，算出这 200 件的废品率为 2%。这确切描述了抽出的这 200 件产品的质量情况。若由此跨出一步，以 2% 这个数作为整批产品的废品率 p 的估计，则构成一个统计推断。

统计预测

统计预测的对象是随机变量在未来某个时刻所取的值，或设想在某种条件下对该变量进行观测时将取的值。例如,预测一种产品在未来三年内的销售量,武汉市明年的长江最高水位,某个10岁男孩在两年后的身高等。统计推断与统计预测在两个方面有相似之处:一是都要依据一定的统计模型和观测数据;二是都要越出已观察的事物的范围。不同之处在于:统计推断的对象是总体分布的某一方面,如分布中所包含的某一参数的值,它虽是未知的,但并无随机性;统计预测的对象则不仅未知,且是随机的。例如,估计由全体12岁男孩的身高构成的总体的均值,是统计推断问题;若要问一个指定的10岁男孩两年后将长到多高,则是一个统计预测问题。预测和推断也不能截然分开,在许多情况下,为了进行预测,必须先作统计推断。例如,当用线性回归方程作预测时,有必要先估计回归方程中的系数,而这属于统计推断问题。

统计决策

不少实际问题的解决,最后要落到一定的行动。统计决策就是依据所作的统计推断或预测,并考虑到行动的后果(以经济损失的形式表示)而制订的一种行动方案。目的是使损失尽可能小,或反过来说,使收益尽可能大。例如,一个商店要决定今年内某种产品的进货数量,商店的统计学家根据抽样调查,预测该产品本店今年销售量为1 000件,假定每积压一件产品损失20元,而少销售一件产品则损失10元,要据此作出关于进货量的决策。一般,在决策时要考虑其他方面的因素,而不完全是统计决策。但只要在决策所依据的条件中有受到偶然性影响的成分,则数理统计方法总是有用的。从广义上说,统计推断(或预测)也可视为一种行动。这带来一种新观点,就是把损失的概念引申于评价所作统计推断的优劣。这种看法丰富了统计推断的内容,使得有可能用统一的观点去研究种种形式不同的统计推断。这正是瓦尔德在1950年提出的统计决策的出发点。

数理统计分支学科

数理统计学的内容庞杂,分支学科很多,难于做出一个周密而无懈可击的分类。大体可以划分为如下几类:

第一类分支学科包括前面已提到的抽样调查和实验设计。它们分别讨论在观测和实验数据的收集中有关的理论和方法问题，但并非与统计推断无关。因为收集数据是为了尔后作统计推断之用，在制订收集数据的方案时要以此为准绳。

第二类分支学科为数甚多，其任务都是讨论统计推断的原理和方法。各分支的形成是基于：① 特定的统计推断形式。例如，主要的统计推断形式有参数估计和假设检验两种，它们各自构成数理统计学中的基础性的重要分支。② 特定的统计观点。例如，贝叶斯统计和统计决策理论，它们都是从一种基本观点出发，处理全部统计推断问题。③ 特定的理论模型或样本结构。例如，非参数统计、多元统计分析、回归分析、相关分析、序贯分析、时间序列分析和随机过程统计。其中，非参数统计之所以形成一个分支，是因为所讨论的问题有一个公共特性：其总体分布族包罗的内容很广泛，不能用有限个实参数去刻画；多元统计分析的特点则在于所讨论的统计总体必是多维的；等等。这种分支学科不是以某一种特定的统计推断形式为研究对象，而要涉及各种统计推断形式，它们既研究统计理论，也研究统计方法。这种统计方法是共性的，即可用于来自各种不同的专业领域中的实际问题，而不是以一种特定的应用领域为对象。

第三类是一些特殊的应用问题而发展起来的分支学科，如产品抽样检验、可靠性统计、统计质量管理等，它们不涉及或很少涉及任何一种专门学科的知识，因此被认为是一个统计分支。在这种分支学科中，一般都需要同时考虑数据的收集和统计推断两方面的问题。例如，产品抽样检验的任务是制订从一批产品中做随机抽样的方案，并依据由此获得的样本去决定是否接受该批产品，这里面有抽样方案的统计问题，也有使用数据作统计假设检验的问题。

还有一些分支学科，它们的任务是讨论统计方法在某一特定学科中的应用，如生物统计、计量经济学、气象统计、地址统计等，这些分支因为大量涉及有关学科的专门知识，严格来说不能看做是数理统计学的分支，可以看做是一种边缘学科分支。

对上面所提的分支学科名单及其分类，也还存在某些问题。例如有的意见认为第三类中的产品抽样检验等不应列为数理统计学的分支学科，只是数理统计方法的一种应用。另外，在上面提到的一些分支之间，存在着内容重复交叉以至在一定意义下有包含关系的情况。例如，时间序列分析可以认为是更一般的随机过程统计的一部分，回归分析、相关分析中的许多内容可归入多元统计分析内；假设检验中的非参数检验部分是非参数统计的主要内容。

数理统计的应用

数理统计方法在工农业生产、自然科学和技术科学以及社会经济领域中都有广泛的应用，然而按其性质来说，基本上是一个辅助性的工具，它的恰当应用依赖于所讨论问题的专门知识、经验，以及良好的组织工作。

数理统计方法在农业中应用的一个主要方面，是对田间试验进行适当的设计和统计分析。实验设计的基本思想和方法，就是从田间试验开始发展起来的。如种子品种、施肥的种类和数量以及耕作方法的选定，都需要通过实验。农业试验由于周期长而且环境因素变异性大，特别需要对试验方案作精心的设计，并使用有效的统计分析方法。数理统计方法在农业中应用的另一方面是数量遗传学的方法。例如，培育高产品种的研究中的数据分析使用了多种统计方法，如在遗传力的计算上用了很复杂的回归和方差分量分析的方法。

数理统计方法在工业中的应用有两个主要方面：一个方面是在工业生产中，常有试制新产品和改进老产品、改革工艺流程、使用代用原材料和寻求适当的配方等问题。影响产品质量的因素一般很多，在进行试验时要用到各种多因素设计方法及与之相应的统计分析方法，以判定哪些因素是重要的，哪些是次要的，并决定一些最优的生产条件。正交设计、回归设计和回归分析、方差分析、多元分析等统计方法，是处理这类问题的有用工具。另一方面是现代工业生产多有大批量和要求高、可靠的特点，为保证产品质量，需要在连续的生产过程中进行工序控制，制订成批产品的抽样验收方案，对大批生产的元件进行寿命试验，以估计元件的可靠性及包含大量各种元件的系统的可靠性。为解决这些问题发展了一些统计方法，如种种形式的质量控制图、抽样检验、可靠性统计分析等，它们构成统计质量管理的内容。这些方法是20世纪20、30年代开始发展起来的，几十年来的经验证明，它们起了相当大的作用。

医学是较早使用数理统计方法的领域之一。在防止一种疾病时，需要找出导致这种疾病的种种因素。统计方法在发现和验证这种因素上是一个重要工具。例如，长期以来人们怀疑肺癌的发生与吸烟有关系，这一点得到了大量统计资料的证实。另一方面的应用是，通过临床试验，用统计分析确定一种药物对治疗某种疾病是否有用，用处多大，以及比较集中药物或治疗方法的效力；对比试验、列联表、回归分析等是这方面的常用工具。统计方法在医学中应用之广，可以由在关于医药的广告中也常引用统计数字这一个现象看出。

运筹学

作为一门新兴的应用学科，它有许多不同的定义。1976 年美国运筹学会定义"运筹学是研究用科学方法来决定在资源不充分的情况下如何最好的设计人机系统，并使之最好运行的一门学科"。1978 年联邦德国的科学辞典上定义"运筹学是从事决策模型的数学解法的一门学科"。前者着重于处理实际问题，而对"科学方法"未加说明；后者强调数学解法。英国运筹学杂志认为"运筹学是应用科学方法(尤其是数学方法)来解决那些在工业、商业、政府部门、国防部门中有关人力、机器、物资、金钱等大型系统的智慧和管理方面所出现的问题，其目的是帮助管理者科学地决定其策略和行动"。联合国国际科学技术发展局在《系统分析和运筹学》一书中所下定义为"能帮助决策人解决那些可以用定量方法和有关理论来处理的问题"。

Operations Research 的原意是作战研究。最早进行的运筹学工作是第一次世界大战期间，以英国生理学家希尔为首的英国国防部防空试验小组在进行的高射炮系统利用研究。同时英国人莫尔斯建立的分析美国海军横跨大西洋护航队损失的数学模型也是运筹学的早期工作，这一工作在第二次世界大战中有了深入而全面的发展。1938 年英国空军有了飞机定位和控制系统，并在沿海处设置了几个雷达站用以发现敌机。但在一次防空大演习中发现，需要对这些雷达送来的信息(常常是矛盾的)加以协调和关联，以改进作战效能。这一任务的提出即产生"运筹学"一词。自此，英国空军成立了运筹学小组，主要从事警报和控制系统的研究。在 1939 年和 1940 年，这个小组的任务扩大到包含防卫战斗机的布置，并对某些未来的战斗结果进行预测，以供决策之用。运筹学工作者在二次世界大战中研究并解决了许多和战争相关的课题，例如，通过适当配备护航舰队减少了船只受到潜艇攻击的损失；通过改进深水炸弹投放的深度，提高了德国潜艇的死亡率；根据飞机出动架次进行维修安排，提高了飞机的作战能力。在战争结束时，英国、美国和加拿大三国的军队中，运筹学工作者已超过七百人。战后，一些原在军队的运筹工作者在英国成立了民间组织“运筹学俱乐部”，定期讨论如何将运筹学转入民用工业，并取得了一些进展。1948 年，美国麻省理工学院率先开设了运筹学课程，许多大学群起效法，运筹学成为一门学科，内容也日益丰富。1950 年，英国出版了第一份运筹学杂志《运筹学季刊》；世界上第一个运筹学会“美国运筹学会”于 1952 年在美国成立。英国的运筹学会也于 1953 年出现。1951 年，莫尔斯和金伯尔出版了《运筹学方法》一书，这是第一本以运筹学为名的专著，书中总结了第二次世界大战中运筹学的军事应用，并且给出了运筹学的一个著名的定义：运筹学是为执行部门对它们控制下的“业务”活动采取决策提供定量依据的科学方法。运筹学的真正发展是在 20 世纪 50、60 年代，其标志是相继创立了线性规划理论、非线性规划理论、网络流随机规划以及整数规划理论。其他方面如排队论、存储论和马氏决策理论也在同期得到了迅速发展。与此同时，运筹学的应用也渗透到工业、农业、经济和社会生活的各个领域，成为管理、决策不可缺少的重要工具。1959 年国际运筹学会联盟成立，到 1986 年已有 35 个会员国和会员 3 万余人。该会的一个主要出版物为《运筹国际文摘》，该文摘对各国 20 多种运筹专刊和近 50 种有关期刊中关于运筹学的理论和应用进行评述。

我国科学家把 Operations Research 翻译成“运筹学”，“运筹”一词出于《史记·高祖本纪》：“运筹帷幄之中，决胜千里之外。”我国关于运筹学的研究和应用开始于 1958 年，中国科学院力学研究所、数学研究所相继组建了运筹学研究室。从那时开始，在钱学森、华罗庚、许国志、越民义教授的直接指导和积极参与下，运筹学在中国取得了蓬勃的发展。当时，为了适应铁路网合理调运粮食，粮食部门的运输工作者总结出一套“图上作业法”。1965 年推广了统筹方法，其后又广泛地开展了优选法的应用。中国的运筹学会“中国数学会运筹学会”成立于 1980 年，于 1982 年加入国际运筹学会联盟并创刊《运筹学杂志》,该杂志于1997年改为《运筹学学报》。

运筹学作为一门用来解决实际问题的学科,在处理各种实际问题时,通常考虑以下几方面:

(1)确定目标,即任务预期达到的目标。

(2)制订方案,订出几个大的步骤和完成步骤的时间。一般来说,任务都是有时间性的,用于该任务的人力、物力、财力都是有限的。

(3)建立模型。对于复杂问题,要考虑是否能分解为若干小型的独立活动,以及在它们当中人、财、物的合理分配,活动的完成时间。当问题完全明确后,需要搜集相关数据,分清确定量和决策变量,建立它们满足的各种关系。

(4)制订求解方法。在模型已初步确定之后,就要考虑解法,是采用模拟,还是采用理论演算方法;是精确求解,还是求得满意解,问题本身要求的精度如何;如果有随机、模糊等不确定变量,如何考虑;有无现成方法可供借用,等等。

近代运筹学主要包含以下分支:数学规划(其中又分线性规划、非线性规划、整数规划、混合整数规划、0－1规划、参数规划、随机规划、多目标规划、动态规划、几何规划、目标规划等);图论与网络优化;组合最优化;决策分析;排队论、可靠性数学理论;库存论;对策论;优选学、统筹学,等等。在此基础上,逐渐形成了当代运筹学,按内涵可以分成三大部类:第一类是运筹学的基础理论,包括规划理论、随机运筹理论、组合及网络优化理论、决策理论,其基本架构与近代运筹学相一致;第二类是有特定对象的运筹学理论与方法,包括工业运筹学,农业运筹学,交通运输运筹学,公用事业运筹学,军事运筹学,金融、市场、保险运筹学等;第三类是运筹学同其他自然科学和人文科学的交叉,如计算运筹学、工程技术运筹学、管理运筹学、生命科学运筹学等。运筹学实用性和交叉性两大特点亦源于此。在以上三大部类十余种学科的基础上,可再分出若干三级学科,据此可望为新世纪运筹学的发展规划出基本方向。下面我们将分别对运筹学的主要分支进行简单介绍。

数学规划

研究在决策变量$x=(x_1,x_2,\cdots,x_n)$受到某些条件约束下,如何寻求一

个 x^*，使得某一个（或几个）给定的目标函数在 x^* 处取得极小（或极大）。用 D 表示满足所给定条件的 x 的全体，$f(x)$ 表示目标函数，min（max）表示极小（或极大），则数学规划的形式可表述为 $\min\limits_{x\in D} f(x)$，简记为（P）。若 D 为 n 维欧式空间，则规划为无约束规划，否则为带约束规划。

数学规划与经典的极值问题有本质的不同，古典方法只能处理目标函数与约束集合都具有简单表达式的情况，而数学规划的目标函数与约束条件一般都很复杂；古典方法只考虑 n 很小的情况，如 $n=3,4,5$，而问题（P）中的 n 很大，甚至超过百万；古典方法在求解时往往可以利用公式进行求解，因此只能处理某些简单类型的问题，而问题（P）则要求给出某种精确度的数字解答，因此算法研究特别受到重视。由于以上这些本质区别，求解数学规划必须另辟蹊径。

在生产实际中，有大量的问题都可化为数学规划问题来处理，如关于物资运输问题、建筑的最优结构、厂址的选择、资源分配等。根据问题的性质以及处理方法的不同，数学规划又有许多分支。简述如下：

（1）线性规划是数学规划中最简单、最基本、应用最广的一个形式。D 可以用 $x=(x_1,x_2,\cdots,x_n)$ 的线性（不）等式表示，$f(x)$ 为 x 的线性函数。这种形式的数学规划称为线性规划。

（2）非线性规划即目标函数以及约束函数中出现非线性函数。根据函数的不同类型，又可细分为凸规划、二次规划，等等。

（3）整数规划即规定部分（或全体）变量只能取某些整数值的规划。若变量只取 0 或 1，则为 0—1 整数规划。

（4）组合规划或称组合最优化，即利用组合方法在一个有限的集合中寻求最优的规划。

（5）参数规划即在约束函数或目标函数中含有某些参数的规划。

（6）随机规划即某些变量或系数为随机变量的规划。

（7）动态规划即处理多阶段决策过程的规划。

（8）多目标规划的目标函数是一个向量函数，即规划中有多个目标函数。

除以上规划外，还有目标规划、几何规划、分数规划、半无限规划、目标规划，等等。

将数学方法用于生产的组织和规划的思想,在 19 世纪或更早的时期早就萌生。如在 17 世纪费马提出一个问题:求一点使其到三个给定点的距离最小。这可视为选址问题的一个雏形。规划论的基本思想可追溯到 1823 年傅立叶提出的求解具有线性约束条件的线性目标函数值的一些粗糙方法。然而,首先认识到生产安排中的某些重要问题均具有某种共同的明确的数学结构,且可以用数学方法处理的科学家应是前苏联的数学家康托罗维奇,他于 1939 年从工厂的经济活动出发,提出并研究了一类特殊的新型规划问题。而最一般的线性规划模型和单纯形求解方法则是 1947 年由美国数学家丹齐克提出的,从此开创了数学规划的研究领域。到了 20 世纪 70 年代,数学规划无论是在理论上和方法上,还是在应用的深度和广度上都得到了进一步的发展。

国际数学规划协会于 1970 年成立,每三年召开一次国际性讨论会。从 1982 年开始,每次会上颁发两项奖金:富尔克森奖(组合数学)和丹齐克奖(数学规划)。

线性规划

线性规划是数学规划中理论成熟、方法有效、应用最广泛的一个分支。它研究线性目标函数的极值,而自变量满足线性等式或不等式要求。

线性规划最早的工作始于 20 世纪 30 年代。1939 年前苏联数学家康托罗维奇发表了名为《生产组织与计划中的数学方法》的小册子,是有关线性规划的最早文献。在这之后,美国也开始研究这个问题,早期最有影响的是希契科克研究的运输问题及其解。但是他们的工作都没有得到注意。随着二次世界大战的发展,军事中有关计划、侦察、后勤、生产等各方面的问题都陆续被提出来,系统地研究线性规划的解法和应用便提上日程。1947 年,美国数学家丹齐克提出了一般的线性规划模型与理论以及著名的单纯形方法,从而奠定了数学规划作为一门学科的基石。从 20 世纪 50 年代起,线性规划的应用逐渐从军事扩大到其他领域。例如,1951 年库普曼斯结合里昂惕夫投入产出模型将线性规划应用到生产问题,冯·诺伊曼研究矩阵对策与线性规划的关系,将它应用于经济均衡问题,等等。要解决线性规划问题,从理论上讲,都要解线性方程组,因此解线性方程组的方法,以及关于行列式、矩阵的知识，就是线性规划中非常必要的工具。

下面用一个简单的例子说明线性规划的基本概念。一个工厂生产甲、乙两种产品，考虑时间为一周，有下列约束条件：甲至多生产 8 个单位；产品需要的原料供应为 60 个单位，其中生产每单位的甲、乙产品各需 5 个单位、2 个单位；产品需要的机器加工时间供应为 80 小时，其中加工每单位的甲、乙各需 2 小时、4 小时。已知甲、乙的售出价格分别为 15 元、10 元，现以生产总值最大为目标，问题为如何确定甲、乙的产量？

设甲、乙的产量分别为 x_1, x_2，即为决策变量，则该问题的数学模型为：

目标函数为：$\max f(x)=15x_1+10x_2$

约束条件为：$0\leqslant x_1\leqslant 8, 5x_1+2x_2\leqslant 60, 2x_1+4x_2\leqslant 80, x_2\geqslant 0$

满足约束条件的每一个点称为可行解，可行解的全体集合称为可行解集。在所有可行解中求出一个使目标函数取最大值的可行解，这个可行解称为最优解。对于线性规划而言，它具有一个基本性质：最优解必将在可行解集的某一个顶点上达到。根据这一性质，为了求得最优解，只需比较目标函数在有限个顶点上的值。然而，对于变量和约束条件很多的情形，顶点数目很大，必须采取有效方法和借助电子计算机来求解，单纯形方法就是基于此性质而建立的计算方法。

针对标准型线性规划问题（即目标函数求最小，约束均为线性等式，决策变量非负。若不满足此形式，可通过相应变换得到）为简化讨论，采用矩阵符号表达为：

$$\min f(x)=c^T x$$
$$Ax=b$$
$$x\geqslant 0$$

设矩阵 A 的秩为 m，$b\geqslant 0$，对满足等式约束和非负约束的可行解 n 维向量 x，若其中 $n-m$ 个变量取零值，且其他 m 个变量在等式约束中对应的系数矩阵可逆，则称 x 为一个基础可行解，它对应可行解集合的一个顶点。这 m 个变量为基变量，其余 $n-m$ 个为非基变量。由前面线性规划解的基本性质知，如果最优解存在，则必在一基础可行解处达到。单纯形方法的基本步骤就是从一个基础可行解迭代到另一个使目标函数值得到改进（或至少不退步）的基础可行解，并且通过某种判断准则可以判定它是否为最优解，或判定问题不存在最优解而停止计算。在用人工进行计算时，常常将迭代过程和判别过程排列成单纯形表格在表上计算，十分方便，故有时也称其为单纯形表法。

线性规划的对偶理论：根据每个线性规划问题都有一个被称为它的对偶问题的线性规划问题与之对应。如标准型线性规划问题的对偶问题为

$$\max b^T u$$
$$A^T u \leqslant c$$

式中 $u=(u_1,u_2,\cdots,u_m)^T$。在经济学中称 u 为影子价格。线性规划的对偶形式及其重要性和著名的对偶定理，是冯·诺依曼首先发现的。著名的对偶定理是这样叙述的：若原问题与对偶问题之一具有有限最优解，则另一问题亦有有限最优解，且二者的目标函数值相等。若其中之一无有限最优值，则另一问题无可行解。

基于对偶理论，与单纯形法有密切联系的，有对偶单纯形法、原始对偶单纯形法。由于计算数学的发展，单纯形法的具体实现已经有了很大发展，并且形成了许多能够有效解决大型线性规划问题的计算机软件包。但是从理论上讲，单纯形法不是多项式算法。前苏联数学家哈奇扬于 1979 年提出了著名的线性规划多项式算法，即椭球算法，从理论上证明了线性规划问题属于 P 问题，但距离实际应用还很远。1984 年，印度数学家卡马卡提出一个新的多项式算法——投影算法，在理论上优于椭球算法，在实际计算效果上也显示了高速度，引起了运筹学界的重视。

非线性规划

目标函数是非线性函数或约束条件不全是线性等式(或不等式)的一类数学规划，一般表达式为：

$$\begin{aligned} \min \quad & f(x) \\ & g(x) \leqslant 0 \\ & x \in G, G \subset R^n \end{aligned}$$

这里 $g(x)$ 为给定的向量实函数，G 为一给定的凸域。

非线性规划是线性规划的进一步发展和继续。许多实际问题如设计问题、经济平衡问题都属于非线性规划的范畴。非线性规划扩大了数学规划

的应用范围，同时也给数学工作者提出了许多基本理论问题，使数学中的如凸分析、数值分析等也得到了发展。非线性规划的基础性工作则是在1951年由库恩和塔克尔等人完成的，它主要包含以下四方面的内容：

算法。如果线性规划的最优解存在，其最优解只能在其可行域的边界上达到（特别是可行域的顶点上达到）；而非线性规划的最优解（如果最优解存在）则可能在其可行域的任意一点达到。这是线性规划与非线性规划的区别。目前尚未有可用来解决所有非线性规划问题的任何算法，一般的算法都是迭代算法。除了某些特殊情况外，求解的过程是一种无限过程，即逐渐逼近于所求的解。为了判断一个算法所产生的点或极限点是否为所给问题的解，从而要寻求解的充分必要条件。

最优性条件。1951年提出的库恩—塔克尔条件是非线性规划领域中最重要的理论成果之一，是确定某点为最优点的必要条件。由于卡鲁什在1939年就对此进行过相应研究，故这项成果也称为卡鲁什—库恩—塔克尔条件。对于凸规划，它既是最优点存在的必要条件，同时也是充分条件。但对一般情况，它并不是充分条件。

对偶问题是指根据原问题(P)建立起来的一个伴随问题(D)，二者之间具有如下关系：

① 若(P)是求目标函数 $f(x)$ 的极小(大)值，则(D)求某一目标函数 $L(y)$ 的极大(小)值。② 对于(P)和(D)的可行解 x 与 y，常有 $f(x)\geqslant L(y)$（或 $f(x)\leqslant L(y)$）。③ (P)和(D)在 x^* 与 y^* 取最优值的充分必要条件是 $f(x^*)=L(y^*)$。对于所给的(P)，能满足上述三种性质的(D)通常不唯一。因此就存在构造(D)的不同路径，目前研究对偶性主要有两种方法：其一是利用拉格朗日乘子；其二是利用共轭函数。上述两种途径均得到了深入的发展，特别是洛卡费勒基于增广拉格朗日函数发展了一般的对偶理论，近年来，乔里又把对偶理论进行了统一完善。

研究对偶理论的目的主要有三：一是某些实际问题，特别是经济问题，出现的某些现象用对偶理论容易得到解释；二是利用它来帮助求解原问题；三是判定原问题是否有解。

稳定性指研究数学规划中的参数作微小变动时，解所受到的影响程度，也称为灵敏度研究，参数规划就是这一类问题的扩充。参数规划的研究内容主要包括:解的稳定性问题;解对于初始数据的依存关系;初始数据依某种方式具有不确定性的问题,等等。

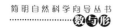

无约束优化方法

研究多元函数 $f(x)=f(x_1,x_2,\cdots,x_n)$ 在整个 n 维空间中局部最小值点的数值方法。一般表示为 $\min f(x), x\in E^{(n)}$。它在非线性规划的研究中占有很重要的位置,除本身的意义与应用外,它也是许多带约束优化方法的基础。

大多数无约束优化方法都是迭代方法,根据对当前点的迭代方向和迭代步长的不同选取,得到不同的算法。

直接法常常适用于变量极少而函数比较复杂且不易计算偏导数的情形,较为常用的直接法有鲍威尔法、单纯形调优法和模式搜索法。

最陡下降法和牛顿一拉弗森方法的迭代方向取负梯度方向,其特点为下降速度快,但因为还需计算二阶偏导,故只适用于变量个数比较小或函数比较简单的情况。

另外,共轭梯度法于20世纪60年代由弗来彻和里夫斯提出,它由于只需存储几个向量,既有较快收敛速度,又无须计算二阶偏导,特别适宜于解大型问题。变尺度方法也称为拟牛顿方法,它也具有类似共轭梯度法的若干优点。

约束优化方法

寻求带有约束条件的线性或非线性问题解的数值算法。在非线性规划的一般表达式中,当目标函数、约束函数均为凸函数时称为凸规划。凸函数具有很多已知特性,因此凸规划的研究进展较快。当目标函数为凸函数,且约束函数为线性函数时称为二次规划。

求解约束极值问题要比求解无约束极值问题困难得多。为了简化其优化工作,可采用以下方法:将约束问题化为无约束问题;将非线性规划问题化为线性规划问题,以及能将复杂问题变换为较简单问题的其他方法。对于只有等式约束的非线性规划,经典的拉格朗日乘子法指出,在对函数加以一定限制下,最优解可在一组函数方程的解集中去寻找,但是并未指出行之有效的算法。1951 年，库恩和塔克尔发表“论非线性规划”后，随着计算技术的迅速发展，已经出现了很多有效的算法。

可行方向法是指根据逐次沿可行方向求可行解点的迭代思想构造点列 $\{x^k\}$，使其满足某种给定要求的算法。在它的产生与发展过程中，藻滕代克最初于 1960 年提出了方法，罗森于 1961 年提出了投影梯度法，沃尔夫于 1963 年提出了既约梯度法，这三种方法所产生的点列虽然可以使函数值序列单调下降，但不一定收敛于最优解。后来又陆续产生改进方法，如采取摄动和转轴变换等技巧，从而保证了收敛性。1969 年提出了广义既约梯度法用来求解具有非线性约束的最优化问题。实际计算效果说明，它是一种很好的算法。

罚函数法。1943 年库朗对于仅带一个等式约束 $g-(x)=0$ 的问题，引入参数 $t>0$，研究函数 $f(x)+t[g(x)^2]$ 的平稳点 $x(t)$ 在 $t\to+\infty$ 时与原问题的关系。对于具有不等式约束 $g_i(x)\leqslant 0$ 的非线性规划问题，令函数 $P(x,t)=f(x)+t\sum[\max(g_i(x),0)]^2$。如果将 $f(x)$ 看成“价格”，约束看成某种“规定”，则后一项可认为是对自变量违反“规定”的罚款项，$P(x,t)$ 为所支付的总代价。因此被称为罚函数。在适当的假设下，$P(x,t)$ 在对 x 不加约束的情形下产生的最优解 $x(t)$，当在 $t\to+\infty$ 时趋于原问题的最优解。这种方法为罚函数法。

因此，利用罚函数法，可将非线性规划问题的求解转化为求解一系列无约束极值问题，因而也称这种方法为序列无约束最小化技术。根据构造不同的带参数的增广目标函数方法，罚函数法分为外罚函数法和内罚函数法。在此基础上，还产生了障碍函数法，应用于各种优化问题的计算中。

赞格威尔 1969 年提出用统一的观点研究算法。他的基本思想是，将算法看成是一个点到集的映象。在一些假设下由上半连续的点到集映象产生的点列收敛于最优解，从而统一了不少算法的收敛性的研究。这方面的工作至今还在不断发展。

多目标规划

数学规划的一个分支，研究多于一个的目标函数在给定的区域上被同等地最优化的问题。

多目标最优化思想最早是在1896年由法国经济学家帕雷托提出的，他从政治经济学的角度考虑把本质上不可比较的许多目标化成单个目标的最优化问题，从而涉及了多目标规划问题和多目标的概念。1947年，冯·诺伊曼从对策论的角度提出了有多个决策者在彼此有矛盾的情况下的多目标问题。1951年库普曼斯从生产和分配的活动中提出了多目标最优化问题，引入了有效解的概念，并得到一些基本结果。同年，库恩和塔克尔从研究数学规划的角度提出向量极值问题，引入库恩—塔克尔有效解概念，并研究了它的充分必要条件。1963年扎德从控制论方面提出多指标优化问题，日夫里翁为了排除变态的有效解，引入真有效解概念，并得到了有关结果。但是，该分支仍处于发展阶段。

多目标规划中解的有效性，亦称为帕雷托有效性，因为一般不存在 x 使得所有目标同时达到最优，故最优解概念不再适用。假设目标函数求极小，对于可行解集合中的 x^*，若不存在可行点 x，使得 $f(x)\leqslant f(x^*)$（向量的每一个分量都满足这个不等式，且至少有一个严格成立不等式），则称 x^* 为有效解。一个多目标规划通常存在许多有效解，在自然序意义下，它们之间不能进行比较，因而要进行选择就需要引入一个偏爱序。这相当于要从决策者那里得到另外的信息。

多目标规划的基本算法是把多目标规划问题归结为单目标的数学规划问题进行求解，包括线性加权和法、理想点法、分层求解法。通过这个基本算法，可以把非线性规划的许多结果移到多目标规划中来。

动态规划

在运筹学和控制工程问题中，还有一种规划问题和时间有关，叫做“动态规划”。近年来在工程控制、技术物理和通讯中的最佳控制问题中，已经成为经常使用的重要工具。它的历史可追溯到1953年贝尔曼总结了20世纪40年代末期依赖对一些决策过程最优化问题的研究，发表了专题论文《动态规划理论导引》，提出了动态规划这一学科名称，并阐述了最优性原理。1957年，他的专著《动态规划》一书的出版标志着这一学科的创立。

动态规划模型与其他规划不同，时间参量是模型的一个主要组成部分。若决策是在离散的时段上进行，时间参量是离散的；若决策过程是连续的，时间参量是连续的。在决策过程中，用状态描述过程，状态随时间的演变规律可能是确定性的，也可能是随机性的。马尔可夫决策过程就是一类随机性决策过程。状态还需满足无后效性：给定某一时刻的状态，在此时刻后过程的发展不受此时刻以前状态的影响，过程的过去历史只通过当前状态去影响它未来的发展。一般说来，模型包括以下组成部分：时间参量集、状态空间、决策空间、容许决策集的簇、状态转移规律、指标、初始和终止条件等。决策过程的最优化，就是要在容许决策集内求出策略，使之满足初始和终止条件，并在某种意义上使指标达到最优值。

最优性原理即关于最优策略的基本性质的表述，是动态规划的理论基础。贝尔曼的表述为：不论初始状态和初始决策为何，对于先前的决策所造成的状态而言，下面的那些决策必构成一最优策略，是最优策略具有的性质。动态规划理论的内容之一就是对所建立的各种决策过程的模型论证最优性原理。

在动态规划中最基本的算法是对具有确定历程、有限的离散决策过程的数值求解方法，因为大多数应用问题在构成动态规划模型后，解析解不存在而需用数值方法求解时，都归结为此类方程的求解，这就是动态规划的常规算法。主要有函数逼近法、拉格朗日乘子法、结构分解法、松弛法、状态增量动态规划法、微分动态规划法等；对于具有不定历程或无限的离散决策过程，以及历程有限的连续确定性决策过程这两类问题，常用方法有数值迭代法和策略迭代法。

图论与网络优化

图论是一个古老但又十分活跃的分支，它是网络技术的基础。图论的创始人是数学家欧拉。1736 年他发表了图论方面的第一篇论文，解决了著名的哥尼斯堡七桥难题。相隔一百年后，在 1847 年基尔霍夫第一次应用图论的原理分析电网，从而把图论引入工程技术领域。20 世纪 50 年代以来，图论的理论得到了进一步发展，将复杂庞大的工程系统和管理问题用图描述，可以解决很多工程设计和管理决策的最优化问题，如完成工程任务的时间最少、距离最短、费用最省等。图论受到数学、工程技术及经营管理等各方面越来越广泛的重视。在此部分中，我们简要描述图论与网络中的代表主要分支的三个重要且有趣的问题。

一笔画和邮递路线问题

这是一个来自拓扑学的很有使用价值的问题，问题的提出是这样的：一个邮递员送信，每次要走遍他所负责的投递范围的每一条街道，完成任务后回到邮局。问：他沿怎样的路线走，所走的路程最短？

这个问题是邮递员每天都要碰到的问题，也叫最短邮递路线问题，是由中国的管梅谷教授提出的，这个问题具有普遍意义。还有许多其他实际问题也属于这一类问题，如铁路巡查员的工作等。1959年，在山东省应用运筹学解决实际问题的热潮中，发明了求最短路线的数学方法——奇偶点图上作业法。据说在某地用该方法改善了投递制度后，邮递的效率大大提高。

最理想的邮递路线当然是从邮局出发，走遍每条街而且都只走过一次，最后回到邮局。这样的路线由于没有重复，显然是最短的。然而这么理想的路线在什么情况下才能找到呢？它与一个有名的数学游戏——一笔画问题密切相关。该问题是欧拉提出并解决的，它起源于哥尼斯堡七桥问题。

哥尼斯堡七桥问题：故事发生在18世纪的哥尼斯堡城，现在是俄罗斯的加里宁格勒市。这座城市建立在普雷格尔河畔，由四块分开的土地构成，中间有七座桥梁相连，如图1所示。城市的居民热衷于一个难题：一个散步者怎样才能一次走遍七座桥，且每桥只走过一次，最后回到出发点？

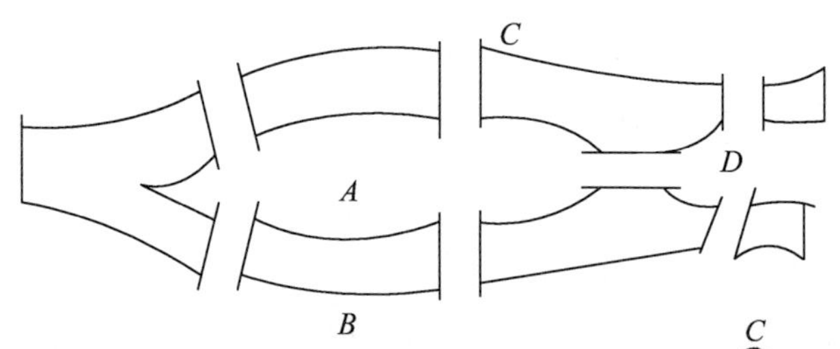

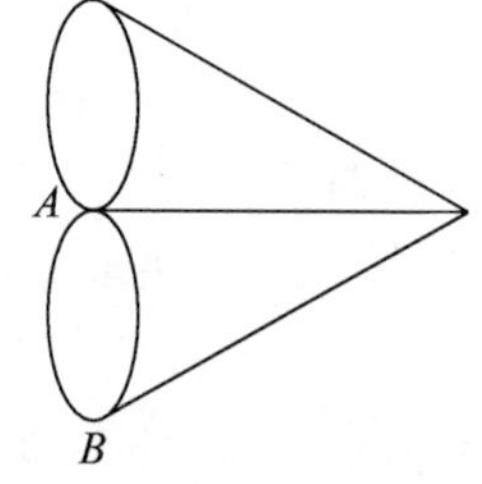

这个问题最后由欧拉解决，千百人的失败使他猜想也许所求走法不存在。1736年，他证明了猜想并在圣彼得堡科学院作了一次报告。他用点 A 表示岛，点 B 表示河的左岸，点 C 表示河的右岸，D 表示两条支流间的流域，用连接两点的线表示连接两块陆地的桥，得到右图。

这样，七桥问题就变成了一个一笔画问题：能不能一笔画出这个图形，并且能最终返回起点？

欧拉分析：除去起点和终点，关于中间每一点，总有进去和出来的两条线，因此应和偶数条线相连。如果起点和终点不重合，那么起终点将与奇数条线相联结。因此，他断定不论是否要求回到起点，不重复地一次走遍那七座桥总是不可能的。在此基础上，他继续钻研，终于找到一个简便原则可以鉴别任一图形能否一笔画出，也就是一笔画定理。

网络流

作为图论中的一类重要理论和方法，由哈里斯于 1955 研究铁路网的最大通过能力时首先提出，在一个给定的网络上寻求某两点间的最大运输量问题。1956 年，福特和富尔克森给出了算法，从而建立了网络流理论。

网络是由一个有向图 $G=(V,E)$ 和一个定义在弧集 E 上的已知非负函数（即容量函数）组成，其中有两个指定的点 V_s 和 V_e 分别成为发点和收点，其他点为中间点；c_{ij} 表示弧 $e=(V_i,V_j)$ 上的容量。

设 f 是定义在集合 E 上的非负函数，f_{ij} 表示 f 在弧 $e=(V_i,V_j)$ 上的函数值，称其为流量。若函数 f 满足以下两个条件，则称函数 f 为网络上的流，简称网络流：① 在每一条弧上，流量不超过容量，即 $0\leqslant f_{ij}\leqslant c_{ij}$。② 在任意一个中间点 V_i 上，从 V_i 流出的总流量等于流入 V_i 的总流量，这个条件也称为流的平衡条件。

在网络上寻求一个使流量 $v(f)$ 达到最大的流 f，称之为网络最大流问题。它是网络流理论中的一个主要研究课题，已获得一些重要结果：① 流 f 是最大流的充分必要条件是，不存在关于 f 的增广链，从而将寻求最大流问题转化为判断有无增广链问题。福特和富尔克森提出了一种标号法，来寻求从 V_s 出发沿网络上的弧向 V_e 的增广链。② 若各弧上的容量都是正整数，则必存在各弧上的流量都是整数的最大流。③ 网络流理论中有一个基本的对偶定理：最大流的流量等于最小截集的截量。

最小费用流是常见的一类重要的网络流问题。在网络的每条弧上，除了容量 c_{ij} 外，还有一个已知数值 a_{ij}，我们要求得一个流 f，使其流量为给定的 v^*，而且对所有弧的求和 $\sum a_{ij}f_{ij}$ 取得最小值。a_{ij} 可理解为从 v_i 沿弧

(v_i, v_j)到 v_j 的运输费用，目标是总的运输费用最小化。这类问题的解法，一种是从一个流量为 $v_1(v_1<v^*)$的最小费用流 f_1 出发寻求关于 f_1 的增广链 M，使得沿 M 可以把 f_1 调整为流量是 $v_2(v_1<v_2<v^*)$的最小费用流，反复进行，直到得出流量是 v^* 的流或者判明网络中不存在流量是 v^* 的流；另一种解法是从流量为 v^* 的流出发，在不改变流量的情况下，逐步调整总费用，使其减少到不能减少为止。1961 年，富尔克森提出了一个更一般的求解最小费用流问题的方法。20 世纪 80 年代，出现了一些更有效的算法。

作为网络最大流问题的推广，弧上流量有非零下界的网络流、动态流、带增益流、多种物资流、网络流的分解及合成等问题，也逐步得到了广泛深入的研究，在理论与算法方面都得到了一系列研究成果，网络流在城市交通网络设计、组合问题求解、工程进度安排、生产调度等许多问题中也展示了其重要作用。

组合最优化

组合最优化又称组合规划，是在给定有限集的所有具备某些特性的子集中，按某种目标找出一个最优子集的一类数学规划。初期，它所研究的问题，如广播网的设计、旅游路线的安排、课程表的制订等，都是网络上的一些极值问题。后来，对这些问题进行概括和抽象，在理论上研究了拟阵中一些更一般的组合最优化问题及算法。主要研究内容有：线性组合最优化问题；网络上的最优化问题；独立系统和拟阵，拟阵是组合优化中一个基本而重要的概念，许多组合问题都可化为拟阵问题。贪心算法是求拟阵的最优独立集的简单算法；交错链算法是求解最优交问题的基本算法。

对问题算法的分类也是一类主要研究内容。某些算法具有多项式时间复杂度，如贪心算法、交错链算法，称之为多项式时间算法，能用多项式算法求解的问题为 P 问题。还有一类问题从求解的计算量角度看有如下共性：① 它们都未找到多项式算法。② 若对其中的某一个问题存在多项式算法，则这一类的所有问题也都有多项式算法。这些问题组成的等价类称为 NP 完备问题，如装箱问题、推销员问题等。人们在求解这类问题时，往往采用“启发式”算法，不能保证求得最优解，但常常能求得较好的近似解。

投入产出分析

研究各种经济活动的投入与产出之间的数量依存关系，特别是国民经济各个部门之间的数量依存关系的一种方法。早在 1924 年，前苏联为了统一计划和安排全国的生产活动，曾经编制 1923/1924 年国民经济平衡表，其中包括各种产品生产与消耗的棋盘式平衡表，当时在方法上并未进行科学的提炼和总结。20 世纪 30 年代，里昂惕夫在前人工作的基础上提出了投入产出方法(他因此获得 1976 年诺贝尔经济奖)，并且编制了美国经济 1919 年至 1929 年的投入产出表。二次世界大战末期，这个方法得到了美国政府的重视，以较大人力、物力编制了美国 1947 年投入产出表。随后，世界上出现了编制和应用的热潮，已有 90 多个国家编制过，中国在 1974 年到 1976 年曾经编制了 61 个部门的实物型投入产出表。

投入产出表的作用主要如下：① 检查现有国民经济计划方案在部门间的比例和主要产品产量方面的不平衡状况。② 分析国民经济中的一些主要比例关系，如积累和消费。③ 研究采取某一项重要的经济政策可能产生的影响，如当工资提高 10%时商品价格上升的百分比。④ 进行经济预测等。

投入产出模型已成为西方计量经济学派常用的数学工具。按照分析时期的不同，分为静态和动态两种。静态投入产出模型的研究开始得较早，基本结构是一个大的矩阵，若以 A 表示直接消耗系数矩阵(a_{ij} 表示第 j 个部门单位产品对第 i 个部门产品的消耗量)，X 和 Y 分别表示总产品和最终产品，则模型为：$AX+Y=X$。动态投入产出模型研究若干年份的社会再生产过程，它的种类很多，主要有里昂惕夫动态投入产出模型、快车道动态模型、半动态投入产出模型等。

投入产出模型按照计量单位的不同，可分为实物型、价值型、劳动型、能量型等类型。目前的发展方向有：把投入产出模型与运筹学的其他内容相结合编制最优化模型；研究动态投入产出模型，进行中长期预测服务；方法上使用代数和概率的新成果；技术上利用电子计算机进行自动编表等。

排队论

排队论是运筹学的一个分支，又叫做随机服务系统理论，主要研究各种系统的排队队长、排队的等待时间及所提供的服务等各种参数，以便求得更好的服务。其目的是要回答如何改进服务机构或组织被服务的对象，使得某种指标达到最优的问题。比如一个港口应该有多少个码头，一个工厂应该有多少维修人员等。

排队论最初是由1909年丹麦的电话工程师艾尔郎关于电话交换机的效率研究开始的；1930年以后开始了更为一般情况的研究，取得了一些重要成果；在第二次世界大战中，为了对飞机场跑道的容纳量进行估算，它得到了进一步发展，其相应的学科更新论、可靠性理论等也都发展起来；1949年前后，开始了对机器管理、陆空交通等方面的研究；1951年以后，理论工作有了新的进展，逐渐奠定了现代随机服务系统的理论基础。

因为排队现象是一个随机现象，因此在研究排队现象的时候，主要采用的是研究随机现象的概率论作为主要工具。此外，还有微分和积分方程。排队论把它所要研究的对象形象地描述为顾客来到服务台前要求接待。如果服务台已被其他顾客占用，那么就要排队。另一方面，服务台也时而空闲、时而忙碌，就需要通过数学方法求得顾客的等待时间、排队长度等的概率分布。因此它是研究系统随机聚散现象的理论。

服务系统包含三个基本组成部分：输入过程，即顾客到来的规律；排队规则，即为顾客服务的次序；服务机构，即为顾客服务的各种设施及服务时间。关于它们的不同假定，会产生各种排队模型。对模型、瞬时状态、逼近理论的研究构成了排队论的主要研究内容。

排队论在日常生活中的应用是相当广泛的，如水库水量的调节、生产流水线的安排、电网的设计等。还有一些与排队论有密切关系的随机分支，如存贮论、计算机模拟、库存论、可靠性数学理论等。

决策分析

决策就是根据客观可能性，借助一定的理论、方法和工具，科学地选择最优方案的过程。研究决策理论与方法的科学就是决策科学。

决策问题由决策者和决策域构成，而决策域又由决策空间、状态空间和结果函数构成。决策所要解决的问题是多种多样的，从不同角度有不同的分类方法，按决策者所面临的自然状态的确定与否，可分为确定型决策、风险型决策和不确定型决策;按决策所依据的目标个数,可分为单目标决策与多目标决策;按决策问题的性质,可分为战略决策与策略决策。不同类型的决策问题应采用不同的决策方法。

决策的基本步骤为:① 确定问题,提出决策的目标。② 发现、探索和拟订各种可行方案。③ 从多种可行方案中选出最满意的方案。④ 决策的执行与反馈,以寻求决策的动态最优。如果决策者的对方也是人(一个人或一群人),双方都希望取胜,这类具有竞争性的决策称为对策或博弈型决策。相应问题可参考对策论的内容。

决策者首先要遵守决策分析的公理,如相对偏好存在公理、传递性公理、偏好的定量化公理等,决策者应该选取期望效用最大的方案;其次,对采取某个决策后出现不同结果的可能性进行评定时,需要使用主观概率,对其进行评价的方法有最大熵法、模拟试验法、专家评定法等;再者,决策者对不同决策后果优劣进行定量比较时需要效用理论,决策分析中最为常用的方法是决策树。

对策论

又称博弈论,研究由一些带有相互竞争性质的个体所构成的体系的理论。早在两千多年前,博弈论的原始思想即已萌芽。《孙子兵法》中有许多博弈的案例,如中国古代的田忌赛马。在西欧,德国哲学家和微积分奠基者莱布尼茨于1710年预言了关于策略博弈的理论出现的必要和可能。其后两年,华尔德格拉特首次提出了"极大极小"策略的概念。1881年,经济学家艾吉渥斯在《数学心理学》一书中论及了策略博弈与经济过程之间的相似性。但是,尽管有这些思想雏形,博弈论的真正发展与成熟是在20世纪。1928年,美籍匈牙利数学家冯·诺依曼首次证明了博弈论的基本定理,即"每个矩阵博弈都能通过引进混合策略而被严格决定",从而宣告了现代博弈论的正式诞生。在第二次世界大战以及其后,由于是研究双方冲突、制胜对策的问题,这门学科被应用于军事问题。1944年,冯·诺依曼又和经济学家莫根施特恩合作发表了《博弈论与经济行为》一书,将二人博弈推广到 n 人博弈,并将博弈论系统地应用于经济学研究。从那以后,关于博弈论的研究如雨后春笋般兴起。因此,冯·诺依曼和莫根施特恩被称为现代博弈论的主要奠基人。

在《博弈论与经济行为》中，提出了博弈的三种表述方式和两种解的概念，即扩展型、正规型和特征函数型以及极小极大解（对二人零和博弈而言）和稳定集解。“二人零和博弈”是一种最简单而结果最完美的博弈，其中一个局中人之所得恰为另一局中人之所失。相应于此，有“二人非零和博弈”。“n 人博弈”的情况则远为复杂（$n\geqslant 3$），n 个局中人可以有多种可能的合作，因此我们面临着复杂的联盟问题。美国科学家纳什分别于 1950、1951 年发表了《n 人博弈的均衡点》《非合作博弈》，首次提出了 n 人博弈的“均衡点”解的概念。至于“非零和博弈”（二人或 n 人），我们可以通过引进假想的第 $n+1$ 个局中人，将“n 人非零和博弈”转化为（$n+1$）人零和博弈。

非合作博弈的基本理论是在纳什均衡点概念的基础上建立起来的（作为著名的博弈论专家，纳什获得 1994 年诺贝尔经济学奖），它刻画了现实中存在的另一类重要现象，但是由于与合作博弈有关的不少问题尚未解决，故对非合作博弈的研究相对较少。

博弈论实证方面的迅速发展使许多哲学家、经济学家、政治学家和社会学家日益认识到，博弈论是描述和分析人类理性行为的最恰当工具。博弈论已被用来解决广大领域内的各种问题，如数理经济学中的交易谈判、军事方面的战术和后勤、国际和国内政治、社会政策等问题。

可靠性数学理论

运用概率统计和运筹学的理论和方法对产品（单元或系统）的可靠性作定量研究。可靠性是指产品在一定条件下完成其预定功能的能力，丧失功能称为失效。可靠性理论是研究系统故障以提高系统可靠性问题的理论。

可靠性数学理论起源于 20 世纪 30 年代，法国的龚贝尔开始研究产品使用寿命和可靠性的数学理论，最早研究的领域包括机器维修、设备更换和材料疲劳寿命等问题。第二次世界大战期间，由于研制使用复杂的军事装备和评定改善系统可靠性的需要，可靠性理论得到重视和发展。它的应用已从军事部门扩展到国民经济的许多领域。

可靠性理论研究的系统一般分为两类：① 不可修系统，如导弹等，这种系统的参数是寿命、可靠度等。② 可修复系统，如一般的机电设备等，这种系统的重要参数是有效度，其值为系统的正常工作时间与正常工作时间加上事故修理时间之比。在解决可靠性问题中所用到的数学模型大体可分为两类：概率模型和统计模型。概率模型是从系统的结构及部件的寿命分布、修理时间分布等有关信息出发，推断出与系统寿命有关的可靠性数量指标，如可靠度与失效率、修复率与有效度等，进一步可讨论系统的最优设计、使用维修策略等。统计模型是从观察数据出发，对部件或系统的寿命等进行估计与检验等。因此它既是应用概率与统计的一个分支，又是运筹学的一个分支。

军事运筹学

在现代和未来战争中，如何以最少的人力、物力消耗，达到预定的军事目的，是任何一个国家军事指挥人员所期望的效益。军事运筹学正是使这一渴望成为现实的一门新兴的边缘科学。

军事运筹思想自古就有。我国春秋时期的军事家孙子在《孙子兵法》一书中，首先将度、量、数等数学概念引入军事领域，通过必要的计算来预测战争的胜负，并指导战争中的有关行为。其后的军事家又大大地完善和发展了我国古代军事运筹思想。毛泽东和其他老一辈军事家在20多年革命战争生涯中，运用定性和定量分析相结合的方法，正确地进行战略战术原则和作战指挥的决策，形成和发展了毛泽东军事战略思想，为我军以后军事运筹学的发展奠定了基础。军事运筹学真正成为一门完整的科学还是近几十年的事情。第一次世界大战期间，英国人兰彻斯特为适应战争需要，创造性地运用数学方程式来描述两军对战过程。同时期的美国人爱迪生用数学中的博弈论和统计分析方法研究出了商船避免德国潜艇袭击的航行策略。在第二次世界大战期间，围绕雷达进行的工作最终促成了当代军事运筹学的形成。当时，英国皇家空军使用一种新研制的预警工具——雷达来对付德国人的空袭，由于对雷达的使用缺乏科学性，起初雷达的防空预警效果令人失望。为此，1940年8月，英国国防部门成立了以诺贝尔奖获得者、物理学家勃兰凯特为首的11人小组，其中有数学家、物理学家、生理学家、测量员和军人，该小组通过多次现场实验，使雷达和高炮配合达到最佳状态，雷达的优越性充分体现出来。当时德国雷达在技术性能指标上虽然优于英国，但德国人忽略了对包括雷达在内的防空系统的有关操作的研究，其防空系统效果因而始终不如英国。英国作战研究部把围绕雷达使用所进行的工作称为“Operations Research”，这可以说是军事运筹学产生的标志。1943 年 3 月，为对德国在大西洋的潜艇实现更加有效的攻击，美国海军成立了由物理学家莫尔斯领导的跨学科小组。小组通过对潜艇的搜索研究，建议对深水炸弹作技术改进，使其在水深约 9 米处爆炸。仅此一项措施，使对潜艇的击沉率增加了 6 倍。战后，英美等国在军事运筹学的研究和应用中，从追求武器装备性能指标达到最佳设计要求，发展到计划和预测某种作战方式或战术手段可能达到的效果，解决问题的手段也日趋全面。目前，军事运筹学在国际上开展得十分广阔，仅在美国国防部系统就有军事运筹学从业人员三万多人，另外美国还有如兰德公司、国防分析研究公司等运筹研究机构，经常为政府或军界提供政策及战略咨询。各大公司及政府部门也有相应的系统分析机构，英、法和北约各国都有自己的高级运筹研究组织。同样，前苏联的军事运筹学规模也很大，在军用方面就有一个约两千人的运筹学应用研究机构，该机构参加了国际所有的有关运筹及系统分析的学术团体。

军事运筹学是应用数学工具和现代计算技术对军事问题进行定量分析，从而为决策提供数量依据的一种科学方法，是一门综合性科学。主要从事解决以下四类问题：① 军队日常管理，如何保持军队人员、武器装备、军需物资在必要的战备状态又节省军费开支。② 作战指挥运筹。③ 武器装备发展。④ 国防战略研究。第一类问题与一般社会经济问题相似，可用运筹学的一般方法解决。后三类问题都以作战双方为了消灭对方、保存自己为主要特点，难以用一般方法描述和求解。它们涉及军事运筹学的一些主要分支内容。

1954 年经恩格尔利用二次世界大战中美、日在硫磺岛战役中的数据进行检验，发现由兰彻斯特方程算出的结果与实战进程十分吻合，首次肯定了该方程的实践意义，从此逐步形成兰彻斯特理论。火力运用理论是建立多层次、同类或异类武器射击、多批次导弹流、多阶段火力支援规划、多级指挥的集火或分火射击，以及瞄准点配置等问题的模型与算法。还有搜索论、指挥控制模型、军事计算机模拟等。

运用军事运筹学解决问题，通常有五个特点：① 目的性，这是首要问题，而且目的性在一开始搞清楚之后贯彻始终,直至目的实现。② 系统性,如何使整体达到最优(包括某种功能最强、性能最稳定等)。一个系统的优化指标一般有多个,几个指标同时达到最优的情况一般不存在,因此,局部最优不等于实现了全局最优。要达到整体的优化,必须进行统一规划,在诸多的可能方案中找出一个相对最佳的方案。③ 有效性,指运用军事运筹学时的效果问题,军事效果不仅指速度,还包括以较少的代价换取较大的成功的含义。④ 科学性,运用军事运筹学能大大地增强决策的科学性,因为这种决策方式有定量分析作基础,而且手段先进,有较准确的数学模型、适合的算法以及计算机设备作保证,只要信息来源可靠,运用军事运筹学作出的决策方案肯定比主观想出来的要有更高的可行性价值。⑤ 参谋性,指运用军事运筹学得出的结果本身的性质,这主要因为运筹时是从定量的角度考虑问题。并非所有的问题都能建立起数学模型和进行量化处理,因此运筹得出的结果在最终决策时只能作为参谋和咨询之用。

统筹学

研究如何在实现整体目标的全过程中施行统筹管理的有关理论、模型、方法和手段,是数学与社会科学交叉的一个学科分支。它通过对整体目标的分析,选择适当的模型来描述整体的各部分之间、各部分与整体之间及它们与外部之间的关系和相应的评审指标体系,然后综合成一个整体模型,用以进行分析并求出全局的最优决策以及与之协调的各部分的目标和决策。统筹学的理论与方法渗透到管理的许多领域。

20 世纪 60 年代初,中国数学家华罗庚研究了国外的关键路线法、计划评审技术、网络计划法等几十种方法的基础上,结合实际情况,形成了具有中国特色的方法,统称为统筹法,并在中国推广应用,取得了明显的效果。

统筹方法中的基本模型是统筹图(或网络图),它用节点、箭头和与之相应的数来记述整体和各部分之间以及它们与外界间的关系。从基本模型出发,根据不同的目标,可选取与之相适应的其他模型。

当整体目标为完工时间时,用箭头表示各部分的活动,节点表示事件(如某些活动完成、某些活动开始等),箭杆上相应的数字表示完成该活动的时间,箭头之间的衔接表示各部分之间的顺序关系。从统筹图的起点出发,沿箭头走到终点，可以有一条或多条路线，其中花费时间最多的称作关键路线，关键路线上的各活动称为关键活动。关键路线可能不止一条，但任一条关键路线所有的时间均相同（即为整个工程的最早完成时间）。

常用的统筹模型有以下几种：

（1）时间—成本优化模型。整体目标涉及时间与成本时，在统筹图中与箭头相应的数字表示时间与成本的关系。

（2）时间—资源优化模型。整体目标涉及时间与资源时，可在工期一定的条件下，均衡不同时期资源需要量和相应各部分的有关参数。

（3）决策型模型。在决策阶段面临各部分多种方案的选择，从整体出发，选择其中之一方案。此时统筹图上含有若干决策点。

（4）控制模型。在计划实施阶段，用以对财务、进度、资源等的控制。

（5）搭接网络模型。两部分之间的关系是用其中一部分的开始与结束时间与另一部分的开始和结束时间的间隔来描述的，这种关系允许两部分工作有重合搭接，便于描述联结型作业与交叉平行作业。

（6）非肯定型统筹模型。与各部分相应的“给定数”是随机向量。

为了更客观地描述现实世界中存在的复杂的衔接关系和数量关系，还可引进广义统筹模型，其中节点由前后两部分组成，刻画到达与离开此节点时的各部分之间的关系。用节点和箭头组成的统筹图称为决策型统筹图，是进行多阶段决策的有力工具。为找出总体最优解和与之相协调的各部分的指标和参数组，可按以下步骤分析广义统筹图：① 进行调查研究，画出广义统筹图。② 计算整体指标，计算方法有代数分析法、流图计算法、矩母函数与 W 函数法。③ 评审与优化，根据综合的整体指标，找出现存整体的最优解，或对整体进行设计，以取得最优效果。④ 确定与整体协调的各项决策、各部分的指标与有关参数。⑤ 控制、调整与整理。

统筹学是管理科学中较为活跃的分支，它的应用范围与效果随计算机的发展而不断扩大，并与数学的有关分支和社会经济学结合产生一些新的有生命力的管理科学分支，进一步推动了统筹学的发展。

优选学

在科学试验、工程设计、生产工艺和各类规划、决策与管理等许多工作中，常常要制订最优化方案。优选学是研究如何迅速地、合理地寻求这些方案的科学理论、模型与方法的集成，广泛应用于管理、生产、科技和经济领域中，几乎可以用于涉及数值加工的所有领域。

在中国，优选学中的一些理论与方法首先被应用于化工与电子行业中工艺参数的选取、仪器设备的调试控制等方面，然后逐步在石油、冶金、煤炭、医疗卫生、粮食加工、机械等领域得到了开发和应用。20 世纪 70 年代中期以来，优选学与电子计算机相结合，在优化设计、新产品试制、模型参数识别、经济发展规划等方面取得了很好的效果和经验。

为了推广优选方法，中国数学家华罗庚在理论研究和开发实践的基础上选定了几种理论上可行又易于应用的方法，编写出《优选法平话》《优选法平话及其补充》《优选法话本》等通俗小册子，带领各省市组织的优选法推广小分队跑遍了我国的 22 个省、市、自治区，到过 100 多个大小城镇，向广大群众和生产单位介绍方法和应用案例，组织推广和应用。人们应用这些方法取得了大量的优选法成果，在不增加投资、设备和人力的条件下，实现优质、高产、低消耗，取得了明显的经济效益和社会效益。优选法几次被定为国内重点推广项目，并被国家评为在国内应用范围广泛、效果明显的方法之一。

优选的数学模型与方法

优选模型根据不同的求解方法可以分为三大类：

(1) 目标函数或约束条件不能用明显的数学表达式表示。此时只能通过实验或计算获得目标函数值。如何利用尽量少的试验次数尽快找到最优解？选择最佳工艺和配方、设备仪器调试等问题可归为这一类。该类的优选方法有：处理单因素的 0.618 法（黄金分割法）、分数法、抛物线法、分批试验法；处理多因素的最陡上升法、切块法、抛物体法；等等。

(2) 目标函数与约束条件均可用明显的数学表达式表示。可用数学规划中的相应线性规划、非线性规划的方法来求解。

(3) 决策变量是某函数族中的元素。求解这类模型，除前面模型中的方法外，还有变分法、动态规划、最大值原理和控制理论中的一些方法。

控制理论

研究系统的调节与控制的一般规律的科学。这里叙述的控制理论是指20世纪50年代末至60年代初形成和发展起来的现代控制理论。它现在已成为一门独立的学科,不仅有完整的理论体系,而且已经在诸如工程、生物、生态、社会经济等许多领域有广泛的应用。现代技术特别是现代空间技术的发展是形成控制理论的推动力,数学研究积累的成果为控制理论的形成和发展提供了重要工具,电子计算机的广泛应用使控制理论的成果用于实际变成了现实。当前,控制理论为实际系统的描述、分析综合和设计、预测和决策等问题提供了系统的理论和方法。由维纳创立的控制论是一门控制和通信的科学。由庞特里亚金、贝尔曼、卡尔曼等人作出了杰出贡献的现代控制理论则是系统科学的一个组成部分,也是形成信息科学的一个基本方面。控制理论涉及的范围很广,它的方向很多。这里就其中几个目前被认为是主要研究内容,并在实际应用中十分广泛的方面作一介绍。

控制理论不是直接研究现实世界中的受控对象,而是研究受控对象的模型。这里说的"模型"是受控对象在一定程度上的数学描述,即数学模型,简称为控制系统。如果描写受控对象的数学模型是线性的,则称为线性控制系统,相仿的有非线性控制系统。现实世界的受控对象多种多样,如受控刚体运动与受控弹性体振动两者的受控机制和结果都不一样,有随机因素影响的受控刚体与没有随机因素影响的受控刚体的运动也很不一样,因而描写它们的数学模型的区别就很大。通常,数学模型由常微分方程或差分方程或微分一差分方程表示的称为集中参数系统;由随机微分方程或随机差分方程表示的称为随机控制系统;而由偏微分方程或偏微分一积分方程表示的称为分布参数控制系统。

线性系统控制理论

线性系统控制理论是控制理论的一个重要分支,研究对象是线性控制系统,涉及的主要问题有系统描述、能控性和能观测性、极点配置、观测器等内容。

线性控制系统是由下列向量微分方程和代数方程描述的：

$$\Sigma:\quad \dot{x}(t)=A(t)x(t)+B(t)u(t) \tag{1}$$

$$y(t)=C(t)x(t) \tag{2}$$

式中 $x(t),y(t),u(t)$ 分别是系统 Σ 的 n 维状态向量、r 维控制向量、m 维量测向量，记之以 $x\in\boldsymbol{R}^n,u\in\boldsymbol{R}^r$ 和 $y\in\boldsymbol{R}^m$，$\boldsymbol{R}^n,\boldsymbol{R}^r$ 和 $\boldsymbol{R}^m$ 分别表示 n 维、r 维和 m 维欧几里得空间；$A(t),B(t),C(t)$ 分别是 $n\times n,n\times r,m\times n$ 依赖于时间的矩阵。微分方程(1)称为系统的状态方程，它表征了系统状态的动力学特征；代数方程(2)称为系统的量测方程，它反映了系统的内部状态与外部观测之间的关系。当 $A(t)=A,B(t)=B,C(t)=C,A,B,C$ 全是常值矩阵时，Σ 是定常系统。$\det[sI-A]$ 为定常系统 Σ 的特征多项式，$\det[sI-A]=0$ 为它的特征方程，特征方程的根称为系统的极点。这里 I 为 $n\times n$ 单位矩阵，s 表示复变量，$\det[\cdot]$ 表示 $[\cdot]$ 的行列式。状态方程(1)的 t_0 时刻以 $x_0=x(t_0)$ 为初始状态的解可写作

$$x(t)=\Phi(t,t_0)+\int_t^{t_0}\Phi(t,\tau)B(\tau)u(\tau)\mathrm{d}\tau$$

矩阵 $\Phi(t,t_0)$ 叫做系统 Σ 的状态转移矩阵。

能控性和能观测性是由卡尔曼于 1960 年提出来的两个基本概念，它们刻画了系统 Σ 的结构和性质。

如果对在 t_0 时刻给定的初态 x_0，存在某个时刻 $t_1,t_1>t_0$，和定义在区间 $[t_0,t_1]$ 上的控制输入函数 $u(t)$，使得在这个控制作用下，系统 Σ 的状态 $x(t)$ 满足 $x(t_1)=O_n$(n 维零向量)，那么就说系统 Σ 在 t_0 时刻是完全能控的，简称系统 Σ 是能控的。系统 Σ 在 t_0 时刻完全能控的充分必要条件是：存在某时刻 $t_1,t_1>t_0$，使得矩阵

$$W(t_0,t_1)=\int_{t_0}^{t_1}\Phi(t_1,\tau)B(\tau)B^T(\tau)\Phi^T(t_1,\tau)\mathrm{d}\tau$$

是正定的。当 Σ 是定常系统时，其能控的充分必要条件是 $\mathrm{rank}[B\quad AB\ \cdots\ A^{n-1}B]=n$。

给定初始时刻 t_0，如果存在某个有限时刻 t_1，根据时间间隔 $[t_0,t_1]$ 上量测输出 $y(\cdot)$ 和控制输入 $u(\cdot)$ 能够唯一决定系统 Σ 的初态 $x(t_0)$，则称 Σ 在 t_0 时刻是完全能观测的，如果系统 Σ 在 $t\geqslant0$ 的每个时刻都是完全能观测的，则称它是完全能观测的，简称系统 Σ 是能观测的。系统 Σ 在 t_0 时刻完全

能观测的充分必要条件是：存在某个时刻 $t_1>t_0$，使得矩阵

$$M(t_0,t_1)=\int_{t_0}^{t_1}\Phi^T(t_0,\tau)C^T(\tau)C(\tau)\Phi(t_0,\tau)\mathrm{d}\tau$$

是正定的。当Σ是定常系统时，其能观测的充分必要条件是

$$\operatorname{rank}[C^T \quad A^TC^T\cdots\ (A^T)^{n-1}C^T]=n$$

线性定常系统的一些特性（如稳定性、某些动态性质等）主要由其极点决定，因此在设计系统时要配置极点。设系统Σ是定常的，如果存在线性状态反馈函数 $u(t)=Kx(t)$，使闭环系统$\dot{x}(t)=[A+BK]x(t)$以事先给定的 n 个复数为它的极点，则称系统Σ是能任意极点配置的，或者说(A,B)是能任意极点配置的。这里 K 是 $r\times n$ 矩阵。定常系统Σ能任意极点配置的充分必要条件是系统完全能控。

在系统设计中，由于系统状态常常不能直接量测到，仅依靠状态反馈不能设计出物理上能实现的闭环系统；而能直接量测的是系统的输入 u 和输出 y，所以可以利用系统的量测输出 y 得到系统的一种估计状态。假如定常系统Σ是能观测的，用极点配置方法可知，存在 $n\times m$ 矩阵 G，使 $A-GC$ 的所有特征值都具有负实部。于是下列线性定常系统

$$\dot{\hat{x}}(t)=[A-GC]\hat{x}(t)+Bu(t)+Gy(t) \tag{3}$$

具有性质 $\lim\limits_{n\to+\infty}[x(t)-\hat{x}(t)]=O_n$，故称系统(3)为系统$\Sigma$的估计状态。使用估计状态反馈和观测器可以得到系统$\Sigma$的一个动态补偿器

$$u(t)=K\hat{x}(t)$$

$$\dot{\hat{x}}(t)=[A-GC]\hat{x}(t)+Bu(t)+Gy(t)$$

由此得到闭环系统

$$\begin{bmatrix}\dot{x}(t)\\ \dot{\hat{x}}(t)\end{bmatrix}=\begin{bmatrix}A & BK\\ GC & A+BK-GC\end{bmatrix}\begin{bmatrix}x(t)\\ \hat{x}(t)\end{bmatrix}$$

是渐近稳定的。

最优控制理论

最优控制理论是控制理论中最早发展的分支之一。对于控制系统，常

常要求找到控制函数，在它的作用下，系统从一个状态转移到所希望的状态，并且还希望控制方式是最好的。这就是最优控制问题。

设有非线性受控系统，由下列非线性向量微分方程描述

$$\dot{x}(t)=f(t,x(t),u(t)) \tag{1}$$

这里，控制向量 u 通常不能任意取值，它受限制，用 u 属于 R^r 中某个有限闭区域 U_r 表示，即 $u\in U_r\subset R^r$。设 x_0 是给定的初态，x_f 是控制作用结束或控制过程结束时系统(1)的状态，简称为终端状态或末状态，它可以是自由的，也可以是受限制的。用定义在某 A 上的泛函

$$J[u(\cdot)]=\int_{t_0}^{t_f} f^0(t,x(t),u(t))\mathrm{d}t \tag{2}$$

来表示控制方式的优劣，称为系统(1)的性能指标。其中 t_0，t_f 分别是控制过程的初始时刻和终止状态(可以是事先设定的，也可以是待求的)；A 是定义在有限时间区间上，把系统(1)t_0 时刻的状态 x_0 转移到 t_f 时刻的状态 x_f，并在 U_r 上取值的控制函数 $u(t)$的全体，称为容许控制函数集合。$x(t)$是系统(1)的相应于 $u(t)$的解。$f^0(t,x,u)$是 t,x,u 的已知函数。所谓最优控制问题是指在 A 中寻找一个控制函数，使(2)中 $J[u(\cdot)]$取极小(或极大)。如果使$J[u(\cdot)]$取极小(或极大)的控制函数存在，则称它为(1)(2)的最优控制，记为 $u^*(t)$。在 $u^*(t)$的作用下，系统(1)的 t_0 时刻以 x_0 为初态的解 $x^*(t)$称为(1)(2)的最优轨线，对应于 $u^*(t)$，$x^*(t)$的性能指标值

$$J^*=J[u^*(\cdot)]=\int_{t_0}^{t_f^*} f^0(t,x^*(t),u^*(t))\mathrm{d}t$$

称为最优指标值，而 t_f 是最优过程终止的时刻。

极大值原理是 1958 年由庞特里亚金等人提出的，它是最优控制满足的必要条件。极大值原理包含为确定 $u(t)$，$x(t)$，$\varphi_0(t)$，$\Psi(t)$的全部关系式，但要具体确定出这些函数并不容易。当$f(x,u)$是 x,u 的线性函数(即(1)是线性定常系统)且 $J[u(\cdot)]$是工程实际中有意义的特殊性能指标时，从极大值原理可以唯一地确定出最优控制和最优轨线。

非线性控制理论

非线性控制理论是现代控制理论中较晚发展起来的一个分支，20 世纪 60 年代末发展起来，70 年代以后愈来愈多的为人们所重视。与线性系统理

论相似，能控性、能观测性、稳定性、调节问题、系统解耦问题、干扰解耦问题、最优控制问题、微分对策问题等是它研究的重要内容。不同的是，近年来，分岔、失稳与控制、混沌等问题也出现在非线性控制理论的研究领域内。非线性控制系统由下列非线性向量微分方程和非线性函数方程描述

$$\dot{x}=f(x,t,u) \tag{1}$$

$$y=h(x,t,u) \tag{2}$$

式中 f 和 h 是 t,x,u 的非线性向量函数。(1)描述了非线性控制系统状态 x 的动力学特征，(2)表示系统状态 x、控制输入 u 与量测输出 y 之间的非线性关系。

对于非线性定常控制系统

$$\dot{x}=f(x,u) \tag{3}$$

如果存在 r 维向量控制函数 $u(t)$，使(3)的 t_0 时刻以 x_0 为初态的解 $x(t,x_0)$ 在某时刻 $t_1(t_1>t_0)$ 满足 $x(t_1,x_0)=O_n$，则称 x_0 是系统(3)的能控状态；如果 R_n 中的每个 x 都是(3)的能控状态，则称系统(3)是完全能控的。如果 R_n 中某区域 D 内的每个 x 都是系统(3)的能控状态，则称系统(3)在 D 内是能控的。如果系统(3)在原点 $x=O_n$ 的某邻域内是能控的，则称它是局部能控的。

对于非线性控制系统(3)，如果存在依赖于状态 x 的控制函数 $u(x)$，使得 $u(x)$ 代入之后得到的系统——闭环系统

$$\dot{x}=f(x,u(x)) \tag{4}$$

是渐近稳定系统，则称系统(3)是能调节的；如果(4)是全局渐近稳定的，则说系统(3)是能全局调节的；如果(4)在包含原点 $x=O_n$ 为内点的某区域 Ω 内是渐近稳定的，则称(3)在 Ω 内是能调节的；如果(4)在原点 $x=O_n$ 的某邻域内是渐近稳定的，则称(3)是局部能调节的。这样的控制函数 $u(x)$ 叫做(3)的非线性状态反馈，又叫做(3)的调节器。

20 世纪 70 年代以来，布劳克特、萨斯曼，赫姆斯、雅库布奇乌克等人运用代数、微分几何等数学工具研究流形上的非线性控制系统，在系统的能控性、能观测性、可逆性、系统的干扰解耦、最优控制等方面得到了很有启发性的结果。同时，人们还研究了通过非线性坐标变换和非线性状态反馈将一类非线性控制系统(如双线性系统)局部的或全局的变换为线性系统的问

题，从而能够利用线性系统的理论和方法进行讨论。

随机控制系统

随机控制系统是指带有随机干扰的动态系统，主要研究内容有系统辨识、适应控制、状态滤波和随机控制。

对一个客观的物理系统，为了控制或预测它的发展，必先根据系统的输入和输出建立数学模型，这就是系统辨识。如果用随机差分方程描述要辨识的动态系统

$$y_n=A_1y_{n-1}+\cdots+A_py_{n-p}+B_1u_{n-1}+\cdots+B_qu_{n-q}+\varepsilon_n \tag{1}$$

则系统辨识的任务就是依据输入$\{u_k\}$及输出$\{y_k\}$来估计系统的阶数(p,q)，系统的未知参数$\theta^T=[A_1\cdots A_pB_1\cdots B_q]$以及系统噪声$\varepsilon_n$中可能出现的未知参数。当系统的阶数已知，并且不计$\varepsilon_n$中的未知参数时，动态系统(1)变成线性回归模型

$$y_n=\theta^T\varphi_{n-1}+\varepsilon_n \tag{2}$$

但它不同于数理统计中经典的线性模型，因为这里的$\varphi_n^T=[y_n^T\cdots y_{n-p+1}^T u_n^T\cdots u_{n-q+1}^T]$是随机的。

对θ的估计，最常用的是最小二乘法，在$n+1$时刻，它表示为

$$\theta_{n+1}=\left(\sum_{i=0}^{n}\varphi_i\varphi_i^T\right)^{-1}\sum_{i=0}^{n}\varphi_iy_{i+1}^T$$

并且可以递推地计算。如果ε_n是一个滑动平均过程$\varepsilon_n=\omega_n+C_1\omega_{n-1}+\cdots+C_r\omega_{n-r}$，其中$C_i(i=1,\cdots,r)$也要估计，那么只要把$\theta$和$\varphi_n$相应地扩大为

$$\varphi^T=[-A_1\cdots-A_qB_1\cdots B_qC_1\cdots C_r]$$

$$\varphi_n^T=[y_n^T\cdots y_{n-p+1}^Tu_n^T\cdots u_{n-q+1}^Ty_n^T-\varphi_{n-1}^T\theta_{n-1}\cdots y_{n-r+1}^T-\varphi_{n-r+1}^T\theta_{n-r}]$$

最小二乘公式仍然可用。使θ_n收敛到θ的条件、收敛速度、对系统阶数的估计等都是系统辨识研究的内容。

如果不仅参数θ未知，同时又要按一定性能指标选控制作用$\{u_k\}$(前述的，对输入u_n没有要求)，这就是适应控制。最简单的一种适应跟踪，即：θ未知，并要选$\{u_n\}$使输出y_n尽可能好地跟踪一个已知的确定性讯号y_n^*。从(2)可以看出，当噪声ε_n不能预报时，对y_n的最优预报是$\theta^T\varphi_{n-1}$，但θ是未知数，只知道对它的估计值θ_{n-1}，所以对y_n可采用的预报值是$\theta_{n-1}^T\varphi_{n-1}$，为了使

y_n 与 y_n^* 的差别尽可能小，很自然地要选 u_{n-1} 使 $\theta_{n-1}^T\varphi_{n-1}=y_n^*$。这样选取的适应控制，可使系统在下列意义下稳定：

$$\overline{\lim_{n\to+\infty}}\frac{1}{n}\sum_{i=1}^{n}\|u_i\|^2<+\infty$$

$$\overline{\lim_{n\to+\infty}}\frac{1}{n}\sum_{i=1}^{n}\|y_i\|^2<+\infty$$

并且跟踪误差可以渐进地达到最小。当 y_n^* 取不依赖于 n 的常值时，适应跟踪器通常叫做自校正调节器。适应控制也考察比跟踪问题更一般的指标。

上面讨论的是输入输出模型，没有把中间状态的发展情况刻画出来。实际的随机系统经常用一对随机差分方程来描述，即状态 x_k 的转移方程

$$x_{k+1}=\Phi_{k+1}x_k+B_ku_k+D_{k+1}\xi_{k+1} \tag{3}$$

和量测方程（它可能只观测部分状态，而不是全部 x_k）

$$y_k=C_kx_k+F_k\xi_k \tag{4}$$

表示系统的随机干扰。当系统的系数矩阵 Φ_k,B_k,D_k,C_k,F_k 已知时，状态滤波就是用量测量（$y_0,\cdots,y_k$）求 x_k 的最小方差估计 $\hat{x}_k$。$\hat{x}_k$ 的递推表达式叫卡尔曼滤波：

$$\hat{x}_{k+1}=\Phi_{k+1}\hat{x}_k+B_ku_k+K_{k+1}[y_{k+1}-C_{k+1}(\Phi_{k+1}\hat{x}_k+B_ku_k)]$$

前两项是依状态方程发展的，最后一项是修正项，$\hat{x}_k$ 叫增益矩阵，它可以递推计算。当系统的系数矩阵为常矩阵时，K_k 可能趋于常矩阵，这时就得到稳态滤波器，它便于计算。对连续时间的非线性系统，滤波方程由无穷个随机微分方程组成，一般只能近似求解，但对条件正态过程，它是封闭的方程组。对线性系统，滤波方程叫卡尔曼一布西滤波。

对系统(1)(2)或(3)(4)，设系数矩阵已知，u_k 只依赖于过去的量测，并要使某一性能指标达最小，这就是随机控制问题。对此，解决的最完整的是二次性能指标。对系统(3)(4)，就是要使

$$E\left\{x_N^TQ_0x_N+\sum_{i=0}^{N-1}(x_i^TQ_{1i}x_i+u_i^TQ_{2i}u_i)\right\}$$

达最小，Q_0,Q_{1i},Q_{2i} 为非负定矩阵，E 为数学期望。当 $\{\xi_k\}$ 为零均值的不相关随机向量时，最优控制是 $u_k=L_k\hat{x}_k$，$\hat{x}_k$ 就是上面得到的滤波值，L_k 是反馈增益，它就是系统退化为确定性系统时，二次指标下最优控制的反馈增益。这

个事实叫分离原理。对连续时间系统，尽管有随机最大值原理，但除二次指标问题已解决外，其他方面实质性的结果不多。

分布参数控制系统

现代控制理论的一个重要分支，研究的对象是用偏微分方程或偏微分一积分方程描述的系统。如描述温度场、弹性振动、核反应堆等系统都是分布参数系统。它同前面讲的用常微分方程描述的集中参数系统不同，其状态空间是某一个函数空间，在每一瞬间的状态是函数空间中的一个函数。这就是说，系统在每一瞬时的状态，不能用有穷个参数表示，必须用无穷个参数才能确定。研究这类系统需要用泛函分析、现代偏微分方程理论等现代数学工具。

分布参数系统研究的内容是系统的辨识系统的滤波和系统的控制。

分布参数系统的辨识，从某种意义上讲也是一种建立模型。辨识研究的问题是一个分布参数系统的结构已知，但这个系统有一部分是未知的，对该系统的某些物理量进行量测(这些物理量含有未知部分的信息)，依据这些量测确定出系统的未知部分。辨识问题在工程、技术中很多也很重要。

辨识出系统的未知部分后，系统就完全确定。如果外部随机干扰对系统有影响，还需要对系统进行滤波，以减少噪声对系统的影响。系统经过辨识和滤波后，如果还需要选择系统的某些参数，使其具有人们需要的某种最好的性能，这就是最优控制问题。

鲁棒控制理论

关于鲁棒控制问题的最早研究可以追溯到1927年布莱克针对具有摄动的精确系统的大增益反馈设计思想。由于当时无法知道反馈增益与控制系统稳定性之间的关系，故基于这一设计思想的控制系统往往是动态不稳定的。直至奈奎斯特1932年提出基于奈奎斯特曲线的频域稳定性判据之后，才使得反馈增益与控制系统动态稳定性之间的关系明朗化。进而伯德于1945年讨论了单输入单输出反馈控制系统的鲁棒性，提出利用幅值和相位稳定裕量来得到系统能容忍的不确定性范围，并引入微分灵敏度函数来衡量参数摄动下的系统性能。

20世纪60年代初，克鲁兹和帕金斯将单输入单输出系统的灵敏性分析思想推广至多输入多输出系统，并引入灵敏度比较矩阵来衡量闭环和开环系统性能。这些关于鲁棒控制的早期研究主要局限于系统不确定是微小参数摄动的情况，属于灵敏度分析的范畴，离工程应用的距离相差甚大。事实上，实际系统中的参数是不能视为不变或仅具有微小摄动的，系统工作条件和环境的变化、建模的简化处理、降价近似和非线性系统的线性化等均可描述为相应参数的摄动。有时被控对象可能存在几个不同的工作状态，当采用同一控制器来控制这种对象时，也可以把由于不同工作状态所对应参数的差别视为系统参数的摄动等。很显然，这些情况下的系统参数摄动就不仅仅是微小的摄动，而有可能在较大范围内变化，从而超出基于微分灵敏度分析方法所能解决问题的范畴，导致了面向非微小有界摄动不确定性的现代鲁棒控制理论问题。

20世纪60年代以来，通过结合实际工程问题和数学理论，鲁棒控制理论取得了令人瞩目的发展，并已逐渐形成具有代表性的三个主要研究方面，即：研究系统传递函数（矩阵）的频率域方法，研究系统特征多项式族的多项式代数方法和研究系统状态方程矩阵族的时域（状态空间）方法。

基于输入输出传递函数的频域方法是最早发展起来的控制方法。对于单输入单输出系统，伯德图或奈奎斯特图可以设计出既有良好的动态性能又有一定稳定裕度的控制系统，它是鲁棒控制频域方法的基础。赞姆于1963提出的小增益原理，是频域分析非结构不确定性系统鲁棒稳定性的基本工具。20世纪70年代，单输入单输出系统的奈奎斯特稳定性判据被推广到多输入多输出系统，从而有了多变量系统的逆奈奎斯特阵列设计方法。

鲁棒控制的多项式代数方法是研究系统特征多项式族鲁棒性，是频域方法中时不变不确定系统鲁棒控制问题的一个分支，属于参数鲁棒控制问题。经典的单输入单输出特征多项式稳定性分析法是著名的鲁斯和胡尔维茨稳定性判据，仅需对系统的特征多项式系数进行一些简单的运算，就可以判断系统的稳定性，并可用于分析一些较简单的存在有界参数摄动多项式的鲁棒稳定性。关于参数摄动不确定系统的鲁棒性分析较有成效的结果是哈里托诺夫定理，它给出了判别区间多项式族（结构性有界实参数摄动多项式）鲁棒稳定性的顶点判据，它的基本思想是寻找多项式族的一个子集，使得族中所有多项式稳定性可由该子集中多项式的稳定性来保证。

在时域鲁棒分析中，李亚普诺夫方法得到了广泛应用。其一般思想是针对不确定(摄动的)状态空间对象，选择一个合适的李亚普诺夫函数，然后基于范数的概念得到鲁棒稳定性界限，即鲁棒度。对于鲁棒镇定问题，主要有两种方法:鲁棒分析方法和鲁棒综合方法。在鲁棒分析方法中，不确定系统被看做具有不确定摄动的标称系统，使用经典线性系统的设计方法，通过分析标称系统来构造一个镇定标称系统的反馈控制律，然后证明它具有所有可能不确定闭环系统的鲁棒稳定性。在鲁棒综合方法中，首先要求确定给定不确定系统的可镇定性，然后设计合适的鲁棒镇定控制律。

H_∞控制最早由赞姆在1966年提出，是利用控制系统内某些信号间传递函数(矩阵)的H_∞范数作为优化指标的设计思想。很多有关控制系统的鲁棒性分析和综合问题，均可归纳为标准的H_∞优化设计问题，如鲁棒稳定性、跟踪、鲁棒镇定、加权敏感性和双灵敏度设计等。早期的H_∞设计问题的解法主要是古典的函数插值理论和汉克尔算子理论，现在H_∞设计问题的解法主要有黎卡提方法、黎卡提不等式方法和线性矩阵不等式(LMI)方法。

金融数学

金融数学又称数学金融学、数理金融学，是运用数学工具来定量研究金融问题的一门学科。现代社会中，金融问题无处不在，如银行存款，按揭贷款，利率、汇率风险，头寸管理，套期保值，期权期货，投资消费等，其重要性是不言而喻的，可以说是与人们的日常生活息息相关。具体说来，金融数学是利用数学工具来研究金融，进行数学建模、理论分析、数值计算等定量分析，以求找到金融活动内在的规律并用以指导实践。数学金融学是一门新兴的交叉学科，发展很快，是目前十分活跃的前沿学科之一。

数学金融学研究的问题主要有两个:(金融)风险管理和(运作)效用最优化，这也是人们在运作有关“金钱”的事务时最关心的两件事。

首先是关于金融风险管理的问题。风险的定义是预期未来状态的不确定性。所谓金融风险，就是预期的未来金融状况的不确定性。显然，在运作有关“金钱”的事务中，人们希望能对未来的金融状况有合理的预期，并且有可能采取适当措施，使得未来的金融状况尽量接近预期目标，这就是金融风险管理。介入金融活动中的人们(机构)处理风险的方式是不同的，同时在处理风险的过程中为了能够具体操作，关键问题是要定量化，而定量化离不开数学。

再来看一下运作效用最优化。所谓效用是用来度量各种满意程度的一种尺度。消费水平、资产拥有权、保险程度(即少冒风险的程度)等产生的满意程度就可以由效用函数来度量。对于运作与“金钱”有关事务的人们而言，最终的目标是事先设定的某个效用的最优化，理性的人们不会只想冒险而不想盈利的。另外，为了避险，也必须付出一定的代价，因为“免费午餐”是不存在的，而这个代价的大小也与效用最优化有关。容易想象，效用的最优化是一个定量问题，它是数学金融学的另一个重要的研究主题。

金融数学的内容相当丰富，并且在不断的充实和发展。数学金融学的主要内容有：市场的描述以及一些基本性质的探讨，资产(包括各种金融衍生证券)的定价问题，投资一消费效益的最优化等。

金融数学的历史

金融数学的诞生可以追溯到1900年法国学者路易斯·巴什利耶发表的博士论文《投机理论》。在此论文中，他第一次给出了布朗运动严格的数学论述，并且把股票价格用布朗运动来描述，这比爱因斯坦研究布朗运动(1905)早了5年。

然而，巴什利耶的工作没有引起金融学界的重视达50多年。按照默顿的说法，在20世纪上半叶，金融学基本上是描述性的，主要焦点在于市场的简单规范化一类的活动中，当时的金融理论比趣闻轶事的收集、扳扳手指头、数数筹码之类多不了多少。尽管1938年麦考利建立了债券价格关于利率的敏感性的数学模型，但在这以后的整整20年中都没有它在实际中被应用的证据。

20世纪50年代初，萨缪尔森通过统计学家萨维奇重新发现了巴什利耶的工作，这标志着现代金融学的开始。现代金融学先后经历了两次主要的革命，第一次是在1952年，马科维茨发表了他的博士论文，提出了“资产组合选择的均值一方差理论”。他将原来人们期望寻找“最好”股票的想法引导到对风险和收益的量化和平衡的理解上来，主要思想是给定风险水平极大化期望收益，或者给定期望收益水平极小化风险，我们可以把它看成一个带约束的最优化问题。后来，夏普和林特纳进一步扩展了马科维茨的工作，提出了“资本资产定价模型”，其要点是确定每一种股票和整个证券市场的相关性，从而每种股票的持有量可以由该股票的平均回报率（称为 α）和该股票与证券市场的相关系数（称为 β）来确定。

值得一提的另一个有影响的工作是 20 世纪 60 年代萨缪尔森和法马的“市场有效性假设”（efficient market hypothesis），这本质上是对市场完备性的某种描述。他们证明，在一个运作正常的市场中，资产价格过程是一个（下）鞅，换句话说，将来的收益状况实际上是不可预测的。这项工作实际上为第二次革命发生作了铺垫。费希尔和洛里利用 1920 年中期到 1960 年中期的历史数据检测了“市场有效性假设”。他们的结果表明，在这段时间里，随机地选择股票并且持有，其平均回报率为每年 9.4%，它要比一般的专业经纪人为他们的顾客运作所获得的盈利高。

数学金融学的第二次革命发生在 1973 年，布莱克和斯科尔斯发表了著名的布莱克—斯科尔斯公式，给出了欧式期权定价的显式表达式。不久，默顿获得了另一种推导方法，并且给以推广。1979 年，考克斯、罗斯和鲁宾斯坦提出了二叉树模型，同时，哈里森和克雷普斯提出了多时段的鞅方法和套利概念。1981 年，哈里森和克雷普斯又提出了等价鞅测度概念（这与“市场有效性假设”有密切的关系）。

倒向随机微分方程（简称 BSDE）最早由法国数学家比斯马特在研究随机最优控制问题时提出，与布莱克—斯科尔斯公式的出现差不多是同时。1990 年，我国学者彭实戈和法国学者巴赫杜发现了一半非线性 BSDE 的研究方法。他们的理论在数学金融学一般未定权益定价理论中有重要应用。这一理论目前是国际上金融数学学科的研究热点。

默顿有一段很有代表性的话：“现代金融学中的数学模型包含了概率论和最优化理论的一些最漂亮的应用……当然，科学中漂亮的东西未必一定实用，而科学中实用的东西又并非都是漂亮的。但在这里（指数学金融学），我们两者俱全。”

资产组合选择的均值一方差理论

1952年，美国经济学家、金融学家马科维茨第一次从风险资产的收益率与风险之间的关系出发，讨论了不确定经济系统中最优资产组合的选择问题，获得了著名的基金分离定理，为资产定价理论奠定了坚实的基础。应该说，资产组合选择的均值一方差理论既是现代资产组合理论的奠基石，也是整个现代金融理论的奠基石。

马科维茨研究的是这样的问题：一个投资者同时在许多种证券上投资，那么应该如何选择各种证券的投资比例，使得投资收益最大，同时风险最小？对此，马科维茨在观念上的最大贡献在于他把收益与风险这两个原本有点模糊的概念明确为具体的数学概念。由于证券投资上的收益是不确定的，马科维茨首先把证券的收益率看做一个随机变量，而收益定义为这个随机变量的均值(数学期望)，风险则定义为这个随机变量的标准差。于是，如果把各证券的投资比例看做变量，问题就归结为怎样使证券组合的收益最大、风险最小的数学规划。对每一固定收益都求其最小风险，那么在风险一收益平面上就可以画出一条曲线，称为组合前沿。马科维茨理论的基本结论就是：在证券允许卖空的条件下，组合前沿是一条双曲线的一支；在证券不允许卖空的条件下，组合前沿是若干段双曲线段的拼接。组合前沿的上半部称为有效前沿，对于有效前沿上的证券组合来说，不存在收益和风险两方面都优于它的证券组合。这对于投资者的决策来说自然有很重要的参考价值。

如果一个资产组合对确定的方差水平具有最大期望收益率，同时对确定的期望收益率水平具有最小的方差，那么这样的资产组合称为“均值一方差”有效的资产组合，或称为资产组合的有效前沿。

资本资产定价模型

在马科维茨的工作之后，两位美国经济学家、金融学家夏普和林特纳分别在比较强的市场假设下，给出了马科维茨均值方差模型的均衡版本，即资本资产定价模型(简称CAPM)。数理金融的核心问题是研究未来收益(收益率)概率分布假设为已知的金融资产在现今时刻的合理价值，而CAPM正是在单周期下这一核心问题第一个获得广泛应用的结果。

资本资产定价模型是在理想的资本市场中建立的。建立模型的基础性假设是:① 投资者是风险厌恶者,且其投资行为是使其终期财富的期望效用最大。② 投资者是价格承受者,即投资者的投资行为不会影响市场上资产的价格运动。③ 投资者都认为市场上所有资产的收益率服从均值为$E(X)$、协方差阵为Σ的多元正态分布。④ 资本市场上存在无风险资产,且投资者可以无风险利率无限借贷。⑤ 资产数量是固定的,所有资产都可市场化且可完全分割。⑥ 资本市场的信息是充分的且畅通无阻,所有投资者都可无代价地任意获得所需要的信息。⑦ 资本市场没有任何"缺陷",如税收、管理调节措施或卖空限制等。

资产面临的总风险可分为两部分:系统风险和非系统风险。由整个社会经济体系大环境的变动,如社会经济的衰退、通货膨胀率的增加、利率的变动、政局的不稳、战争的发生等,使得资产收益率变得捉摸不定所产生的风险,称为系统风险或市场风险。另一部分风险来自公司内部,与公司本身有关,如新产品开发的失败、投资决策的失误、债台高筑、劳资纠纷等,这些因素也使得资产收益率变得不确定而形成风险,称为非系统风险或非市场风险。

均衡是指每一种证券的需求量正好等于它的发行量,这时证券市场的价格就是均衡价格。此外,无风险资产的存款量等于借款量,这时市场的无风险利率就是均衡利率。均衡市场是一种理想的状态,这样的状态下便于人们从理论上研究,许多非均衡状态的研究实际上是 CAPM 的推广和变形。

资本资产定价模型。假设市场上无风险资产可以获得,当市场达到均衡时,任意风险资产的超额收益率与风险资产的市场资产组合的超额收益率成比例,即有关系式$E(r_X)-r=\beta_X(E(r_M)-r)$,其中 r 是无风险利率,$\beta_X=\mathrm{Cov}(X,X_M)/\mathrm{Var}(X_M)$称为 β 系数,X_M 是风险资产的市场资产组合,r_M 是其收益率。需要说明的是:① 在均衡市场中,各种风险证券在市场组合中所占的比例是在市场调节下形成的,与投资者个人的偏好无关。② 在现实市场中,我们可以把证券价格指数作为一种市场组合,如上证指数、S&P500 等。

证券市场线。在无风险资产可以获得的条件下,某资产 X 的收益率 r_X

可表达为：$E(r_X)=r+\beta_X(E(r_M)-r)$，称由$(\beta_X, E(r_X))$所形成的轨迹为证券市场线。证券市场线表明了一资产组合所面临的风险与为补偿这一风险所必需的收益率之间的关系，在投资分析中有广泛的应用。

资本市场线。所有有效的资产组合 X 所对应的点$(E(r_X), \sigma(r_X))$形成的轨迹称为资本市场线。资产 X 称为有效的资产组合，假如存在 $\phi\in\mathbf{R}$，使得 $r_X=(1-\phi)r+\phi r_M$。资本市场线所满足的方程为 $E(r_X)=r+[\sigma(r_X)/\sigma(r_M)](E(r_M)-r)$。需要指出的是，资本市场线的方程只不过是证券市场线的方程的特殊情形。

MM 定理。MM 理论是由两位经济学家莫迪里际尼和米勒在 20 世纪 50、60 年代创立的关于公司财务决策的一套理论，它是 CAPM 的一个重要应用，主要研究公司的资本结构问题。任何一家公司经常需要筹措一大笔资金以满足公司各种投资需要，这些投资包括添置设备、扩建厂房、开发新产品等。这样一大笔资金，公司经常从两方面向外界筹措：一是向银行贷款借债，称为负债融资；二是向外公开发行普通股股票，称为普通股融资。公司的负债融资比率的多少就构成了公司的资本结构。莫迪里际尼和米勒在较为理想条件下研究公司的资本结构问题，这些条件是：① 公司不需交纳所得税。② 证券交易无手续费。③ 公司发行的债券是无风险债券。MM 定理的主要内容是：在前述假设条件下，公司的市场总价值与公司的资本结构无关，其价值由投资的期望收益率决定；而公司股票的期望收益率与负债融资比率有密切关系。莫迪里际尼和米勒的理论为公司理财这门新学科奠定了基础。

莫迪里际尼和米勒的另一重要贡献是首次提出了无套利假设的概念。所谓无套利假设是指在一个完善的金融市场中，不存在套利机会(即确定的低买高卖之类的机会)。因此，如果两个公司将来的(不确定的)价值是一样的，那么他们今天的价值也应该一样，而与他们的财务政策无关，否则人们就可以通过买卖两个公司的股票而获得套利。直接从无套利假设出发对金融产品定价，将使得论证大大简化，从此金融经济学就开始以无套利假设为出发点，这是 MM 理论的重要意义所在。

金融衍生证券

金融衍生证券也称为金融衍生工具，是一种风险管理的工具，它的价值依赖于其他更基本的标的资产的价格变化。标的资产经常是债券价格、股票价格、利率、汇率、股票指数或商品价格等。远期合约、期货和期权是三种最基本的金融衍生工具。

远期合约是一个在确定的将来时间确定的价格购买或出售某项资产的协议，该合约通常是在两个金融机构之间或者金融机构与其公司客户之间签署。远期合约的购买方称为多头(long position)，销售方称为空头(short position)，合约中标明的确定价格和确定时间称为交割价格(delivery price)和交割日(maturity)。设某远期合约的交割价格为 K，交割日为 T，则交割日的收益(payoff)为：$V_T=S_T-K$(多头方)，$V_T=K-S_T$(空头方)，这里 S_T 代表标的资产在交割日 T 的价格。基于不支付收益证券的远期合约中的交割价格是 $F=Se^{r(T-t)}$，其中 r 是无风险利率，S 是证券现价。基于支付已知现金收益证券的远期合约中的交割价格是 $F=(S-I)e^{r(T-t)}$，其中 I 是远期合约有效期间证券所得收益的现值。基于支付已知红利率证券的远期合约中的交割价格是 $F=(S-I)e^{(r-q)(T-t)}$，其中红利收益率以 q 连续支付。

远期汇率是指当前时期确定的将来某个时刻买卖双方可以接受的汇率，它是以汇率作为标的资产的远期合约的交割价格。一般而言，金融机构是远期汇率的空头，金融机构的公司客户是远期汇率的多头。

远期利率是指当前时期确定的将来某个时刻买卖双方可以接受的利率，它是以利率作为标的资产的远期合约的交割价格。一般而言，金融机构是远期利率的空头，金融机构的公司客户是远期利率的多头。

远期利率协议是由银行提供的场外交易产品，是交易双方为了规避未来利率波动风险或在未来利率波动中进行投机而签订的一份协议。

期货合约是交易双方签订的一个在确定的未来时间按确定的价格购买或出售某项资产的协议。与远期合约不同，期货合约通常都在规范的交易所内交易，并且交易所详细规定了期货合约的标准化条款，包括标的资产的等级、种类、质量等，合约的规模，交割的手续，报价方式，每日价格变动限额，头寸限额等。最大的期货交易所是芝加哥交易所和芝加哥商品交易所。期货合约一般是按交割月划分有交易所指定每个月中必须进行交割的交割日期。

期货交易的主要目的不是实物交割，而通常是购买一份期货合约后，在合约到期前再卖出一份具有相同到期日和相同标的资产(包括数量和质量)的期货合约以相互冲抵,或者是卖出一份期货合约后,在合约到期前再买进一份具有相同到期日和相同标的资产的期货合约,这种操作就称为平仓。

期货交易所的一个核心作用就是组织交易以最大限度地减少合约违约情况的发生,这就是保证金的由来。投资者在最初交易时必须将款项存入一个保证金账户中,这笔资金称为初始保证金,初始保证金由经纪人决定,通常取决于标的资产价格的变动情况。投资者有权提走保证金账户中超过初始保证金的那部分金额,为了确保保证金账户的资金余额在任何时间都不会为负值,设置了维持保证金,维持保证金数额通常低于初始保证金数额。如果保证金账户的余额低于初始保证金,投资者就会收到保证金催付通知,要求在一个很短期限内将保证金账户内资金补足到初始保证金水平,这一追加的资金称为变动保证金。如果投资者不能提供变动保证金,经纪人将出售该合约来平仓。

套期保值的目的是为了减少投资者面临的风险。利用期货合约可以进行套期保值,如果投资者知道他要在未来某一特定时间出售某一资产,但又担心资产价格变化会带来风险,则可以通过持有期货合约的空头来对冲他的风险,这就是空头套期保值。如果资产的价格下降,则投资者在出售该资产时会产生损失,但可在期货的空头上获利;如果资产的价格上升,则投资者在出售该资产时会获利,但在期货的空头上会有损失。与此类似,如果投资者知道他要在未来某一特定时间购买某一资产,则可以通过持有期货合约的多头来对冲他的风险,这称为多头套期保值。

在套期保值的情况下,基差定义为:基差=计划进行套期保值的资产的现货价格-所使用合约的期货价格。当现货价格的增长与期货价格的增长有差别时所产生的风险称为基差风险。基差风险主要来源于将来无风险利率的不确定性。有时投资者面临风险的资产不同于进行套期保值的合约的标的资产,这种情况下基差风险就会很大。

套期比率是持有期货合约的头寸大小与风险披露资产大小之间的比率。如果套期保值者的目的是使风险最小化,则套期比率为1.0并不一定是最佳的。

投机与套期保值者不同,投机者希望在市场中持有某个头寸,他们打赌价格会上升，或者打赌价格会下降，以从中获利。

股票指数期货是以股票指数为标的资产的期货种类。股票指数是用来衡量某个交易场所上市的所有股票（或其中一部分股票）总的形势的一种尺度。每种股票在组合中的权重等于组合投资中该种股票的比例，它可以随时间变化。主要的集中股票指数有：道琼斯工业平均指数，标准普尔500指数，纽约股票交易所综合指数，主要市场指数，NASDAQ综合指数，NASDAQ－100指数，日经225指数等。股票指数基本上可以看做支付红利的证券，这里的证券就是计算指数的股票组合，证券所付红利就是该组合的持有人收到的红利，并且可以近似认为红利是连续支付的。设 q 是红利收益率，从而股票指数的期货价格为 $F=(S-I)e^{(r-q)(T-t)}$。

利率期货是指标的资产价格仅依赖于利率水平的期货合约。最常见的利率期货是长期国债期货、短期国债期货等。利率期货的运作目的是为了规避利率波动的风险（套期保值）或者用来投机。

互换是两个公司私下里达成的协议已按照事先约定的公式在将来交换现金流，可以被当做一系列的远期合约的组合。常见的互换类型是利率互换和货币互换。

利率互换指甲方同意向乙方支付若干年的现金流，这个现金流是名义本金乘以事先约定的固定利率产生的利息，同时，一方同意在同样期限内向甲方支付相当于同一名义本金按浮动利率产生利率的现金流，这两种利息现金流使用的货币是相同的。利率互换协议产生的原因最重要的是由于比较优势的考虑。一些公司在固定利率市场有比较优势，而其他公司则在浮动利率市场具有比较优势。在取得新贷款时，一个公司进入有比较优势的市场具有重要意义。这就产生了互换，互换有将固定利率贷款转换成浮动利率贷款的效果，反之亦然。

货币互换是将一种货币贷款的本金和固定利息与几乎等价的另一种货币的本金和固定利息进行交换。同利率互换一样，货币互换也由比较优势引起。

期权定价理论

期权是其持有者在确定的将来时间按确定价格向出售方购买（或销售）

一定数量和质量的标的资产的协议，但持有者不承担必须购买（或销售）的义务。期权合约中，确定的价格称为执行价格或敲定价格，确定的日期称为到期日，按合约规定购买或销售标的资产称为执行。按合约中购买还是销售标的资产，期权分为看涨期权和看跌期权：看涨期权（call option）是一张在确定时间、按确定价格有权购买一定数量和质量的标的资产的合约；看跌期权是一张在确定时间、按确定价格有权销售一定数量和质量的标的资产的合约。按合约中有关实施条款的不同，期权分为欧式期权和美式期权两种基本类型：欧式期权只能在合约规定的到期日执行，美式期权可以在合约规定的到期日之前（包括到期日）的任何日期执行。与远期和期货不同，期权赋予其持有者的是一种权利而不是义务，因此投资者购买期权合约必须支付期权费。

期权的标的资产包括股票、外汇（货币）、股票指数、商品、期货合约等。最主要的期货交易所有芝加哥期权交易所（CBOT）、费城交易所（PHLX）、美国股票交易所（AMEX）、太平洋交易所（PSE）、纽约股票交易所（NYSE）等。

期权分为实值期权、两平期权和虚值期权。实值期权是指如果期权立即执行，持有者的现金流为正值；两平期权是指如果期权立即执行，持有者的现金流为零；虚值期权是指如果期权立即执行，持有者的现金流为负值。显然，只有当期权是实值期权时，它才会被执行。

倒向随机微分方程理论及其应用

倒向随机微分方程（BSDE）理论的研究历史较短，但进展却很迅速，除理论本身所具有的有趣数学性质外，还发现了重要的应用前景。1973 年，法国数学家比斯穆特在研究随机最优控制问题时，首先研究了线性 BSDE 的适应解。1990 年，我国学者彭实戈和法国学者 Pardoux 受控制问题的启发，在众多学者的研究基础上，发现了一般非线性 BSDE 的研究方法。他们研究的是如下形式的方程：$\begin{cases} -\mathrm{d}y_1 = f(t, y_t, z_t)\mathrm{d}t - z_t\mathrm{d}W_t, \\ y_T = \xi, \end{cases}$在一致李普希兹条件下证明了存在唯一一对适应解$(y_t, z_t)$。巧合的是，1992 年著名经济学家达菲和爱伯斯坦在研究不确定环境下的随机递归微分效用问题时，也独立地提出了上述 BSDE 的一种特殊形式。不久，彭实戈通过BSDE获得了非线性费曼一卡茨公式，从而可以处理一系列重要类型的非线性偏微分方程组。法国学者卡罗伊和奎尼兹发现金融市场上的许多衍生证券(如期权期货等)的理论价格可以用 BSDE 解出。

我们考虑一个简单的证券市场，市场中仅有一种债券和一种股票(多种股票情形有类似结果)。债券无风险，债券价格随时间 t 以指数形式增长：$P_0(t)=e^{rt}$，其中 r 是债券的利率；而股票是有风险的，它的价格按 $P(t)=pe^{bt+\sigma B_t-\frac{1}{2}\sigma^2 t}$ 的形式变化，其中 p 是现在时刻 $t=0$ 的价格，b 是期望回报率，σ 是波动率，B 是标准布朗运动，此处 $\sigma\neq 0$。我们不妨设 $\sigma=1$，并且忽略交易费。今设一个自融资金且无消费的投资者，它在时间 $[0,T]$ 的投资策略为：t 时刻将他的资产 y_t 中的 z_t 买股票，y_t-z_t 买债券，则容易推出他的资产 y_t 满足下列方程：$dy_t=f(y_t,z_t)dt-z_t dB_t$，$t\in[0,T]$，其中 $f(y,z)=ry+(b-r)z+(R-r)(y-z)^-$，$R$ 是市场贷款利率，它一般比 r 大。我们立刻看到上面的方程具有典型的倒向随机微分方程的结构，这意味着我们可以方便地利用 BSDE 的理论和计算方法为投资者进行投资目标设计与管理。例如他计划在将来时刻 T 使自己的资产达到 ξ，则我们可解满足 $dy_t=f(y_t,z_t)dt-z_t dB_t$，$t\in[0,T]$ 和 $y_T=\xi$ 的 BSDE。获得唯一解 (y_t,z_t) 的具体含义是：投资者若要在 T 时刻达到目标 ξ，则必须在 0 时刻投入 y_0，并且他在 $[0,T]$ 的投资策略也随之确定：在 t 时刻需用 z_t 买股票，y_t-z_t 买债券。

特别的，如果上述投资者购买一份欧式看涨期权，到期日 T 时刻的执行价格为 q，从而这份期权到期日的收益为 $(P(T)-q)^+$，这是一种只有到了 T 时刻才能确定其真正收益大小的随机变量，称为未定权益。类似花样繁多的未定权益的一个重要用途就是帮助各类投资者在风险迭起的生产和贸易活动中进行套期保值，以回避风险，它也构成了目前很流行的金融工程的重要数学基础。上述问题的求解就是所谓期权定价问题，而这一期权的价格事实上就是 BSDE 在 0 时刻的解。有趣的是，只要知道现在时刻的股票价格 $P(0)$，则这个期权价格 y_0 即可以利用前面提到的费曼一卡茨公式来算出：$y_0=u(p,0)$，其中 u 是下面拟线性抛物型偏微分方程 $\frac{\partial u}{\partial t}+lu+f=0$，$u(p,T)=(p-q)^+$ 的解。现令 $R=r$，则 $u(p,0)$ 就有显式表达式，这正是著名的

Black—Scholes 公式。以上例子非常典型，它不仅说明了 BSDE 理论可以用来对期权定价进行更精确、更合乎实际的计算和分析，重要的是可以用它帮助各种类型的投资者进行回避风险的套期保值及其他各类风险分析。值得一提的是 BSDE 理论可以用来对不完备市场中的各种衍生证券的定价及套期保值提供有力的分析和近似计算方法。利用 BSDE 理论进行金融市场上的各类投资风险分析是近期国际上的研究热点。

在证券市场上，由于证券的交易不是连续的，并且存在诸多突发事件的发生，因此 1997 年司徒荣考虑了带泊松随机跳跃干扰的系统。

由于最优控制理论及金融数学研究的需要，1993 年安东尼利首先研究了一类正倒向随机微分方程，它是一个倒向随机微分方程耦合一个正向随机微分方程。1994 年，马进、普洛特和雍炯敏研究了更一般形式的 FBSDE：

$$\begin{cases} \mathrm{d}x_t = b(t, x_t, y_t, z_t)\mathrm{d}t + \sigma(t, x_t, y_t, z_t)\mathrm{d}B_t, \\ \mathrm{d}y_t = f(t, x_t, y_t, z_t)\mathrm{d}t - z_t\mathrm{d}B_t, \\ x_0 = x, \\ y_T = g(x_T), \end{cases}$$

在一定条件下给出了求解 (x_t, y_t, z_t)，$t \in [0, T]$ 的“四步法”。上述方程称为完全耦合 FBSDE。在随机最优控制理论中，运用最大值原理得到哈密顿系统以及在金融市场中考虑大户投资者时，由于他们的投资策略和投资行为可以影响到证券的价格变化，都会出现。不久以后，胡瑛、彭实戈和吴臻本质上推广了上述结果，这为 FBSDE 在金融中的应用作了更加充分的理论准备。

1997 年，国家自然科学基金委重大项目“金融数学、金融工程和金融管理”正式通过实施，这标志着在 BSDE 理论推动下的金融数学和金融风险研究进入了一个新的发展阶段，由此吸引着众多数学家、经济学家、金融学家和大批学者投身于这一研究。现在，正倒向随机微分方程的理论及其在随机控制和金融中的应用、带泊松随机跳跃干扰的倒向随机微分方程和正倒向随机微分方程的理论及其在随机控制和金融中的应用、无穷维空间上的倒向随机微分方程理论、带反射的倒向随机微分方程和正倒向随机微分方程的理论、倒向随机微分方程的数值计算和数值模拟、非线性数学期望理论、倒向随机微分方程推动下的动态风险度量等都是研究热点和前沿。

四、数学名题与数学猜想

历史数学问题

古希腊几何三大问题

古希腊几何作图三大问题是：化圆为方、倍立方和三等分角。三大问题的起源涉及一些古老的传说。如倍立方问题有两个神话传说，一是埃拉托塞尼曾记载一位古希腊诗人讲述的故事，说神话中的米诺斯王嫌别人为他建造的坟墓太小，命令将其扩大一倍；另一个传说也是埃拉托塞尼记述的，说是瘟疫袭击提洛岛，一个先知者说已经得到神的谕示，必须将立方形的祭坛的体积加倍，瘟疫方可停息。这两个传说表明倍立方问题起源于建筑的需要。三大几何作图问题难处在于作图使用工具的限制，古希腊人要求几何作图只能使用直尺（没有刻度，只能作直线的尺子）和圆规。

所谓化圆为方，即求作一正方形，其面积等于一已知圆。诡辩学派代表人物安提丰首先提出用圆内接正多边形逼近圆面积的方法来化圆为方，从而成为古希腊“穷竭法”的先驱；希波克拉底将化圆为方转化为化由圆弧构成的月牙形为方的问题；阿基米德则采用我们现在所谓的“阿基米德螺线”化圆为方；等等。

倍立方问题是求作一立方体，使其体积等于一已知立方体的2倍。这个问题的一个关键进展是由希波克拉底完成的，他将倍立方问题转化为求一线段与它的二倍长线段之间的双重比例中项问题：$a : x = x : y$，$y = 2a$，这样求出的 x 必满足 $x^2 = 2a^3$，即可以解决倍立方问题。许多希腊数学家沿着这一方向来解决倍立方问题，他们借助于某些特殊曲线作出了可作为倍立方问题解的比例中项线段，其中最为突出的就是柏拉图学派的梅内赫莫斯，为此他发现了圆锥曲线。

三等分角即是将任意一个角进行三等分。该题起源于求作正多边形一类的问题。古希腊数学家发现了圆锥曲线（椭圆、抛物线和双曲线）和其他多种曲线，利用这些平面曲线，三等分角问题可以有多种解决办法。如诡辩学派的学者希比阿斯为解决三等分任意角问题发明了“割圆曲线”，利用割圆曲线不仅可以三等分任意角，而且可以任意等分角；尼科米迪斯发明了蚌线，制作了蚌线的机械作图器，并利用蚌线解决了三等分任意角问题；而阿基米德创立的方法最为简单，他利用只有一点标记的直尺和圆规，巧妙地解决了这一问题。但希腊人对三大作图问题的所有解答都没有严格遵守尺规作图的限制。

大批古希腊学者为这三个问题的解决做出了大量工作。尽管希腊人没能最终解决三大几何作图问题，但他们的探讨引出了许多重要发现，对整个希腊数学产生了巨大影响。古希腊三大几何作图问题以其表述简明而道理深邃，成为人们长期探讨的热点几何学课题之一，对它的深入研究导致许多重要成就的出现，也引出了大量作图方法的发现和作图工具的发明。

直到 1837 年，法国数学家旺泽尔首先在代数方程论基础上证明了倍立方和三等分任意角只用尺规作图的不可能性。1882 年，德国数学家林德曼又证明了数 π 的超越性，从而也确立了尺规化圆为方的不可能性。1895 年，克莱因总结前人的研究，著《几何三大问题》一书，给出了三大问题不可能用尺规作图的简明证法，彻底解决了两千多年来的悬案。

阿基米德牛群问题

阿基米德牛群问题是古希腊科学家阿基米德在其著述《牛群问题》中记载的一个问题。阿基米德的其他数学著述都是以命题的形式表达的，而这篇的体例不同，原文用诗句写成，大意是：太阳神赫利俄斯有一大群牛在西西里岛草原上放牧，公牛和母牛各有四种颜色。设 W,X,Y,Z 分别表示白、黑、黄、花色的公牛数，w,x,y,z 分别表示白、黑、黄、花色的母牛数。要求

$$W=\left(\frac{1}{2}+\frac{1}{3}\right)X+Y,X=\left(\frac{1}{4}+\frac{1}{5}\right)Z+Y,Z=\left(\frac{1}{6}+\frac{1}{7}\right)W+Y$$

$$w=\left(\frac{1}{3}+\frac{1}{4}\right)(X+x),x=\left(\frac{1}{4}+\frac{1}{5}\right)(Z+z),z=\left(\frac{1}{5}+\frac{1}{6}\right)(Y+y)$$

$$Y=\left(\frac{1}{6}+\frac{1}{7}\right)(W+w),W+X=\text{正方形(数)},Y+Z=\text{三角数}$$

求各种颜色牛的数目。这里所谓三角数就是形如$\frac{m(m+1)}{2}$(m为正整数)的数,它可以排成一个三角形。

最后两个条件中的正方形数有两种解释:一种是因为牛的身长与体宽不一样,排成正方形后两个边牛的数目不一样,条件成为$W+X=mn$,这种情况较容易解决,称为“较简问题”;另一种是长与宽的数目相等,即$W+X=n^2$(完全平方数),这种情形称为“完全问题”。即使没有最后两个条件,牛群问题的最小正数解也达几百万到上千万。

较简问题由乌尔姆解决,求解后牛的总数接近6万亿。1880年阿姆托尔提供了一种解答,导致二元二次方程$t^2-du^2=1$,因d的值就达400多万亿,所以完全问题的最小解中牛的总数已是超过20多万位的数。可见阿基米德当时未必解出过这个问题,它的叙述与实际情况也是不相符的。但历史上对这一问题的研究却丰富了初等数论的内容。

孙子问题

孙子问题记载于中国古代约公元3世纪成书的《孙子算经》之中,是原书卷下第26题:“今有物不知其数,三三数之剩二;五五数之剩三;七七数之剩二,问物几何?答曰:二十三。”用现代符号表示即为:$N\equiv2(\mathrm{mod}3)\equiv3(\mathrm{mod}5)\equiv2(\mathrm{mod}7)$,其最小正数解是23。《孙子算经》中给出了求解的具体步骤,也就是该问题的术:“三三数之剩二,置一百四十;五五数之剩三,置六十三;七七数之剩二,置三十。并之,得二百三十三。以二百一十减之,即得。凡三三数之剩一,则置七十;五五数之剩一,则置二十一;七七数之剩一,则置十五。一百六十以上,以一百五减之,即得。”原题及其解法中的3,5,7后来叫“定母”,70,21,15叫“乘数”。《孙子算经》的“物不知数”题虽然开创了一次同余式研究的先河,但由于题目比较简单,甚至用试猜的方法也能求得,所以还没有上升到一套完整的计算程序和理论的高度。

真正从完整的计算程序和理论上解决这个问题的,是南宋时期的数学家秦九韶。秦九韶在其1247年完成的著述《数书九章》中,系统地论述了一次同余式组解法的基本原理和一般程序,他称其方法为“大衍总数术”。“大衍总数术”关键的部分就是求乘率的方法,称之为“大衍求一术”。1874年,清代数学家黄宗宪发现了求乘率简法,使“求一术”广泛流传。

孙子问题的算法名称很多,宋代周密称为“鬼谷算”“隔墙算”,杨辉(1275)称其为“秦王暗点兵”“剪管术”;明代程大位称之为“物不知总”“韩信点兵”,并在著作《算法统宗》(1592)中将孙子算法编成歌诀:“三人同行七十稀,五树梅花廿一枝,七子团圆整半月,除百零五便得知”,推动了该算法的普及。

在西方,与《孙子算经》同类的算法最早见于1202年意大利数学家斐波那契的《算盘书》,但同样没有证明。直到1801年,高斯的《算术研究》才给出了与秦九韶“求一术”同类的算法。1852年英国传教士伟烈亚力最早将“大衍求一术”介绍到西方,使中国求解一次同余式的独特算法开始为欧洲人所知。现在数论中将满足同余式组数的存在及特性称为“中国剩余定理”或“孙子定理”。

莲花问题

莲花问题也称荷花问题,是说:一个高出水面$\frac{1}{4}$腕尺(一种印度古时的长度单位)的莲(荷)花在距原地2腕尺处正好浸入水中,求莲花的高度和水的深度。这个问题原记载于约公元600年印度数学家婆什迦罗第一的著作《阿耶波多历数书》中。到12世纪,另一位印度著名数学家婆什迦罗第二在他的名著《莉拉沃蒂》中重新阐述了这一问题,只将题中的高出水面$\frac{1}{4}$腕尺改为$\frac{1}{2}$腕尺,并用歌谣的形式记载下来:“平平池水清可鉴,面上半尺生红莲,出泥不染亭亭立,忽被强风吹一边。花触水面半浸没,偏离原位半尺远,能算诸君请解题,池水如何知深浅?”使莲花问题成为几何定理应用的典型问题之一。14世纪印度数学家纳拉亚讷也在著作中记述过类似的问题。

在纪元前后成书的《九章算术》是历史上最早记载这类问题的古算书。其中第九章题六叙述道:“今有池方一丈,葭生其中央,出水一尺。引葭赴岸，适与岸齐。问水深、葭长各几何？”因此，数学史家认为这是中印古文化交流的结果。中国后来的古算书也有很多类似的题目，如《张邱建算经》卷上十三题，《四元玉鉴》(1303)卷中第六题，《算法统宗》(1593)卷八等。其中《四元玉鉴》还用歌谣体给出了题述。《九章算术》以及后世算书都给出了该题的解法，中国的“葭生池中”题是勾股定理的应用题，而印度的莲花问题则是圆内相交弦性质的应用题。此外阿拉伯数学家阿尔·卡西在《算术之钥》(1427)中给出类似的“矛立水中”题目。15 世纪英国算书中也有“芦苇立于池中”的类似题目。

近代数学问题

合理分配赌注问题

合理分配赌注问题被认为是概率论的科学起源，一般表述为：一场赌博因故中断，已知两个赌者当时的赌分及赢得赌博所需点数，求赌金如何分配。该问题亦称“点的问题”或“得分问题”。

这类问题最早是由意大利数学家帕乔利提出的，他当时建议应按两方已胜局数之比进行赌金分配。16 世纪中期意大利数学家卡尔达诺等人也讨论过这类问题。1526 年，卡尔达诺将自己在赌博方面的心得写成一本小册子，即《论机会游戏》(另有译为《游戏机遇的学说》《论赌博》《赌博的游戏》等)。在他的这部有关论赌博的著述中，卡尔达诺首次从理性的角度，严肃认真地思考了赌博中某些于己有利事件发生的可能性大小问题。尤其重要的是，卡尔达诺给出了等可能性事件构成的事件发生概率的一个粗略定义：一个特殊结果发生的概率等于得到这一结果的各种可能方式的数目除以“全范围”。

17 世纪中叶法国人梅雷向数学家帕斯卡重提这类问题，引起帕斯卡与另一数学家费马在 1654 年 7 月至 10 月间的通信讨论，数学史上称这些通信为最早的概率论文献。他们研究的问题主要是：两个赌徒各出 32 个金币，约定先赢三局为胜。如果其中甲赢了二局，乙赢了一局时中断，赌金如何分配；如果甲赢了二局，乙一局未赢，或甲赢了一局，乙一局未赢，赌金又如何分配。帕斯卡用纯算术的方法，费马则用组合方法都得到正确解答。费马区分了独立概率事件和条件概率事件，还讨论了某一赌徒在第一次轮到他掷骰子时不掷让出而应该得到的赌金比例，甚至应用了 n 重伯努利试验的思想。帕斯卡则进一步提出了三个赌徒间分配赌金的问题。

帕斯卡和费马的通信引起了荷兰数学家惠更斯的兴趣，他推广了帕斯卡和费马关于赌金分配的计算，并于 1657 年出版著述《论赌博中的计算》一书，第一次提出了数学期望的概念，导出了数学期望的计算公式，成为概率论的较早论著。这些数学家们计算概率的主要方法是代数方法，他们著述中所出现的第一批概率论概念和定理，标志着概率论的诞生。一般认为，概率论作为一门独立的数学分支，其真正的奠基人是瑞士数学家雅各布·伯努利，1713 年出版的他的遗著《猜度术》首次提出了我们现在所称的"伯努利大数定律"。伯努利大数定律是对大量经验观测中所呈现的稳定性的刻画，作为大数定律的最早形式在概率论发展史上占有重要地位。《猜度术》的出版标志着概率论已成为一门独立的数学分支。

三体问题

三体问题是起源于天体力学的一个重要问题。在数学上的叙述为：假设具有任意质量 m_i 的三个质点 $p_i(x_i,y_i,z_i)(i=1,2,3)$，按照牛顿运动定律运动，则研究其下列运动方程的问题称为三体问题：

$$m_i\frac{\mathrm{d}^2w_i}{\mathrm{d}t^2}=\frac{\partial u}{\partial w_i},i=1,2,3;w=x,y,z;u=\sum_{i\neq j}k^2m_im_j/r_{ij}$$

k^2 是万有引力常数，$r_{ij}=\sqrt{(x_i-x_j)^2+(y_i-y_j)^2+(z_i-z_j)^2}$。

三体问题讨论最多的具体模型是太阳、地球和月球。1687 年，牛顿将三体问题的摄动理论应用于月球的运动，做出了开创性的工作。此后，三体问题一直在天体力学里占有突出地位，吸引了众多数学家们的注意。实际上三体问题是不能精确求解的，因此这个问题的研究一般集中在两个方面：一是阐明运动的定理；二是寻找其近似解。欧拉、拉格朗日以及拉普拉斯等人都为此作出了重要贡献。在三体问题的研究中，还有一个备受关注的课题就是行星或卫星轨道的稳定性，这导致对描述天体运动的微分方程周期解的研究。拉格朗日曾于 1772 年给出了三体问题的特殊周期解，1877 年美国数学家希尔又找到了新的周期解。1881～1886 年，法国数学家庞加莱以同一标题《由微分方程定义的曲线》发表的 4 篇论文，完善了希尔等人的工作，创立了微分方程的定性理论。

到目前为止，一体问题、二体问题已经完全解决，三体问题以及三体以上的多体问题仍不能完全解决，但“限制三体问题”的研究却取得了许多重要成果。

四色问题

四色问题也称四色猜想，它的提出来自英国。1852 年，毕业于伦敦大学的弗南西斯·格思里到一家科研单位搞地图着色工作时，发现了一种有趣的现象，于是提出了一个问题：在为一个平面或一个球面的地图着色时，假定每一个国家在地图上是一个连通域，并且有相邻边界线的两个国家必须用不同的颜色，问是否只用四种颜色就可完成着色。这就是所谓的四色问题。

1852 年 10 月 23 日，格思里的弟弟就这个问题的证明请教他的老师、著名数学家德·摩根，摩根也没有找到解决这个问题的途径，于是写信向自己的好友、著名数学家哈密顿爵士请教。哈密顿接到摩根的信后，对四色问题进行论证。但直到 1865 年哈密顿逝世，问题也没有能够解决。

1872 年，英国当时最著名的数学家凯莱正式向伦敦数学学会提出了这个问题，于是四色猜想成了世界数学界关注的问题。世界上许多一流的数学家都纷纷参加了四色猜想的大会战。1878～1880 年，著名的律师兼数学家肯普和泰勒两人分别提交了证明四色猜想的论文，宣布证明了四色定理，大家都认为四色猜想从此解决了。然而还有一个数学家赫伍德，并没有放弃对四色问题的研究，他从青少年时代一直到成为白发苍苍的老者，花费了毕生的精力致力于四色研究，前后整整 60 年。终于在 1890 年，也就是肯普宣布证明了四色定理的 11 年之后，赫伍德发表文章，指出了肯普证明中的错误，不过，赫伍德却成功地运用肯普的方法证明了五色定理，即一张地图一定能用五种颜色正确地染色。

五色定理被证明，但四色定理又回到未被证明的四色猜想的地位了，这不仅由于赫伍德推翻了肯普的证明，而且泰勒发表论文 66 年后的 1946 年，加拿大数学家托特又举出反例,否定了泰勒的证明。于是,人们开始认识到,这个貌似容易的题目,其实是一个可与费马猜想相媲美的难题。先辈数学大师们的努力,为后世的数学家揭示四色猜想之谜铺平了道路。

进入 20 世纪,科学家们对四色猜想的证明基本上是按照肯普的想法进行。1913 年,伯克霍夫在肯普的基础上引进了一些新技巧;美国数学家富兰克林于 1939 年证明了 22 国以下的地图都可以用四色着色;1950 年,有人从 22 国推进到 35 国;1960 年,有人又证明了 39 国以下的地图可以只用四种颜色着色,随后又推进到了 50 国。看来这种推进仍然十分缓慢。电子计算机问世以后,由于演算速度迅速提高,加之人机对话的出现,大大加快了对四色猜想证明的进程。1976 年,美国数学家阿佩尔与哈肯在美国伊利诺伊大学的两台不同的电子计算机上,用了 1 200 个小时,作了 100 亿次判断,终于完成了四色定理的证明。四色猜想的计算机证明轰动了世界。它不仅解决了一个历时 100 多年的难题,而且有可能成为数学史上一系列新思维的起点。不过也有不少数学家并不满足于计算机取得的成就,他们还在寻找一种简洁明快的书面证明方法。

格点问题

格点问题也称整点问题,是数论中的一类重要问题。整点是指坐标均为整数的点。格点问题是研究一些特殊区域或一般平面区域上格点的个数。它起源于两种特殊情形:一是求以圆点为中心,半径为$\sqrt{x}$的圆上的格点数 $A(x)$,显然有 $A(x)=\sum_{n\leqslant x} r(n)$,其中 $r(n)$是满足 $x_1^2+x_2^2=n$ 的全体整数解的个数;二是求在 $uv\leqslant x, u\geqslant 1, v\geqslant 1$ 所围成的闭区域上的格点数 $D(x)$。

对于第一种情形,即圆内整点问题,高斯证明了 $A(x)=\pi x+o(\sqrt{x})$,问题转化为求使余项估计 $o(x^\lambda)$成立的 λ 的下确界 α 的问题。对于第二种情形,1849 年德国数学家狄利克莱证明了 $D(x)=x\ln x+(2c-1)x+o(\sqrt{x})$,其中 c 为欧拉常数,从而使问题转化为求使余项估计 $o(x^\lambda)$成立的 λ 的下确界 θ。1903 年,俄罗斯数学家沃罗诺伊利用初等方法证明了 $\theta\leqslant 1/3$;1906 年波兰数学家谢尔品斯基证明了 $\alpha\leqslant 1/3$;在 1922 年至 1937 年间,范德科皮特利用分析方法证明了 $\alpha\leqslant 37/112, \theta\leqslant 27/82$;中国数学家华罗庚 1942 年证明

了 $\alpha \leqslant 13/40$,陈景润 1963 年证明了 $\alpha \leqslant 12/370$;1985 年前苏联数学家科列斯尼科和诺瓦克分别证明了 $\theta \leqslant 139/429$ 和 $\alpha \leqslant 139/429$。另一方面,英国数学家哈代 1916 年证明了 $\alpha \geqslant 1/4$,哈姆 1940 年证明了 $\theta \geqslant 1/4$。所以人们猜测 $\theta = \alpha = 1/4$,但至今未得到证明。

格点问题可以直接推广到 n 维欧几里得空间的凸域上,包括中国数学家在内的许多数学家对此已有很多研究。

华林问题

1770 年,英国数学家华林在其著述《代数沉思录》中作了如下猜测:任意正整数一定可以表示成 4 个平方数之和,或不多于 9 个立方数之和,或不多于 19 个 4 次方数之和,等等。由这些猜测他提出问题:对于任意给定的正整数 k,是否有正整数 $S(k)$ 存在,使得每个正整数一定可以表示为 $S(k)$ 个 k 次乘方数之和。该问题常改述为:令 k 是一个固定整数,问是否一定有整数 $S(k)$ 存在,使得对于任意正整数 n,不定方程 $x_1^k + x_2^k + \cdots + x_s^k = n, x_i \geqslant 0 (1 \leqslant i \leqslant s)$ 有解,这就是华林问题。但华林本人没有给出任何解答。

1909 年,德国数学家希尔伯特证明了 $S(k)$ 的存在性,华林问题被改称为华林定理。此后对该问题的研究集中在求 $S(k)$ 的最小值 $g(k)$ 上。容易证明 $g(k) \geqslant 2^k + \left(\frac{3}{2}\right)^k - 2$,华林本人曾猜想 $g(k) = 2^k + \left(\frac{3}{2}\right)^k - 2$。早在 1770 年,拉格朗日就证明了 $g(2) = 4$;1909 年威弗里奇证明了 $g(3) = 9$。若把上述不定方程的结果改为对于充分大的 n 成立,则这样的 $S(k)$ 的最小值记为 $G(k)$,华林问题就是研究 $g(k)$ 和 $G(k)$ 的值。1920~1928 年,英国数学家哈代和李特尔伍德利用圆法研究华林问题取得了突破,将问题引向讨论 $G(k)$。1936 年,狄克逊和比兰各自独立地证明了当 $k \geqslant 6$,且条件 $3^k - 2^k + 2 \leqslant (2^k - 1)\left[\left(\frac{3}{2}\right)^k\right]$ 成立时,有 $g(k) = 2^k + \left(\frac{3}{2}\right)^k - 2$。1936 年,中国数学家华罗庚证明了当

$$S(k) \geqslant \begin{cases} 2^k + 1 \\ 2k^2(2\log k + \log\log k + 2.5), k > 10 \end{cases}$$

时可以得到不定方程的解数的渐近形式,1957 年他又将 $2^k + 1$ 改进为 $k + 1$。也正是在 1957 年,马勒尔证明了当 k 充分大时狄克逊和比兰的条件成立,并

猜想对所有 $k\geqslant 6$ 这一条件都成立。1964 年中国数学家陈景润利用对 $G(k)$ 的上界估计证明了 $g(5)=37$。

华林问题有各种推广，如华林—哥德巴赫问题、多项式华林问题以及代数数域的华林问题等。目前，仍有许多数学家致力于华林问题的研究，它是堆垒数论研究中方兴未艾的重要课题之一。

欧拉 36 军官问题

36 军官问题是数学家欧拉在 1779 年提出的，原题大意为：从不同的 6 个军团各选 6 种不同军衔的 6 名军官共 36 人，排成一个 6 行 6 列的方队，使得各行各列的 6 名军官恰好来自不同的军团而且军衔各不相同，应如何排这个方队？如果用(1,1)表示来自第一个军团具有第一种军衔的军官，用(1,2)表示来自第一个军团具有第二种军衔的军官……用(6,6)表示来自第六个军团具有第六种军衔的军官，则欧拉的问题就是如何将这 36 个数对排成方阵，使得每行每列的数无论从第一个数看还是从第二个数看，都恰好是由 1,2,3,4,5,6 组成的。历史上称这个问题为 36 军官问题，欧拉本人没有解决这一问题。

事实上，如果团队和军衔分别都用数字 1,2,3,4,5,6 表示，假定有解存在的话，表示团队和表示军衔的数字分别构成拉丁方，而这两个拉丁方正交。因此，36 军官问题的实质就是 6 阶正交拉丁方的存在性问题。后人称两个正交的拉丁方形成的方阵为欧拉方阵。

36 军官问题提出后，很长一段时间没有得到解决，直到 1901 年法国人塔里才用穷举法证明了 6 阶欧拉方阵不存在，得到欧拉 36 军官问题的否定解答。很容易将 36 军官问题中的军团数和军衔数推广到一般的 n 的情况，1782 年欧拉提出一个猜想：对任何非负整数 t，$n=4t+2$ 阶欧拉方阵不存在。$t=1$ 时，就是 36 军官问题。20 世纪中期，数学家玻色、史里克汉德和帕克成功地构造出了 22 阶($t=5$)和 10 阶($t=2$)欧拉方阵，从而推翻了欧拉猜想。1960 年，数学家们彻底解决了这个问题，证明了 $n=4t+2(t\geqslant 2)$ 阶欧拉方阵都是存在的。

近年来，数学家们又将这一问题扩展到三维情形，1982 年阿金等三位数学家构造了一个 6 阶拉丁 3 维立方体，第一次证明了叠合三个 6 阶拉丁方是可能的，从而在三维里解决了欧拉36军官问题。拉丁方和欧拉方阵在正交试验法上有重要应用，也是数学游戏中长久不衰的趣题来源之一。

柯克曼女生问题

1850年，英国数学家柯克曼提出了一个问题：一位女教师每天带领班上的15名女生去散步，她把这些女生按3人分成5组，问能不能做出一个连续散步7天的分组方案，使得任意2个女生曾被分到一组且仅被分到一组？为了纪念柯克曼在组合数学方面的贡献，后人将他所提出的15个女生问题称为"柯克曼女生问题"，并将由此所产生的一类区组设计称为"柯克曼三元系"。

解决这一问题并不很困难，凯莱首先给出了一个答案，然后柯克曼发表了他自己的答案，当然在他提出这一问题时他就已经知道了答案。很快，人们提出了许多答案。在众多的答案中，英国数学家西尔维斯特认为皮尔斯1860年左右给出的最佳。皮尔斯先假定一位女生固定在某一组，再将其他14位女生编号(1～14号)，并按照一定规律安排了星期天的分组散步，则其他6天星期$r(r=1,2,\cdots,6)$的散步分组可按原编号与数字之和安排(和超过14，则减去14)。

柯克曼女生问题现在看来等价于求参数组为$v=15,b=35,r=7,k=3,\lambda=1$的可分解平衡不完全区组设计，即RBIB。

后来，数学家们将这一问题一般化，使之成为组合论中的一大难题：设有v个元素的集合X，每3个一组，分成b组，这些组分别组成一个系列，现称为柯克曼序列。如果要求X中每一对元素必同在一个且仅在一个三元组中，问分成这种序列要满足的充要条件是什么？怎样组成此序列？这就是现在的柯克曼女生问题，最初的柯克曼女生问题是它的一个特例。

这个一般化问题的解答直到20世纪60年代才有突破性进展，我国包头市第九中学的一位物理教师陆家羲对此作出了重要贡献，他基本上解决了斯坦纳三元系的大集问题，他的工作被誉为20世纪组合学领域的重大成就之一。"柯克曼女生问题"引出了组合数学的一个重要分支——组合设计，这也是组合数学起源于数学游戏的一个佐证，对这些数学游戏，一旦人们认识到它们在数学和其他科学上的深刻含义后，便又促使人们对它们进行更深入的研究，从而丰富了数学学科的内容和知识。

希尔伯特数学问题

希尔伯特，德国数学家，1862 年生于哥尼斯堡，1880 年入哥尼斯堡大学，1885 年获博士学位，1892 年任该校副教授，翌年为教授，1895 年赴哥廷根大学任教授，直至 1930 年退休。他自 1902 年起，一直是德国《数学年刊》主编之一。希尔伯特是 20 世纪最伟大的数学家之一，他的数学贡献是巨大的和多方面的。他典型的研究方式是直攻数学中的重大问题，开拓新的研究领域，并从中寻找具有普遍性的方法。1900 年，希尔伯特在巴黎举行的国际数学家会议上发表演说，提出了新世纪数学面临的 23 个问题。对这些问题的研究有力地推动了 20 世纪数学发展的进程。1943 年希尔伯特去世时，德国《自然》杂志发表过这样的观点：现在世界上难得有一位数学家的工作不是以某种途径导源于希尔伯特的工作，他像是数学世界的亚历山大，在整个数学版图上，留下了他那显赫的名字。

下面就是希尔伯特 23 个问题及其解决情况：

希尔伯特的 23 个问题分属四大块：第 1 到第 6 问题是数学基础问题；第 7 到第 12 问题是数论问题；第 13 到第 18 问题属于代数和几何问题；第 19 到第 23 问题属于数学分析。

1. 康托的连续统基数问题。

1874 年，康托猜测在可数集基数和实数集基数之间没有别的基数，即著名的连续统假设。1938 年，侨居美国的奥地利数理逻辑学家哥德尔证明连续统假设与 $Z-F$ 集合论公理系统的无矛盾性。1963 年，美国数学家科恩证明连续统假设与 $Z-F$ 公理系统彼此独立，因而，连续统假设不能用 $Z-F$ 公理加以证明。在这个意义下，问题已获解决。

2. 算术公理系统的无矛盾性。

欧氏几何的无矛盾性可以归结为算术公理的无矛盾性。希尔伯特曾提出用形式主义计划的证明论(或元数学)方法加以证明，哥德尔 1931 年发表的不完备性定理对元数学证明算术公理相容性问题做出了否定。根茨于 1936 年使用超限归纳法证明了算术公理系统的无矛盾性。

3. 只根据合同公理证明等底等高的两个四面体有相等之体积是不可能的。

问题的意思是：存在两个等高等底的四面体，它们不可能分解为有限个小四面体，使这两组四面体彼此全等。希尔伯特的学生德恩 1900 年给出肯定解答。

4. 直线作为两点间最短距离问题。

满足此性质的几何很多，因而需要加以某些限制条件。希尔伯特之后，许多数学家致力于构造和探讨各种特殊的度量几何。1973 年，前苏联数学家波格列洛夫宣布，在对称距离情况下，问题获解决。该问题的研究取得很大进展，但并未完全解决。

5. 拓扑群成为李群的条件。

1952 年，由美国数学家格里森、蒙哥马利、齐平共同解决，证明了不要定义群的函数的可微性假设这一条件原结论成立。

6. 物理公理的数学处理。

1933 年，前苏联数学家柯尔莫哥洛夫将概率论公理化。在量子力学、热力学方面公理化方法已取得成功，但公理化的物理学的一般意义仍需探讨。

7. 某些数的无理性和超越性。

1934 年前苏联的格尔丰德、1935 年德国的施奈德分别独立地解决了该问题的后半部分。即对于任意代数数 $\alpha \neq 0, 1$ 和任意代数无理数 $\beta \neq 0$，α^{β} 是超越数。

8. 素数问题。

希尔伯特在此提到黎曼猜想、哥德巴赫猜想以及孪生素数问题。黎曼猜想至今未解决。哥德巴赫猜想和孪生素数问题目前也未最终解决，其最佳结果均由中国数学家陈景润得出。

9. 任意数域中最一般互反律之证明。

已由日本数学家高木贞治、奥地利数学家阿廷解决。

10. 丢番图方程可解性的判别。

1970 年，前苏联数学家马季亚谢维奇在美国数学家戴维斯、普特南、罗宾逊等人工作的基础上证明了希尔伯特所期望的一般算法是不存在的。尽管得出了否定的结果，却产生了一系列很有价值的副产品，其中不少和计算机科学有密切联系。

11. 系数为任意代数数的二次型论。

德国数学家哈塞和西格尔在该问题上获重要结果。20 世纪 60 年代，法国数学家韦伊取得了新进展。

12. 类域的构成问题。

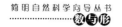

即将阿贝尔域上的克罗内克定理推广到任意的代数有理域上。此问题仅有一些零星结果，离彻底解决还很远。

13. 不可能用仅有两个变量的函数解一般七次方程。

1957年，前苏联数学家阿诺德和柯尔莫哥洛夫给出连续函数情形的解答。若要求是解析函数，问题仍未解决。

14. 证明某类完全函数系的有限性。

1959年，日本数学家永田雅宜用漂亮的反例给出了否定的解决。即证明了存在群Γ，其不变式所构成的环不具有有限个整基。

15. 舒伯特计数演算的严格基础。

代数几何基础已由荷兰数学家范德瓦尔登、法国数学家韦伊解决。该问题的纯代数处理已有可能，但舒伯特演算的合理性仍待解决。

16. 代数曲线和曲面的拓扑研究。

该问题的前半部分近年来不断有重要结果产生。对后半部分，1955年前苏联的波德洛夫斯基宣布证明了$n=2$时，极限环的个数不超过3，但1967年有人发现结果有误。1957年，中国数学家秦元勋和蒲富金具体给出了$n=2$的方程具有至少3个成串极限环的实例。1978年，中国的史松龄在秦元勋、华罗庚的指导下，与王明淑分别举出至少有4个极限环的具体例子。1983年，秦元勋进一步证明了二次系统最多有4个极限环，并且是(1,3)结构，从而最终解决了二次微分方程的解的结构问题，并为研究该问题提供了新的途径。

17. 正定形式的平方表示式。

1926年，由奥地利数学家阿廷已肯定地解决。

18. 由全等多面体构造空间。

德国数学家比贝尔巴赫1910年、莱因哈特1928年作出部分解决。整个问题尚未完全解决。

19. 正则变分问题的解是否一定解析。

前苏联数学家伯恩斯坦1904年证明了一个变元的解析非线性椭圆方程的解必定解析。该结果又由他本人和彼德罗夫斯基推广到多元函数和椭圆组的情形。

20. 一般边值问题。

偏微分方程边值问题的研究进展迅速，已成为一个很大的数学分支，目前仍在蓬勃发展。

21. 具有给定单值群的线性微分方程的存在性。

此问题属线性常微分方程的大范围理论，已由希尔伯特(1905)和德国数学家罗尔等人解决。

22. 用自守函数将解析关系单值化。

此问题涉及艰深的黎曼曲面理论，一个变数的情形已由德国数学家克伯等人解决。

23. 变分的进一步发展。

这不是一个明确的数学问题。20 世纪变分法有了很大发展，希尔伯特和许多其他数学家对此作出了重要贡献。

费马猜想

费马猜想又称费马大定理，是数论中最著名的难题之一。1637 年，法国数学家费马校订丢番图的《算术》第Ⅱ卷命题 8 时，在书页边上写道："将一个立方数分为两个立方数，一个四次幂分为两个四次幂，或者一般得将一个高于二次的幂分成两个同次的幂，这是不可能的。对此，我确信已发现了一种绝妙的证法，可惜这里空白地方太小，写不下。"费马的这段笔记，用数学语言表达就是：形如 $x^n+y^n=z^n$ 的方程，当 $n>2$ 时，不可能有正整数解。这就是著名的费马大定理。

遗憾的是，费马去世后，人们找遍了他的文稿和笔记，都搜寻不到这个"绝妙"的证明。这条表述极其简明的定理，吸引了许多数学家的兴趣，包括像欧拉、高斯、柯西以及勒贝格等数学大师都曾试过身手，却始终悬而未决。

易知，要最终证明费马大定理，只需考虑 n 为大于 2 的奇素数和 $n=4$ 的情形即可。费马本人解决了 $n=4$ 的情形；欧拉用唯一因子分解定理证明了 $n=3$ 的情形；对于 $n=5$ 的情形，直到 1825 年才由狄利克莱和勒让德给出证明；1839 年，法国数学家拉梅证明了 $n=7$ 的情形。费马猜想第一次突破性的进展是由德国数学家库默尔做出的，他在 1847 年利用自己创造的"理想数”证明了对于所有小于100的素指数 n，费马定理成立。库默尔的这一结果保持了一百多年的领先地位。

对于费马大定理的研究，新的转机直到1983年才出现。这一年，德国数学家法尔廷斯证明了一条重要的猜想，即莫代尔猜想：方程 $x^n+y^n=1$ 至多有有限个有理数解。由此可以得出结论：$x^n+y^n=z^n$ 至多只有有限个(无公因子)整数解，从而把存在无穷多个解的可能性降低到至多只有有限多个解。

20世纪的最后10年间，费马大定理这一困扰了世界数学家300多年的难题终于有了最终的定论。然而，解决的途径却与从费马到法尔廷斯等前人所采取的路线不同，是综合利用现代数学许多分支的成就，特别是20世纪50年代以来代数几何领域中关于椭圆曲线的深刻结果完成的。

1955年，日本数学家谷山丰提出了谷山猜想，后经韦伊和志村五郎进一步精确化，形成了所谓的“谷山—志村猜想”：有理数域上的椭圆曲线都是模曲线。1985年，德国数学家弗雷指出了“谷山—志村猜想”与费马大定理二者之间的重要联系，即弗雷命题：假定费马大定理不成立，即存在一组非零整数 a,b,c，使得 $a^n+b^n=c^n(n>2)$，则用这组数构造出的形如 $y^2=x(x+a^n)(x-b^n)$ 的椭圆曲线(弗雷曲线)，不可能是模曲线。这样，只要能够同时证明谷山—志村猜想和弗雷命题这两个相互矛盾的命题，也就证明了费马大定理。弗雷命题1986年被美国数学家里贝特证明，因此，费马大定理最终解决的希望就集中于谷山—志村猜想之上。

攀登费马大定理顶峰的最后集大成的一步是由英国数学家维尔斯迈出的。维尔斯从小就梦想证明费马大定理，1986年开始他就竭尽全力投入对费马大定理的研究。他在椭圆曲线上的专长赐予了他绝好的机遇，经过7年默默无闻的不懈努力，1993年6月，在英国剑桥大学举行的一次学术会议上，他宣布证明了谷山—志村猜想：对有理数域上的一大类椭圆曲线，谷山—志村猜想成立。而弗雷曲线恰好属于维尔斯所说的这一类曲线，因此，维尔斯实际上在宣布他证明了费马大定理。

维尔斯长达二百多页的报告无疑像一颗重磅炸弹，在与会人员中立即引起轰动，并很快传遍全球。接着，一个由6名专家组成的小组负责审查维尔斯的工作，他们以数学家特有的严格性一丝不苟地进行工作，发现了维尔斯的证明尚有漏洞需要补救。又经过一年多的努力，到 1994 年 9 月，维尔斯终于将漏洞补上并通过了权威的审查。至此，这个有三百多年历史的数学难题终于有了圆满的结果。由于 1994 年维尔斯刚过 40 岁，这使他错过了获得菲尔兹奖的机会，不过，1996 年，他成为迄今为止最年轻的沃尔夫奖得主，1998 年又被授予特别荣誉奖。

哥德巴赫猜想

1742 年 6 月 7 日，德国数学家哥德巴赫在写给大数学家欧拉的信中提出了以下猜想：

(1) 任何一个大于 4 的偶数，都可以表示成两个奇素数之和。

(2) 任何一个大于 7 的奇数，都可以表示成三个奇素数之和。

这就是著名的哥德巴赫猜想。欧拉在 1742 年 6 月 30 日的回信中说，他相信这个猜想是正确的，但他不能证明。

这道著名的数学难题引起了世界上成千上万数学家们的注意。然而，两个半世纪已经过去了，它仍然没有得到彻底解决。人们对这一猜想的研究直到 20 世纪，才有了本质性的进展。

1920 年，英国数学家哈代和李特尔伍德首先将他们创造的圆法应用于数论问题，哥德巴赫猜想研究长期停滞的局面才出现了松动。1937 年，前苏联数学家维诺格拉多夫利用改进的圆法和他自己的指数估计法无条件地证明了奇数哥德巴赫猜想，即每个充分大的奇数都是三个奇素数之和。这也是哥德巴赫猜想第一个实质性的突破。

偶数哥德巴赫猜想研究的进展是由挪威数学家布朗开始的。1919 年，他用自己改进的筛法证明了“每个大偶数都是两个素因子个数均不超过 9 的整数之和”，记为“9＋9”。于是数学家们开始研究命题“$r+s$”：每个充分大的偶数都是不超过 r 个素因子的乘积与不超过 s 个素因子的乘积之和。在此后大约半个世纪的时间之内，数学家们利用各种改进的筛法逐步向最终目标“1＋1”逼近。下面是偶数哥德巴赫猜想的进展情况：

1920 年，挪威数学家布朗证明了“9＋9”。

1924 年，德国数学家拉特马赫证明了“7＋7”。

1932 年，英国数学家埃斯特曼证明了“6＋6”。

1937 年，意大利数学家蕾西先后证明了“5＋7”“4＋9”和“3＋15”等。

1938 年，前苏联的布赫夕塔布证明了“5＋5”，1940 年证明了“4＋4”。

1948 年，匈牙利数学家瑞尼证明了“1＋c”，其中 c 是一很大的自然数。

1956 年，中国数学家王元证明了“3＋4”。

1957 年，中国数学家王元先后证明了“3＋3”和“2＋3”。

1962 年，中国数学家潘承洞和前苏联数学家巴尔班证明了“1＋5”，王元证明了“1＋4”。

1965 年，布赫夕塔布、小维诺格拉多夫和意大利数学家邦别里证明了“1＋3”。

1966 年，中国数学家陈景润证明了“1＋2”。

目前最佳结果是中国数学家陈景润于 1966 年证明的，称为陈氏定理。他的结果被认为“是筛法理论的光辉顶点”。到此，数学家离哥德巴赫猜想的最终证明“1＋1”似乎只有一步之遥。但经过近 40 年的研究，至今无人跨越。那么，谁可以摘到这颗“数学皇冠上的明珠”，仍让人们拭目以待。尽管哥德巴赫猜想到目前仍没有解决，但对它的研究极大地推动了 20 世纪解析数论的发展，围绕这一问题的解决所产生的强有力的方法，不仅是数论，也是数学其他分支的宝贵财富。

孪生素数猜想

1849 年，法国数学家波林那克提出孪生素数猜想，即猜测存在无穷多对孪生素数。孪生素数即相差 2 的一对素数，如 3 和 5，5 和 7，11 和 13，…，10 016 957和 10 016 959 等。

孪生素数是有限对还是无穷多对？这是一个至今仍未解决的数学难题，一直吸引着众多的数学家孜孜以求地钻研。早在 20 世纪初，德国数学家兰道就推测孪生素数有无穷多，许多迹象也越来越支持这个推测。

1923 年，英国数学家哈代和李特尔伍德提出了孪生素数猜想的一个更强的形式，现在通常称为哈代－李特尔伍德猜想或强孪生素数猜想。这一猜想不仅提出孪生素数有无穷多组，而且还给出其渐近分布形式为：

$$\pi_2(x) = 2C_2\int_2^x \frac{\mathrm{d}t}{(\ln t)^2}$$

其中 $\pi_2(x)$表示小于 x 的孪生素数的数目，C_2 被称为孪生素数常数，其数值为：

$$C_2=\prod_{p\geqslant 3}\frac{p(p-2)}{(p-1)^2}\approx 0.660\ 161\ 181\ 584\ 686\ 957\ 392\ 781\ 211\ 001\ 45\cdots$$

迄今为止在证明孪生素数猜想上的成果大体可以分为两类：一类是非估算性的结果，这一方面最好的结果是 1966 年中国数学家陈景润获得的，即存在无穷多个素数 p，使 $p+2$ 是不超过两个素数之积；另一类结果是估算性的，在这方面，哈代、李特尔伍德、邦别里以及梅尔等数学家都作出了重要贡献。“孪生素数猜想”与著名的“哥德巴赫猜想”是姐妹问题，都属于希尔伯特第 8 问题，是现代素数理论的中心问题之一，至今尚未解决。

黎曼猜想

1859 年，德国数学家黎曼在其著名论文《论不大于一个给定值的素数个数》中，研究了黎曼－ζ 函数，并将素数分布问题归结为对该函数的研究，提出了关于黎曼－ζ 函数的 6 个猜想，其中第 5 个猜想为：在带状区域 $0\leqslant\sigma\leqslant 1$ 中，黎曼－ζ 函数 $\zeta(s)=\sum_{n=1}^{+\infty}\frac{1}{n^s}$ 的零点都位于直线 $\sigma=\frac{1}{2}$ 上。这就是至今未解决的著名的黎曼猜想。

这一猜想自黎曼提出后，引导了解析数论中许多重要的发现，同时黎曼猜想联系着数论与函数论领域一系列重要难题与猜想的解决，因而在现有的未决猜想中占有特殊地位。但关于黎曼猜想的证明却进展甚微。1941 年，哈代做出了第一个突破，他证明了$\zeta(s)$有无穷多个零点的实部等于$\frac{1}{2}$；1942 年，塞尔伯格利用新的想法建立了 $N_0(T)$与 $\zeta(s)$的所有非平凡零点总数 $N(T)$的关系：$N_0(T)\geqslant cN(T)$，其中 $N_0(T)$表示 $\zeta(s)$在线段$\frac{1}{2}+\mathrm{i}t(0<t\leqslant T)$上的零点个数，$N(T)$表示 $\zeta(s)$在矩形$\{0\leqslant t\leqslant T,0\leqslant\sigma<1\}$中的零点个数。显然 $N_0(T)\leqslant N(T)$，故若能证明 $c=1$，则黎曼猜想即得到肯定解答。塞尔伯格得到 $c\approx\frac{1}{100}$。虽然他的结论与所要的结果相差很远，但他的思想却开辟了黎曼猜想研究的新方向。沿此方向，美国数学家莱文生 1974 年成

功地证明了 $c=\frac{1}{3}$，这也就是说，$\zeta(s)$至少有$\frac{1}{3}$的非平凡零点落在直线 $\sigma=\frac{1}{2}$ 上。1980 年，我国学者楼世拓、姚琦改进了莱文生的结果，得到$c=0.35$。

黎曼猜想的另一个途径是寻找数值反例，即通过大量计算来发现 $\zeta(s)$ 不在直线 $\sigma=\frac{1}{2}$上的零点。但迄今为止进行的所有计算似乎都支持黎曼猜想的成立。1968 年美国的三位数学家计算了$\zeta(s)$的前 300 万个非平凡零点，它们都落在直线 $\sigma=\frac{1}{2}$上；1985 年范德隆和黎勒合作计算了前 15 亿个零点，结果仍然全部落在直线 $\sigma=\frac{1}{2}$上。即使真的算出一个反例，但数值计算并不能代替严格的逻辑证明。

还有许多学者从其他角度来研究 $\zeta(s)$的零点性质，得到了非常丰富和重要的结果，但黎曼猜想离最终解决尚远。

连续统假设

连续统假设是德国数学家康托在 1878 年提出的关于连续统的势的一个假设，它是集合论中的一个著名猜想。通常称实数集为连续统，它的势记为 C。任意两个连续统是等势的。1848 年，康托证明了 $n\geqslant 5$ 连续统的势与自然数集之幂集的势 $2^{\aleph_0}$（$\aleph_0$ 表示自然数集的势）是相等的，即 $C=2^{\aleph_0}$。1878 年康托猜测：实数集的子集除有穷子集、可数无穷子集以及与实数集本身等势的子集外，再没有别样的子集。也就是说，实数集的一切无穷子集或者与自然数集等势或者与连续统等势。康托的这个猜测就称为连续统假设，记为 CH。

1900 年，希尔伯特在巴黎国际数学家大会上将 CH 列为 23 个问题之首，1908 年他又对该假设作了推广：对于每个集 S，绝不会有一集，其势高于 S 的势但低于 S 的幂集的势，这就是广义连续统假设，简记为 GCH。

20 世纪初，集合论悖论导致了公理集合论的产生。集合论中最著名的公理是选择公理，简记 AC。人们把包括 AC 的策梅洛—弗兰克尔公理系统记为 ZFC，以区别不包括 AC 的 ZF 系统。很快，连续统假设问题就与公理集合论联系起来，并取得了很大进展。1938 年，奥地利数学家哥德尔在其著述《选择公理和广义连续统假设同集合论公理的协调性》中证明了一个出人意料的结论：选择公理和广义连续统假设（从而连续统假设）相对于 ZF 公理系统来说是无矛盾的。这也就是说如果 ZF 系统是无矛盾的，则在 ZFC 系统中，不能证明广义连续统假设的否定。1947 年，哥德尔又指出：有可能连续统假设在 ZF 系统中是不可判定的。16 年之后，美国数学家科恩用他创造的力迫方法，证明了选择公理和连续统假设相对于 ZF 系统的独立性，从而证明了哥德尔的设想。这样，连续统假设在某种程度上获得了解决，成为 20 世纪最大的数学成就之一。目前，人们还在寻找迄今尚未发现的与其他公理协调的可信赖的新公理，以期在更有效的途径上解决连续统假设。

庞加莱猜想

庞加莱猜想是拓扑学中一个著名的基本问题。球面是数学中最简单、最常见的闭流形，从拓扑学的观点看，二维球面是单连通的闭曲面，且任意一个二维单连通闭曲面都与二维球面同胚（即拓扑等价）。从拓扑等价的观点看，对闭曲面而言，单连通性完全是球面的特性。1904 年，代数拓扑学的奠基人、法国数学家庞加莱猜测在三维情形应有同样事实成立，即任意一个三维的单连通闭流形必与三维球面同胚。这就是庞加莱猜想。以后，人们又将庞加莱猜想推广到 n 维情形：当维数大于等于 4 时，单连通的闭流形如果与 n 维球面有相同的同调群，也必与 n 维球面同胚。这就是 n 维的庞加莱猜想，也称广义庞加莱猜想。

庞加莱本人也试图证明自己的猜想，但未能如愿。在 1960 年之前，所有证明庞加莱猜想的尝试都以失败而告终。1960 年，美国数学家斯梅尔证明了五维和五维以上情形的庞加莱猜想成立，并因此获得 1966 年的菲尔兹奖。但斯梅尔的方法对于三维和四维情形的庞加莱猜想却无能为力。20 年以后的 1981 年，美国数学家弗里德曼宣告证明了四维庞加莱猜想。这样，所有大于三维的庞加莱猜想，即广义庞加莱猜想被证明是成立的。之后美国数学家查理德·汉密尔顿为庞加莱猜想做出了奠基性的工作，2002 年俄罗斯数学家佩雷尔曼提出了证明庞加莱猜想的要领。2006 年中国数学家朱熹平和曹怀东应用汉密尔顿和佩雷尔曼的理论第一次成功处理了猜想中的“奇异点”难题，给出了庞加莱猜想的完整证明。

对庞加莱猜想的研究极大地推动了拓扑学的发展，如四维庞加莱猜想的证明就导致了一个十分重要的发现：四维的欧氏空间不同于其他维的欧氏空间，它具有一些不寻常的微分结构。

卢津猜想

卢津猜想是三角级数论中的一个重要问题。傅立叶级数理论是19世纪初从关于热传导的研究中产生的。其中心问题是：什么样的函数可以用傅立叶级数来表示？随着勒贝格测度、勒贝格积分的建立，傅立叶级数几乎处处收敛的问题逐渐为人们所重视。1913年，俄国数学家卢津在他发表的一篇论文中提出了如下猜想：区间$[0,2\pi]$上平方可积函数的傅立叶级数，在$[0,2\pi]$上几乎处处收敛。这就是卢津猜想。

卢津猜想发表之后，引起了世界上许多数学家们的关注。但在长长的53年之中，卢津猜想既不能被证明，也不能被否定。围绕着这个猜想，出现了从正反两方面研究的一些重要成果。1923年，柯尔莫哥洛夫构造了一个可积函数，它的傅立叶级数几乎处处发散；1926年，他又发现了一个傅立叶级数处处发散的可积函数，但这两个可积函数都不是平方可积的。1925年，柯尔莫哥洛夫、谢利维奥尔斯托夫和普莱斯纳从肯定卢津猜想方面做了尝试，但离卢津猜想的最终证实还有很大距离。

在以后的几十年内，卢津猜想的研究几乎没有什么大的进展。直到1959年，考尔德伦给出一切平方可积函数的傅立叶级数的部分和序列几乎处处收敛的条件不等式，卢津猜想的研究才出现转机。1966年，瑞典数学家卡尔森利用哈代—李特尔伍德极大函数方法以及考尔德伦的理论，以十分精巧的数学论证证实了卢津猜想。

莫德尔猜想

莫德尔猜想涉及不定方程理论的一个基本问题，由英国数学家莫德尔于1922年提出。该猜想最初的提法是：任意一个不可约的有理系数的二元多项式，当它的亏数大于或等于2时，最多只有有限个解。后来，人们把这个猜想扩充到任意数域上的多项式。随着代数几何的出现，又用代数曲线来描述这个猜想：在亏格大于1的代数曲线上仅有有限个有理点。

莫德尔猜想自提出后，一直刺激和吸引着许多优秀的数学家，他们一系列的研究工作导致了代数几何、数论和群论的许多重要成果。1926 年，德国数学家西格尔证明了莫德尔猜想对于超椭圆曲线成立。随后，法国数学家韦伊建立阿贝尔簇理论，将群论和代数几何结合起来，推进了椭圆积分理论的发展。

莫德尔猜想在 20 世纪 60 年代获得重要突破。1963 年前苏联数学家马宁、1965 年数学家格劳尔特分别独立地证明了莫德尔猜想在函数论上的等价命题。不久，帕森研究了曲线上的沙法列维奇猜想（前苏联数学家沙法列维奇提出的关于阿贝尔簇同构类集合的猜想）与莫德尔猜想之间的联系，证明了：若沙法列维奇猜想成立，则莫德尔猜想也成立。

1983 年，法国数学家法尔廷斯在前人工作的基础上，利用代数几何和数论中的工具，证明了莫德尔猜想，使得这一猜想有了一个圆满的结果。法尔廷斯也因此获得 1986 年的菲尔兹奖。

韦伊猜想

韦伊猜想是代数几何中的一个重要问题，1948 年由法国数学家韦伊提出。其大意为：设有 n 个整系数代数方程 $f_i(x,y,\cdots,w)=0(i=1,2,\cdots,n)$，试求未知整数 $x,y,\cdots,w$，使得 f_i 都能被一个固定的素数 p 所整除。

为简单起见，考虑两个变量的一个不可约多项式 $f(x,y)$，问 x,y 取哪些整数值，使得 $f(x,y)\equiv 0(\bmod p)$？显然可以限制 x,y 只取 $0,1,2,\cdots,p-1$，故只需考虑有限组解，其数目记为 N_p。再考虑 $f(x,y)=0$，这里 x,y 可以取复数，它的这种解组成一个流形 X。X 是一个二维的曲面，X 上不同回路的个数称为贝蒂数 B_1。它是这个曲面上具有的“洞”的个数的两倍。可以证明下列不等关系：

$$|N_p-(p+1)|\leqslant B_1\sqrt{p}$$

这说明 $\bmod p$ 整数解的数目和复数解的几何流形之间存在着深刻联系。韦伊将其更一般化地提出来。设 N_p 是方程在 p 个元素的有限域上解的个数，对每个正整数 r，存在一个 p^r 个元素的有限域，令 N_p^r 表示方程组在这个域上解的个数。对每个素数 p，韦伊猜测应该有一组复数 a_{ij}，使得

$$N_p^r = \sum_{j=0}^{n}(-1)^i \sum_{i=1}^{B_j} a_{ij}^r$$

这里 B_j 是 X 的贝蒂数,且 $|a_{ij}| = p^{\frac{j}{2}}$。

1965 年,法国数学家格罗唐迪克证明了韦伊猜测的第一式。而更困难的第二式则由比利时数学家德利涅于 1974 年证明。这个猜测揭示了特征 p 的域上流形理论与古典代数几何之间的深刻联系。德利涅也因此获得 1978 年的菲尔兹奖。

塞尔伯格猜想

1960 年,国际函数论会议在印度孟买召开。在这次会议上,美国数学家塞尔伯格和法国数学家韦伊共同提出了黎群理论方面的一个猜想,其大意为:除去一个例外,格子群都是算术群。这个猜想就是著名的塞尔伯格猜想。

这个猜想最终由前苏联数学家马尔古利斯彻底解决。马尔古利斯从 1968 年开始研究这个猜想,他在这一年的一篇论文中对非紧致的情形做了突破。从 1969 至 1974 年间,他又深刻挖掘出有关结构方面的事实,彻底证明了非紧致情形下的塞尔伯格猜想。1974 年,马尔古利斯综合地利用代数、分析和数论方面的近代结果,特别是各态遍历性理论,证明了这一猜想的紧致情形。马尔古利斯也因此获得 1978 年的菲尔兹奖。

千禧年数学难题

美国麻州的克雷数学研究所于 2000 年 5 月 24 日在巴黎法兰西学院宣布了一件大事:对七个“千禧年数学难题”的每一个悬赏一百万美元,其中庞加莱猜想已经解决。以下是其他六个难题的简单介绍。

P 问题对 NP 问题

在一个周六的晚上,你参加了一个盛大的晚会。由于感到局促不安,你想知道这一大厅中是否有你已经认识的人。主人向你提议说,你一定认识那位正在甜点盘附近角落的女士罗丝。不费一秒钟,你就能向那里扫视,并且发现主人是正确的。然而，如果没有这样的暗示，你就必须环顾整个大厅，一个个地审视每一个人，看是否有你认识的人。生成问题的一个解通常比验证一个给定解的时间花费要多得多。这是这种一般现象的一个例子。与此类似的是，如果某人告诉你，数 13 717 421 可以写成两个较小的数的乘积，你可能不知道是否应该相信他，但是如果他告诉你它可以因式分解为 3 607乘上 3 803，那么你就可以用一个袖珍计算器容易验证这是对的。不管我们编写程序是否灵巧，判定一个答案是可以很快利用内部知识来验证，还是没有这样的提示而需要花费大量时间来求解，被看做逻辑和计算机科学中最突出的问题之一。它是斯蒂文·考克于 1971 年陈述的。

霍奇猜想

20 世纪的数学家们发现了研究复杂对象的形状的强有力的办法。基本想法是在怎样的程度上，我们可以把给定对象的形状通过把维数不断增加的简单几何营造块黏合在一起来形成。这种技巧是如此有用，使得它可以用许多不同的方式来推广；最终导致一些强有力的工具，使数学家在对他们研究中所遇到的形形色色的对象进行分类时取得巨大的进展。不幸的是，在这一推广中，程序的几何出发点变得模糊起来。在某种意义下，必须加上某些没有任何几何解释的部件。霍奇猜想断言，对于所谓射影代数簇这种特别完美的空间类型来说，称作霍奇闭链的部件实际上是称作代数闭链的几何部件的（有理线性）组合。

黎曼假设

有些数具有不能表示为两个更小的数的乘积的特殊性质，如 2，3，5，7 等，这样的数称为素数，它们在纯数学及其应用中都起着重要作用。在所有自然数中，这种素数的分布并不遵循任何有规则的模式。然而，德国数学家黎曼观察到，素数的频率紧密相关于一个精心构造的所谓黎曼－泽塔函数 $\zeta(s)$的性态。著名的黎曼假设断言，方程 $\zeta(s)=0$ 的所有有意义的解都在一条直线上。这点已经对于开始的 1 500 000 000 个解验证过。证明它对于每一个有意义的解都成立，将为围绕素数分布的许多奥秘带来光明。

杨—米尔斯存在性和质量缺口

量子物理的定律是以经典力学的牛顿定律对宏观世界的方式对基本粒子世界成立的。大约半个世纪以前，Yang(杨振宁)和米尔斯发现，量子物理揭示了基本粒子物理与几何对象的数学之间令人注目的关系。基于杨—米尔斯方程的预言已经在如下的全世界范围内的实验室中所履行的高能实验中得到证实：布罗克哈文、斯坦福、欧洲粒子物理研究所等。尽管如此，他们给出的既描述重粒子，又在数学上严格的方程，并没有已知的解。特别是，被大多数物理学家所确认，并且在他们对于“夸克”的不可见性的解释中应用的“质量缺口”假设，从来没有得到一个数学上令人满意的证实。这一问题的进展需要在物理和数学两方面引进根本上的新观念。

纳维叶—斯托克斯方程的存在性与光滑性

起伏的波浪跟随着正在湖中蜿蜒穿梭的小船，湍急的气流跟随着现代喷气式飞机的飞行。数学家和物理学家深信，无论是微风还是湍流，都可以通过理解纳维叶—斯托克斯方程的解，来对它们进行解释和预言。虽然这些方程是19世纪写下的，但现在我们对它们的理解仍然极少。挑战在于对数学理论作出实质性的进展，使我们能解开隐藏在纳维叶—斯托克斯方程中的奥秘。

贝赫和斯维讷通—戴尔猜想

数学家总是着迷于诸如 $x^2+y^2=z^2$ 的代数方程的所有整数解的刻画问题。欧几里得曾经对这一方程给出完全的解答，但是对于更为复杂的方程，就变得极为困难。事实上，正如马蒂亚塞维奇指出，希尔伯特第10问题是不可解的，即不存在一般的方法来确定这样的方程是否有一个整数解。当解是一个阿贝尔簇的点时，贝赫和斯维讷通—戴尔猜想认为，有理点的群的大小与函数 $\zeta(s)$ 在 $s=1$ 附近的性态有关。特别是，这个有趣的猜想认为，如果 $\zeta(1)$ 等于0，那么存在无限多个有理点(解)；相反，如果 $\zeta(1)$ 不等于0，那么只存在有限多个这样的点。